令和 **03-04** 年（2021-2022年）

基本情報技術者の
新よくわかる教科書

最新の試験範囲・
出題内容に完全対応

シラバス
Ver.**7.1**に対応

イエローテールコンピュータ●著
YELLOWTAIL COMPUTER

技術評論社

CONTENTS

基本情報技術者試験・短期攻略ガイダンス ············· 004

Chapter 1 テクノロジ系
基礎理論

● 基礎理論
1-1 基数と数値表現 ················· 008
1-2 集合と論理演算 ················· 014
1-3 確率と組合せ ··················· 017
1-4 情報に関する理論 ··············· 019

● アルゴリズムとプログラミング
1-5 データ構造 ····················· 022
1-6 アルゴリズムと流れ図 ··········· 026
1-7 再帰とプログラム構造 ··········· 030

Chapter 2 テクノロジ系
コンピュータシステム

● コンピュータ構成要素
2-1 コンピュータの構成 ············· 034
2-2 CPU の性能と高速化 ············· 036
2-3 メモリの種類と特性 ············· 039
2-4 キャッシュメモリ ··············· 041
2-5 周辺装置と入出力インタフェース ·· 043

● システム構成要素
2-6 システムの構成と処理形態 ······· 048
2-7 システムの性能評価と信頼性評価 · 053
2-8 OS の機能 ― ジョブ管理とタスク管理 ― ·········· 059
2-9 OS の機能 ― 記憶管理、データ管理、入出力管理 ― ·· 062
2-10 開発ツールとオープンソースソフト ········· 067

● ハードウェア
2-11 論理回路とハードウェア ········· 070

Chapter 3 テクノロジ系
技術要素

● ヒューマンインタフェース ／マルチメディア技術
3-1 ヒューマンインタフェースと マルチメディア ················· 074

● データベース
3-2 データベース方式と データベース管理システム ······· 077
3-3 データベース設計 ··············· 079
3-4 SQL によるデータベース操作 ····· 081
3-5 トランザクション処理と データベースの応用 ············· 083

● ネットワーク
3-6 回線に関する計算 ··············· 087
3-7 ネットワークの接続 ············· 089
3-8 通信プロトコル ················· 092
3-9 IP アドレスの特徴と アドレスの割当て ··············· 094
3-10 ネットワーク管理と応用技術 ····· 097

● セキュリティ
3-11 情報セキュリティと 脅威・脆弱性 ··················· 098
3-12 暗号技術と認証技術 ············· 101
3-13 情報セキュリティ管理と セキュリティ対策 ··············· 105
3-14 セキュリティ実装技術 ··········· 108

Chapter 4 テクノロジ系
開発技術

● システム開発技術
4-1 システム開発の手順 ············· 112
4-2 テストの種類と方法 ············· 117
4-3 開発の図式手法 ················· 122
4-4 オブジェクト指向設計 ··········· 127

● ソフトウェア開発管理技術
4-5 ソフトウェア開発手法 ··········· 129

002

Chapter 5 マネジメント系
プロジェクトマネジメント

● プロジェクトマネジメント
- 5-1 プロジェクトマネジメントの全体像 …… 134
- 5-2 プロジェクトのスコープ …………………… 137
- 5-3 プロジェクトの時間 ………………………… 139
- 5-4 プロジェクトのコスト ……………………… 144
- 5-5 その他のマネジメント活動 ……………… 147

Chapter 6 マネジメント系
サービスマネジメント

● サービスマネジメント
- 6-1 サービスマネジメントの全体像 ………… 152
- 6-2 サービスの運用と
  ファシリティマネジメント ………………… 157

● システム監査
- 6-3 システム監査の手順 ……………………… 161
- 6-4 システム監査の実施と内部統制 ………… 164

Chapter 7 ストラテジ系
システム戦略

● システム戦略
- 7-1 情報システム戦略 ………………………… 168
- 7-2 業務プロセスの改善 ……………………… 173
- 7-3 ソリューションビジネスと
  システム活用促進 ………………………… 177

● システム企画
- 7-4 システム化計画と要件定義 ……………… 182
- 7-5 調達計画と実施 …………………………… 185

Chapter 8 ストラテジ系
経営戦略

● 経営戦略マネジメント
  /技術戦略マネジメント
- 8-1 経営戦略 …………………………………… 188
- 8-2 経営分析の手法 …………………………… 191
- 8-3 マーケティング …………………………… 193
- 8-4 ビジネス戦略と技術開発戦略 …………… 196

● ビジネスインダストリ
- 8-5 ビジネスシステムと
  エンジニアリングシステム ………………… 199
- 8-6 e-ビジネス ………………………………… 202

Chapter 9 ストラテジ系
企業と法務

● 企業活動
- 9-1 企業活動と組織形態 ……………………… 206
- 9-2 オペレーションズリサーチと
  経営工学 …………………………………… 208
- 9-3 企業会計と資産管理 ……………………… 213

● 法務
- 9-4 知的財産権と法務 ………………………… 216

用語索引 ……………………………………………… 220
実力アップ模試　解答 ……………………………… 223

003

基本情報技術者試験・短期攻略ガイダンス

はじめに、試験範囲の全体像をつかもう!!

　試験の出題範囲となる基本情報技術者シラバスは、9つの章（大分類）と23の項目（中分類）から構成されています。実際に内容を見ると、とても膨大でジャンルも複雑。ただ、下のような相関図にまとめてみると「システム開発」を中心として、その他の知識が関連していることがわかります。

　学習を進めていく際には、常に、この全体像を意識しながら進めていくと、学習している立ち位置がわかり、知識がつながって記憶に残りやすくなります。また実際の試験でも、関連が理解できていると、質問の意図が素早くわかり、解答の予想もつけやすくなります。

開発の前段階

経営戦略
経営方針に基づいた、多方面からの戦略であり、企業方針全体にあたる。

システム戦略
経営戦略に基づいて、システムを構築するための戦略。

システム構築段階

Chapter 4 開発技術
システム開発技術
基本情報技術者が関わるシステム開発についての一般的な知識や技術。開発の流れに沿って、立案から導入・保守までが含まれる。

システム 要件定義・方式設計
要件定義は、システム開発の範囲や機能について、要求をまとめる工程。さらに方式設計により、ハード、ソフト、処理方式などを決める。

ソフトウェア 要件定義・方式設計
具体的に開発を進める工程。まず利用者側の要求に沿ってシステムの機能やインタフェースを確定。さらに開発者側の視点で機能単位に分割していく。

システムの開発管理

Chapter 5 プロジェクトマネジメント
プロジェクトマネジメントとは、システム開発から運用へ至るまで、プロジェクトを総合的に運営・管理していくこと。そのために必要な、総合的なマネジメント知識や手法などがテーマ。

関連する基礎知識

Chapter 1 基礎理論
情報処理の基礎となる、2進数、基数変換、論理演算、確率と統計、データ構造、アルゴリズム、プログラミング言語の知識など。

- 基礎理論
- アルゴリズムとプログラミング

Chapter 2 コンピュータシステム
システムを具体的に実現するために必要なハードウェアやOS、組み込みシステムに関する知識など。

- コンピュータ構成要素
- システム構成要素
- ソフトウェア
- ハードウェア

Chapter 8 経営戦略

企業の経営戦略についての一般的な知識、各業種におけるシステムの種類や特徴について取り上げている。

- **経営戦略マネジメント**
ビジネスで必要になる、一般的な経営戦略や経営分析の手法について取り上げている。

- **技術戦略マネジメント**
市場のニーズと技術を結びつけた戦略。コア技術を定めて資金や人材を投入していく。

- **ビジネスインダストリ**
さまざまな分野のシステムについての知識。どんな役割と特徴があるかをつかもう。

Chapter 7 システム戦略

経営戦略の下位となる位置づけ。システムを企業運営の中心としてとらえ、そのために必要なシステム戦略についての知識が取り上げられている。

- **システム戦略**
システム戦略の構想に必要な知識。業務プロセスの改善や外部ソリューションの利用など。

- **システム企画**
具体的なシステム化計画の立案や要件定義、調達の方法などが中心テーマ。

- **ソフトウェア詳細設計**
まずプログラムレベルまで、処理を分割。さらに処理(モジュール)の機能ごとに順次詳細に設計を行っていく。

- **ソフトウェア構築**
ソフトウェア詳細設計に基づいて、プログラムを構築していく工程。開発したプログラムは単体テストを行う。

- **テスト/検収**
単体のテストが終わったモジュールを結合してテスト。さらに機能単位のテストまでを行い、不具合を取り除く。

- **導入/受入れ支援**
完成したシステムを承認を得て、新しく環境を整えたうえで導入。また利用者の受け入れを支援していく。

システムの運用管理

Chapter 6 サービスマネジメント

システムの運用または運用サービスを行うために必要となる管理手法。また、システム監査についての基本的な知識。

開発の後段階

- **システム運用**
あらかじめ取り決めた運用計画に基づいて、日々の運用を行う。

- **システム保守**
システム運用作業と連係して、障害に備えた準備やメンテナンスを行う。

Chapter 3 技術要素

ヒューマンインタフェース、データベース、ネットワーク、セキュリティなど、独立した専門技術などを取り上げている。

- ヒューマンインタフェース
- マルチメディア
- データベース
- ネットワーク
- セキュリティ

Chapter 9 企業と法務

基本情報技術者が知っておくべき、企業活動、経営管理、業務分析や品質管理、会計、法律に関する知識など。

- 企業活動
- 法務

難問に悩まずに点稼ぎテーマを中心に

午前試験の80問は、シラバス順に並んで出題されます。また、各章（シラバスの大分類に該当）の出題数は、毎回ほぼ決まっています。試験は約6割をクリアすればよいので、難問の克服にこだわりすぎるのは時間のロス。特に短期間で合格を目指すなら、まずは全体の学習をひととおりやりきることが重要です。

午前試験の出題範囲と出題数

分野	大分類		出題数	中分類		出題数
テクノロジ系	1	基礎理論	11問	1	基礎理論	7問
				2	アルゴリズムとプログラミング	4問
	2	コンピュータシステム	11問	3	コンピュータ構成要素	3問
				4	システム構成要素	2問
				5	ソフトウェア	3問
				6	ハードウェア	3問
	3	技術要素	22問	7	ヒューマンインタフェース	1問
				8	マルチメディア	1問
				9	データベース	5問
				10	ネットワーク	5問
				11	セキュリティ	10問
	4	開発技術	6問	12	システム開発技術	5問
				13	ソフトウェア開発管理技術	1問
マネジメント系	5	プロジェクトマネジメント	4問	14	プロジェクトマネジメント	4問
	6	サービスマネジメント	6問	15	サービスマネジメント	3問
				16	システム監査	3問
ストラテジ系	7	システム戦略	5問	17	システム戦略	3問
				18	システム企画	2問
	8	経営戦略	8問	19	経営戦略マネジメント	2問
				20	技術戦略マネジメント	1問
				21	ビジネスインダストリ	5問
	9	企業と法務	7問	22	企業活動	5問
				23	法務	2問

※試験によって配分の増減があります。

学習の進め方のコツ

苦手分野の学習を我慢して進めるのは、やる気がそがれるだけでなく、なかなか進まずに焦りにつながります。もし数学が得意でないなら、第1章「基礎理論」は大きなハードルになるので、他の章から始めるとよいでしょう。パソコンになれているなら第2章「コンピュータシステム」から、仕事で業務知識が身についているなら第9章「企業と法務」がおすすめです。各章の学習が終了したら、前ページの相関図で全体像を確認しましょう。

実際の試験では

●時間のかかりそうな問題は後回しにする

実際の試験では、一定数出題される難問や時間をとられる計算問題が含まれています。すぐに解ける自信がなければ、まずは後回し。サッと解ける用語問題から解き進めれば、ペースを崩さずに合格点に到達しやすくなります。ただし、マークシート形式の試験なので、飛ばしたところを間違えないようにしましょう。

●難問は消去法で正解を絞る

次に、残してしまった問題の対策です。難問を解答する基本は「消去法」です。難問は上位試験からの出題が多く、過去問対策だけでは対応できません。ただし試験は、基本情報のシラバスから出ているはずなので、見慣れない用語はダミー選択肢であることが多いのです。また、見た目が似ているだけのカタカナ用語が選択肢に並ぶ場合も、すぐに除外できます。選択肢を絞ったうえで、もう一度問題文を読み返してみると正解が見えてくることが多いのです。

●複雑な計算は疑ってかかる

近年の試験傾向は、複雑な計算をさせないこと。割り算や分数、小数点以下の計算を行う必要はほとんどない形になっています。もし複雑な計算に遭遇したら、ミスを疑うか、問題文の単位を確認してみましょう。例えば、設問がビット単位でなくバイト単位でないか、秒や分単位でないか、メガやギガ、マイクロやナノといった補助単位になっていないかです。計算途中で約分できることに気づけば、計算がグッと楽になります。そのほか2進数の計算では、2のべき乗に注意しておくと、計算を省略できたり、シフト演算で簡単に解けることもあります。

Chapter 1

テクノロジ系
基礎理論

●基礎理論
1-1	基数と数値表現	008
1-2	集合と論理演算	014
1-3	確率と組合せ	017
1-4	情報に関する理論	019

●アルゴリズムとプログラミング
1-5	データ構造	022
1-6	アルゴリズムと流れ図	026
1-7	再帰とプログラム構造	030

Chapter 1-1 基数と数値表現

シラバス 大分類：1 基礎理論　中分類：1 基礎理論　小分類：1 離散数学

基数変換の計算問題は、一見難しそうですが、解き慣れてしまえば確実に加点できるもの。ここで挙げる2つのテクニックを覚えれば、多くの問題に解答できます。さらに、①「時間のかかる複雑な計算はさせない」、②「複雑そうに見えても、工夫すれば単純な計算になる」がポイント。途中で力づくの計算を強いられそうになったら、この2つを思い出してみましょう。

計算問題を短時間で解く鉄則!!
① 複雑な手計算はさせない
② 工夫すれば単純な計算になる

〔計算問題の攻略法1〕 桁の重み

出題率 低 普通 高

基数とは、n進数のnのことで、10進数なら基数は10になります。また、**基数変換**とは、10進数、2進数、16進数などを相互に変換することです。過去問を見ると解くのが大変そうですが、桁の重みを知ればラクラク解答できます。

図解で攻略！

「桁の重み」を使って10進数に変換してみよう

❶ 10進数を10進数に変換する？

それでは実例で見ていきましょう。まず知っておきたいのは、各桁は、0, 1, 2, ……乗の"重み"を持っているということ。例えば、10進数1234を例にすると、各桁の重みは次のようになります。

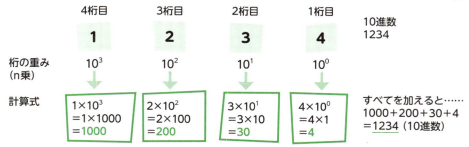

よく見ると、当たり前のことをやっていますよね。注意したいのは、1桁目を0乗としていること。0乗はどんな数でも1になることを覚えておきましょう。これは何進数であっても同じです。

❷ 2進数を10進数に変換する

さて、ここからが本題です。仕組みは同じで、桁の重みの基数が2になるだけです。

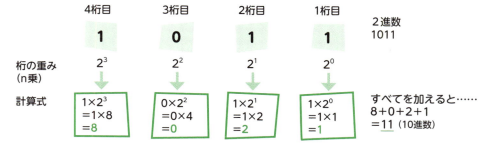

これで2進数→10進数の基数変換ができました。16進数も同様ですが、その前に16進数の特徴を説明しておきましょう。16進数は2進数を4桁ずつまとめたものです。つまり<u>2進数4桁の数字が、16進数の1桁の数字に対応しています</u>。ただし、2進数4桁で表せる数字は16通りになるので、右表のように10以上の数を表すときにはA〜Fのアルファベットを当てます。なお、2進数の0〜15のビットパターンは覚えておくと便利です。

10進数	2進数	16進数	10進数	2進数	16進数
0	0	0	9	1001	9
1	1	1	10	1010	A
2	10	2	11	1011	B
3	11	3	12	1100	C
4	100	4	13	1101	D
5	101	5	14	1110	E
6	110	6	15	1111	F
7	111	7	16	10000	10
8	1000	8			

小数点以下の「桁の重み」は分数にする

整数だけでなく、小数点以下の数も桁の重みを持っています。マイナス側は、1桁目から−n乗になります。なお、<u>−n乗とは、基数が2なら$1/2^n$ということ。基数が10なら$1/10^n$</u>になります。

実際の問題を解いてみよう！

これまでの解説を読めば簡単ですね。整数部分と小数点以下の部分に分けて、"1"が立っている桁に重みを掛けていきましょう。桁ごとに計算結果が出たら、全部を加算すれば答えが出ます。

> **実例で慣れよう　桁ごとに重みを掛けていこう**
> 2進数の101.11を10進数で表したものはどれか。
>
> ア　5.11　　　イ　5.3　　　ウ　5.55　　　エ　5.75

実際に計算してみると、次のようになります。値が"0"の桁は、計算しても0なので省略できます。なお、選択肢を見ると<u>小数点以下の値のみが異なっている</u>ことに注目。つまり整数部分は計算する必要がありません。このように、無駄な計算をいかに省くかが、素早く解くテクニックになります。

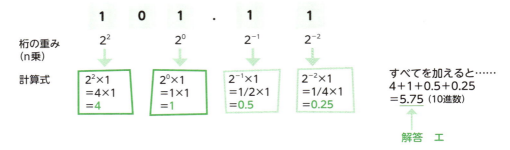

解答　エ

実例で慣れよう　2のべき乗を見つけ出すのがカギ

10進数の分数1／32を16進数の小数で表したものはどれか。

ア　0.01　　　イ　0.02　　　ウ　0.05　　　エ　0.08

じっくり理解

もう1問解いてみましょう。分数と16進数が出てくることから複雑な計算を予感させますが、32が2進数で表現できることに気づけば簡単です。32は2^5なので、問題の10進数は2^{-5}です。つまり図のような形になります。このように2のべき乗はよく出るので、ある程度覚えておくとよいでしょう。

	1桁目	2桁目	3桁目	4桁目	5桁目
.	0	0	0	0	1

$2^{-5} = \dfrac{1}{2^5}$　なので、小数点以下5桁目が"1"

16進数は、2進数を4桁ずつ区切ったものです。上の2進数は5桁なので、4桁に足りない部分が出てきます。ここでは、小数点以下なので、値が変わらないように後ろ側に0を補って4桁にします。

〔計算問題の攻略法2〕シフト演算

シフト演算は、桁を左右にずらす（桁移動する）ことで、乗算や除算を行う方法です。一度仕組みを覚えてしまえば、シフト演算そのものの出題はもちろんのこと、基数変換の問題を解く際にも応用できます。

掛け算は左シフト、割り算は右シフトで行える

まずはルールを覚えていきましょう。桁あふれが発生しないとき、2進数では次のように値が変化します。この仕組みを使えば、桁を左右にずらすだけで掛け算や割り算が容易にできます。

左にnビットシフト	→元の数値の2^n倍になる	…nが2なら、2×2
右にnビットシフト	→元の数値の2^{-n}倍になる	…nが2なら、2÷2

それでは、1ビットの左シフトと右シフトを使った掛け算と割り算を実際の値で見てみましょう。ここで、シフトによる桁あふれはないものとし、シフトによって空いたビットには0が入るものとします。

頭の片隅に入れておこう！

シフトの種類

シフトには、論理シフトと算術シフトがあり、違いは左端の1ビットを符号として扱うかどうか。算術シフトは符号ビットを固定するので負の数も扱える。

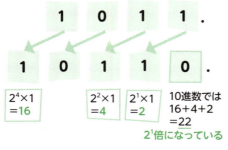

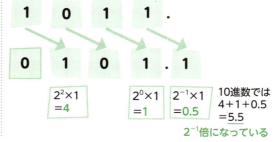

実際の問題を解いてみよう!

シフト演算による乗除算を使うと、基数変換と思わせる問題も容易に解けます。また、倍率は基数のn乗倍だけでなく、シフト演算の結果に元の値を加算する方法により、他の倍率も可能になります。

掛け算や割り算が出たら、シフト演算が使える

10進数の演算式7÷32の結果を2進数で表したものはどれか。

ア 0.001011　　イ 0.001101　　ウ 0.00111　　エ 0.0111

割り算は右シフト演算で行います。問題の10進数32は2^5で表せるので、元の数を5ビット右シフトすれば求める結果になります。まず、10進数の7を2進数の111に変換し、シフトを行いましょう。

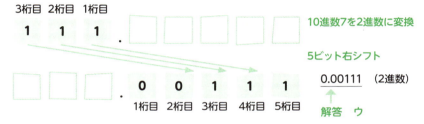

工夫すれば、2のn倍以外の倍率も可能

シフトによる倍率は、複合することでさまざまな倍率を作り出すことができます。例えば3倍なら、2^1倍に元の値を加える（2倍＋1倍）ことで作り出すことができます。また、12倍なら2^3倍（＝8倍）したものに、2^2倍（＝4倍）を加えれば作り出すことができます。過去に次のような問題が出ています。

10倍を作る組合せを考えながら、選択肢を確かめていこう

数値を2進数で表すレジスタがある。このレジスタに格納されている正の整数xを10倍にする操作はどれか。ここで、桁あふれは起こらないものとする。

ア　xを2ビット左にシフトした値にxを加算し、更に1ビット左にシフトする。　→（4倍＋1倍）×2倍＝<u>10倍</u>
イ　xを2ビット左にシフトした値にxを加算し、更に2ビット左にシフトする。　→（4倍＋1倍）×4倍＝20倍
ウ　xを3ビット左にシフトした値と、xを2ビット左にシフトした値を加算する。　→8倍＋4倍＝12倍
エ　xを3ビット左にシフトした値にxを加算し、更に1ビット左にシフトする。　→（8倍＋1倍）×2倍＝18倍

無限小数の判定問題

無限小数とは、2^{-n}の和で表現できない10進小数をいいます。無限小数を2進数に変換すると、小数点以下の値が繰り返されることになることから、誤差が発生します。

《有限小数の例》　10進数0.5は、2^{-1}→2進数0.1　　10進数0.25は、2^{-2}→2進数0.01
《無限小数の例》　10進数0.2は、2進数0.0011001100…　と同じ値が繰り返される。

011

実際の問題を解いてみよう!

無限小数の問題は、「2^{-n}の和で表現できないものを見つけ出す」と考えることができます。2^{-n}をn＝1から表すと、0.5、0.25、0.125、0.0625、0.03125…（このあたりまでは覚えておくと便利）となります。イとエはそのままなので除外できます。残りは、複数の桁で表せないかを考えてみましょう。

ウの0.375は、0.125+0.25なので、$2^{-3}+2^{-2}$の2桁で表現でき、0.011（2進数）となります。最後に残ったアの0.05が無限小数なのかを確認してみましょう。次の方法は、基数が2なら小数に2を掛け、整数部を並べていきます。これを小数部分が0になるまで繰り返します。無限小数は、いつまでも0にならない特性を持っているので判別できます。直感的に解けない2進小数もこの方法なら確実です。

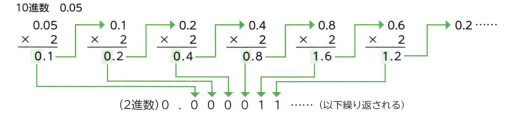

数値の表現範囲

コンピュータで数値を表現するには、2つの方式があります。固定小数点数形式は、整数データを表現するのに適した方式で、決まった長さの2進数で表します。一方実数データは、浮動小数点数形式で表現します。

固定小数点数形式

固定小数点数に関する出題は、表現範囲がテーマになることが多くあります。例えば8ビットで表現できる範囲は、$2^8=256$通りです。ただし、負数を考慮した2の補数形式の表現では、先頭の1ビットを符号ビットとして使うため、−128〜+127の範囲（0を＋側として考えるためマイナス側は1通り多くなる）になります。

10進数	符号付き固定小数点数（負の数は2の補数表示）								
+127	0	1	1	1	1	1	1	1
+126	0	1	1	1	1	1	1	0
〜								
+2	0	0	0	0	0	0	1	0
+1	0	0	0	0	0	0	0	1
0	0	0	0	0	0	0	0	0
−1	1	1	1	1	1	1	1	1
−2	1	1	1	1	1	1	1	0
〜								
−126	1	0	0	0	0	0	1	0
−127	1	0	0	0	0	0	0	1
−128	1	0	0	0	0	0	0	0

○ **2の補数の求め方**

まず、符号ビットを含めたすべてのビットを反転します（これを1の補数といいます）。
さらに、1を加算すれば2の補数になります。

浮動小数点数形式

浮動小数点数形式では、実数を仮数×基数^{指数}のように表します。例えば、「11000000」は、0.11×

2^8と表します。ポイントとなるのは実数の精度で、仮数部の桁数がいくら多くても、誤差が生じることは避けられません。

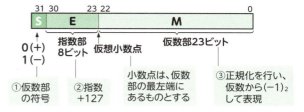

○ **正規化**

実数を表現する際、例えば$0.123×10^1$でも、$0.0123×10^2$でも値は同じです。ただし後者の表現では、前者よりも仮数部の桁数は多く必要になります。精度が求められる計算では桁数が重要になるため、桁数をできるだけ稼ぐため仮数部の最上位桁を0以外になるように調整します。これを**正規化**といいます。

> **試験問題の例**
>
> **2の補数表現による表現範囲を思いだそう**
>
> 負数を2の補数で表す16ビットの符号付き固定小数点方式で、絶対値が最大である数値を16進数として表したものはどれか。
>
> ア 7FFF　　イ 8000　　ウ 8001　　エ FFFF
>
> →前ページの表からもわかるように、符号付きの固定小数点方式では－128が最大の絶対値。16進数は2進数を4桁ずつ区切った形なので、先頭の1ビットのみ"1"で後は"0"となっている8000が正解。

計算における誤差

計算における誤差は、どんな表現形式であっても完全に防ぐことはできません。ただ誤差の特性を知ることで、必要な精度を保つことが可能です。試験では用語問題として誤差の種類を問われることが多く、特に次の誤差に注意。

近似解を求めることで生じる誤差

四捨五入や切捨てなど、通常の計算で生じる誤差です。必要な精度を保てるように桁数を決めます。

丸め誤差	四捨五入、切上げ、切捨てなどの近似解を求めるときに発生する誤差。浮動小数点数では仮数部の桁数が有限なので、誤差が生じることになる。例えば、実数を2進数に変換したときに無限小数（小数以下が循環してしまうこと）になる場合などがある。
打切り誤差	ある程度の値で収束が確認できたところで、処理を打ち切ることにより発生する誤差。例えば円周率の計算などが該当する。

計算過程で生じる誤差

コンピュータにおける数値表現の特性によって生じる誤差です。数値表現の仕組みを知っておくことで、必要な精度を確保したり計算過程を工夫したりすることで、ある程度防ぐことが可能です。

情報落ちを防ぐ方法

情報落ちは、絶対値の差が要因なので、まず絶対値の小さい順に数値を並べ替えて絶対値の差のない数値どうしの演算を先に行い、ある程度の大きさになってから絶対値の大きな値を加減すると誤差を減らせる。

桁落ち	絶対値のほぼ等しい2つの数値を減算したときに、有効桁数が急激に減少し、それによって発生する誤差。左の方法のように、計算過程の工夫で軽減できる。 例）18.6645－18.6641＝0.0004では、有効桁数6桁が1桁になっている
情報落ち	絶対値の差が非常に大きい2つの数値の加減算を行ったとき、絶対値の小さいほうの値が有効桁数内に収まらず、演算結果に反映されないため発生する誤差。
オーバフロー	非常に絶対値の大きな値どうしの乗算を行ったとき、指数部が表現し得る正の最大値を超えることがあり、このときに誤差が発生する。
アンダフロー	絶対値の小さな値（＝非常に0に近い値）どうしの乗算を行ったとき、指数部での表現範囲の最小値よりも小さい数値が表現できない場合があり、アンダフローになる。

013

Chapter 1-2 集合と論理演算

シラバス 大分類：1 基礎理論　中分類：1 基礎理論　小分類：1 離散数学

いまさら"集合"を勉強するの？と言われそうですが、情報処理においては、集合と論理演算はよく出てくるテーマです。集合や論理演算そのものの出題は多くはありませんが、2進数の演算やビットマスク演算、ネットワーク分野のアドレス計算、またハードウェア分野の論理回路にも関連してきます。問題を解きながら、ベン図や真理値表に慣れておきましょう。

論理演算の種類

ベン図と真理値表は、論理式と絡めて出題されます。複雑な論理式もベン図を書いてみると整理でき、明らかに違うものを除いていけば正解を絞ることができます。また、実際に1（真）と0（偽）を当てはめてみるのも手です。

基本演算

①OR（論理和）
いずれか一方が1（真）であれば、1（真）になります。
・表記法：A OR B、A＋B

A	B	A OR B
0	0	0
0	1	1
1	0	1
1	1	1

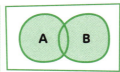

②AND（論理積）
両方が1（真）のとき、1（真）になります。
・表記法：A AND B、A・B

A	B	A AND B
0	0	0
0	1	0
1	0	0
1	1	1

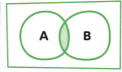

③NOT（否定）
Aが1（真）のときは0（偽）、0（偽）のときは1（真）になります。
・表記法：NOT A、$\overline{A}$

A	NOT A
0	1
1	0

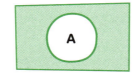

基本演算の組合せ

①NOR（否定論理和）
基本演算の「論理和」の結果を否定にしたもの。
・表記法：A NOR B、$\overline{A+B}$、$\overline{A}\cdot\overline{B}$

A	B	A NOR B
0	0	1
0	1	0
1	0	0
1	1	0

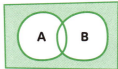

②NAND（否定論理積）
基本演算の「論理積」の結果を否定にしたもの。
・表記法：A NAND B、$\overline{A\cdot B}$、$\overline{A}+\overline{B}$

A	B	A NAND B
0	0	1
0	1	1
1	0	1
1	1	0

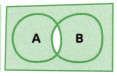

③XOR/EOR（排他的論理和）
A、Bの両方が1（真）または0（偽）のとき、結果は0（偽）になります。
・表記法：A XOR B、A⊕B

A	B	A XOR B
0	0	0
0	1	1
1	0	1
1	1	0

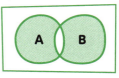

テクノロジ系

この章からの出題数
11問/80問中

 実際に値を入れてみると確認しやすい

論理演算 "x★y" の演算結果は、次に示す真理値表のとおりである。この演算と等価な式はどれか。

ア　x OR (NOT y)
イ　(NOT x) AND y
ウ　(NOT x) AND (NOT y)
エ　(NOT x) OR (NOT y)

x	y	x★y
真	真	偽
真	偽	偽
偽	真	真
偽	偽	偽

→真理値表が提示されているので、実際に値を入れて確かめるのが早道。例えばx、yともに真（1）を入れて確かめてみる。するとアのみ不一致。次にともに偽（0）を入れて確かめてみると、該当するのはイとなる。すべての結果を確かめると右表のようになる。

x	y	$\bar{x}$	$\bar{y}$	ア x OR $\bar{y}$	イ $\bar{x}$ AND y	ウ $\bar{x}$ AND $\bar{y}$	エ $\bar{x}$ OR $\bar{y}$
真	真	偽	偽	真	偽	偽	偽
真	偽	偽	真	真	偽	偽	真
偽	真	真	偽	偽	真	偽	真
偽	偽	真	真	真	偽	真	真

※NOT x : $\bar{x}$　NOT y : $\bar{y}$

論理式の変形

論理式の法則を使って解く "論理式の変形" 問題は、ある程度の慣れが必要。コツは、問題文の式と選択肢の式を見比べながら、各種法則を使って近づけていくこと。特に、使いどころが難しい**ド・モルガンの法則**は要注意です。

 論理式の法則に慣れよう

さまざまな問題を解くためには、次のような論理式の法則が必要になります。それぞれの法則がわかりにくいときはベン図を書いてみると納得がいくはず。このとき、1は真、0は偽と考えます。

基本則　　　　　　$A+\bar{A}=1$　　$A+0=A$　　$A+1=1$
　　　　　　　　　$A \cdot \bar{A}=0$　　$A \cdot 0=0$　　$A \cdot 1=A$

→基本則においては、Aは、0または1をとると考えよう

分配則　　　　　　$A+(B \cdot C)=(A+B) \cdot (A+C)$
　　　　　　　　　$A \cdot (B+C)=(A \cdot B)+(A \cdot C)$

べき等則　　　　　$A+A=A$　　$A \cdot A=A$

吸収則　　　　　　$A \cdot (A+B)=A$　　　$A+(A \cdot B)=A$

ド・モルガンの法則　$\overline{A+B}=\bar{A} \cdot \bar{B}$　　　$\overline{A \cdot B}=\bar{A}+\bar{B}$

共通項に目を付けて、分配法則を適用していこう

論理式 $\bar{A} \cdot \bar{B} \cdot C + A \cdot \bar{B} \cdot C + \bar{A} \cdot B \cdot C + A \cdot B \cdot C$ と恒等的に等しいものはどれか。ここで、・は論理積、＋は論理和、$\bar{A}$はAの否定を表す。

ア　$A \cdot B \cdot C$
イ　$A \cdot B \cdot C + \bar{A} \cdot \bar{B} \cdot C$
ウ　$A \cdot B + B \cdot C$
エ　C

→問題の論理式 $\bar{A} \cdot \bar{B} \cdot C + A \cdot \bar{B} \cdot C + \bar{A} \cdot B \cdot C + A \cdot B \cdot C$ から共通のCに目をつけて分配法則を適用すると、$C \cdot (\bar{A} \cdot \bar{B} + A \cdot \bar{B} + \bar{A} \cdot B + A \cdot B)$ となる。
さらに、Aと$\bar{A}$に目をつけて分配法則を適用すると、$C \cdot (A \cdot (B+\bar{B}) + \bar{A} \cdot (B+\bar{B}))$ となる。
ここで論理和の法則から、$B+\bar{B}=1$なので、$C \cdot (A+\bar{A}) = $ **C** が解答

015

ビットマスク演算

出題率 低 普通 高

ビットマスク演算は、ビット列の中から特定のビットを取り出したり、反転させたりするものです。ビットの取り出しには**論理積(AND)演算**、ビットの反転には**排他的論理和(XOR/EOR)演算**を用います。ビットの取り出しについては、ネットワーク分野においてIPアドレスのクラス分けでも出てきます。こちらも考え方は、全く一緒です。

ビットを取り出すには"マスクビット列"を使う

あるビットを取り出すためには、その取得したいビット位置のみを1としたビット列とのAND（論理積）をとります。例えば、8ビットの下位4を取り出すマスクビット列は、"00001111"で、16進数で表すと"0F"です。それでは、実際の試験問題で考えてみましょう。

ビットを反転させる

特定のビットを取り出すにはAND演算を使ったが、XOR/EOR（排他的論理和）を使うと特定のビットを反転させることができる。14ページの真理値表で確認してみよう。

取り出したいビット位置を1にしてANDをとろう

最上位をパリティビットとする8ビット符号において、パリティビット以外の下位7ビットを得るためのビット演算はどれか。

ア　16進数0FとのANDをとる。　　イ　16進数0FとのORをとる。
ウ　16進数7FとのANDをとる。　　エ　16進数FFとのXOR（排他的論理和）をとる。

この問題ではパリティビット以外の下位7ビットを得たいので、"01111111"="7F"（16進数）とのANDをとればよいことになります。次の問題も同じ方法で解けます。ここで論理シフトとはビットをずらすこと。また、スタックはデータ構造の1つで、プッシュとはスタックに格納することです。

〈例〉網掛け部分のビットを取り出す場合

```
        1 1 1 0 1 1 0 1
(AND)   0 1 1 1 1 1 1 1
        0 1 1 0 1 1 0 1
```

桁をずらしながら、4ビットずつ取り出していけばよい

16ビットの2進数nを16進数の各桁に分けて、下位の桁から順にスタックに格納するために、次の手順を4回繰り返す。a, bに入る適切な語句の組合せはどれか。ここで、XXXX_{16}は16進数XXXXを表す。

〔手順〕
(1) ［ a ］をxに代入する。
(2) xをスタックにプッシュする。
(3) nを［ b ］論理シフトする。

	a	b
ア	n AND $000F_{16}$	左に4ビット
イ	n AND $000F_{16}$	右に4ビット
ウ	n AND $FFF0_{16}$	左に4ビット
エ	n AND $FFF0_{16}$	右に4ビット

→2進数4ビットは16進数1桁に対応する。そこで、2進数nを4ビットごとに区切り、16進数として下位の桁から順にスタックへ格納すればよい。操作は、次のとおり。
(1) 2進数nとマスクビット$000F_{16}$との論理積(AND)演算を行い、下位4ビットをxに求める。
(2) 次の桁（4ビット）を取り出すため、nを右に4ビット論理シフトする。
(3) (1)で得られたxをスタックにプッシュ（格納）する。という手順を4回繰り返す。正解はイ。

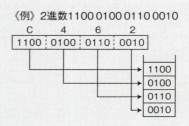
《例》2進数1100 0100 0110 0010

Chapter 1-3 確率と組合せ

シラバス 大分類：1 基礎理論　中分類：1 基礎理論　小分類：2 応用数学

シラバスのVer.6以降から、「確率と統計」、「数値計算」の部分の項目が大幅に追加されました。新傾向としての出題実績は少ないので、対策は基本的な確率の考え方がベースになります。ここでは、確率問題としてこれまでに実績のある問題を取り上げておきます。考え方や解き方を知っておくと有利なので、そのまま出題パターンとして覚えておくとよいでしょう。

確率は、起こりうるすべての事象（全事象）を知ることが重要!!
夕食のメニューなら……

確率に関する問題の解き方

出題率 低 普通 高

確率は、日常の多くの場面で登場します。与えられた問題を、確率の公式に当てはめられるかが正解を導くポイントになります。基本になる解答のコツは、問題の文中から"起こりうるすべての事象（全事象）"を把握することです。

公式を覚えよう！

確率の公式を確認しておこう

「出るか出ないかわからない」というときの確率は50/100、つまり全体が100なら半分の50が出る確率、また出ない確率も50です。公式にすると上のようになります。ここで、出るか、出ないかは、どちらかしか起こらないということで**排反事象**といいます。2つの事象A、Bがあるとき、AとBがそれぞれ起こる確率を**確率の加法定理**、AとBが同時に起こる確率を**確率の乗法定理**と呼びます。

$$確率P(A) = \frac{事象Aに含まれる根元事象の数}{全事象に含まれる根元事象の数}$$

❶ **確率の加法定理**
　事象AとBが排反のとき
$$P(A \cup B) = P(A) + P(B) \quad (A \cap B = \phi)$$

❷ **確率の乗法定理**
　事象AとBが独立のとき
$$P(A \cap B) = P(A) \times P(B)$$

実例で慣れよう

全事象をつかめば、通常の確率計算でOK!

ある工場では、同じ製品を独立した二つのラインA、Bで製造している。ラインAでは製品全体の60％を製造し、ラインBでは40％を製造している。ラインAで製造された製品の2％が不良品であり、ラインBで製造された製品の1％が不良品であることがわかっている。いま、この工場で製造された製品の一つを無作為に抽出して調べたところ、それは不良品であった。その製品がラインAで製造された確率は何％か。

ア　40　　　イ　50　　　ウ　60　　　エ　75

分母をすべてのラインで不良品が出る確率とし、分子をラインAで不良品が出る確率とします。
・ラインAで製造された製品が不良品である確率は、60％×2％
・ラインBで製造された製品が不良品である確率は、40％×1％

$$\frac{(0.6 \times 0.02)}{(0.6 \times 0.02) + (0.4 \times 0.01)} = \frac{0.012}{0.016} = \frac{3}{4} = 0.75 = 75\%$$

017

状態遷移確率は、掛けて足すパターンを覚えてしまおう

ある状態のものが別の状態に移る確率を**状態遷移確率**といいます。ここでも確率の乗法定理と加法定理を使って解くことができます。同様なパターンがよく出るので、解き方をそっくり覚えましょう。

実例で慣れよう：計算前の場合分けがポイント

次の図は、ある地方の日単位の天気の移り変わりを示したものであり、数値は翌日の天気の変化の確率を表している。ある日の天気が雨のとき、2日後の天気が晴れになる確率は幾らか。

ア 0.15　　イ 0.27　　ウ 0.3　　エ 0.33

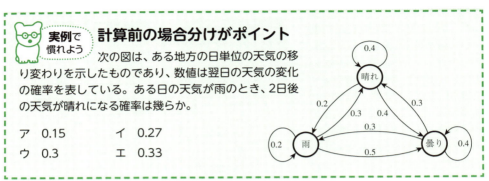

ある日の天気が雨で、その2日後が晴れになる場合には、次の3通りがあります。
① 雨→晴れ→晴れ　　② 雨→曇り→晴れ　　③ 雨→雨→晴れ

そこで、それぞれの確率を求めると、
①＝0.3×0.4＝0.12　　②＝0.5×0.3＝0.15　　③＝0.2×0.3＝0.06
①～③は排反事象であるため、確率の加法定理により、それぞれの和で求められます。
①＋②＋③＝0.33

組合せ問題の解き方

出題率：普通

組合せを使って解く応用問題も出ています。たびたび目にする最短経路を求める問題が該当します。

組合せの公式は、確実に押さえよう

組合せとは、異なるn個のものから、r個のものを取り出す方法の数で、右の公式で計算することができます。

$$_nC_r = \frac{_nP_r}{r!} = \frac{n!}{r!(n-r)!}$$

実例で慣れよう：解き方を覚えておけば条件が変わってもOK!

図のA地点から、線上をたどってB地点に到達するための最短経路の数は、何通りあるか。ここで、縦1区画の長さはすべて等しく、横1区画の長さもすべて等しいものとする。

ア 6　　イ 10　　ウ 12　　エ 36

図のようなA地点からB地点へ行く2つの経路の進み方は、経路1が「横→横→横→縦→縦」、経路2が「縦→横→横→縦→横」となり、どちらも必ず横方法に3区画分、縦方向に2区画分進みます。つまり、A地点からB地点に行くためには全部で5区画分進まなければなりませんが、この5区画中の横方向に進む3区画を決めれば一つの経路を決定できます。したがって、経路の数は、5つの中から3つを取り出す組合せとなります。

$$_5C_3 = \frac{5!}{(5-3)! \times 3!} = \frac{5 \times 4 \times 3 \times 2 \times 1}{2 \times 1 \times 3 \times 2 \times 1} = 10 \text{(通り)}$$

Chapter 1-4 情報に関する理論

シラバス 大分類：1 基礎理論　中分類：1 基礎理論　小分類：3 情報に関する理論

情報に関する理論とは、さまざまな情報をコンピュータ上で扱うための方法を取り上げたテーマです。近年注目されているのがAI（人工知能）で、ここ数回の試験では定番のように出題されています。そのほかのオートマトンや正規表現、逆ポーランド記法は、解き方を知っていないと難しいもの。一通り解いておけば安心です。

AI（人工知能）

AI（人工知能）は、近年の頻出テーマになってます。出題実績は用語中心なので、キーワードを押さえておきましょう。

用語	説明
エキスパートシステム	特定の専門知識を基にしたルール付けをしておき、そのルールに従って推論を行い解を求めるシステム。知識ベースと推論エンジンからなる。
AI（人工知能）	人間の頭脳の振る舞いを模倣したシステム。知識ベースと推論エンジンに加えて、学習や判断を行え、認識機能も持つ。学習や判断については、機械学習やディープラーニングの技術を利用している。
ニューラルネットワーク	人間の脳神経回路を模倣したモデル。単純な仕組みのニューロンを組み合わせてネットワークを構築することで成り立つ。また、正しい答えを出すための学習を重ねることで、学習パラメータが最適化されて正確さが増す。
機械学習	人間が経験によって得る知識の過程をコンピュータによって実現する手法。与えられたデータを基に反復学習を行って特徴や法則を見つけ出し、その後に与えられる未知のデータについて推論を行う。学習が進むほど認識や判断の精度が向上する。ただし、学習の方向性は人間が与える必要がある。
機械学習の手法	・**教師あり学習**：特徴付きのデータを与えたり、入力に対する正解をデータとして与えたりすることで、未知のデータに対する推論や判断に結びつける。 ・**教師なし学習**：正解を与えない方法。データを蓄積することで出現頻度を分析したり、規則性によりグルーピングしたりすることで解答を導き出す。 ・**強化学習**：行動及びその善しあしを得点として与え、最適な解を試行させる。
ディープラーニング（深層学習）	機械学習を進化させた手法で、ニューラルネットワークにより学習を行う。人間が方向性を与えなくても、コンピュータが多方面のデータを基に自律的に学習を進めていく。ただし、過程や結果が意図しない方向性へ進むこともある。

オートマトン

シラバスで取り上げられているオートマトンは、状態遷移図や状態遷移表として過去に数回出題されています。

有限オートマトンは、終了状態までていねいにたどろう

オートマトン（automaton）とは、入力、処理、出力といったコンピュータの動作をモデル化し、この

関係を処理手順（アルゴリズム）として表現したもので、状態が有限のものを**有限オートマトン**といいます。通常、データには初期状態があり、その後複数の状態を遷移しながら、最終状態で停止します。この遷移を図や表にしたものが、**状態遷移図**や**状態遷移表**です。

❶ 状態遷移図

いくつかの状態と遷移を示す矢印によって図です。矢印はある状態において、ある入力が与えられた場合の遷移を示しています。また、遷移した結果、状態が終了状態となるとき、そのデータが**受理された**といいます。右のオートマトンでは文字列"ababaa"を左から与えたとき、次のように遷移します。

$S_0 \to S_1 \to S_2 \to S_3 \to S_3 \to S_2 \to S_3$

ここで、S_3は終了状態であるため、この文字列はオートマトンにより受理される文字列であることがわかります。

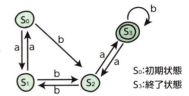

S_0:初期状態
S_3:終了状態

❷ 状態遷移表

状態遷移表は、状態遷移図を一覧表の形式にしたものです。
現在の「状態」と、投入した「値」によって、結果を読み取り、次の状態に反映させます。例えば、下の入力文字列を検査するための状態遷移表を考えてみましょう。初期状態をaとして、文字を入力した後の状態がeになると不合格とすると、右図のようになります（△は空白を示す）。

		入力文字				
		空白	数字	符号	小数点	その他
現在の状況	a	a	b	c	d	e
	b	a	b	e	d	e
	c	e	b	e	d	e
	d	e	b	e	e	e

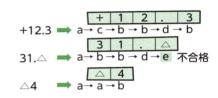

+12.3 → a→c→b→b→d→b

31.△ → a→b→b→d→e 不合格

△4 → a→a→b

実例で慣れよう　状態遷移図を正確にたどって出力値を並べる

入力記号、出力記号の集合が {0, 1} であり、状態遷移図で示されるオートマトンがある。0011001110を入力記号とした場合の出力記号はどれか。ここで、S_1は初期状態を表し、グラフの辺のラベルは、入力／出力を表している。

ア　0001000110　　イ　0001001110
ウ　0010001000　　エ　0011111110

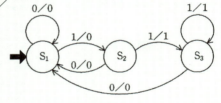

先の状態遷移図の解説に、出力の要素が加わった問題です。基本は同じで、S_1を開始点として、問題文のビット列を左端から順に入力して遷移をたどりながら、同時にそのときの出力を並べていきます。問題文のビット列の遷移は、次のようになります（括弧内は出力）。

$S_1(0) \to S_1(0) \to S_2(0) \to S_3(1) \to S_1(0) \to S_1(0) \to S_2(0) \to S_3(1) \to S_3(1) \to S_1(0)$

出力されたビット列を並べると、**0001000110**となります。正解はア。

正規表現

コンピュータなどで情報として扱うために曖昧さを排除した言語を**形式言語**とい呼びます。また、形式言語の構文を形式的（厳密な表現という意味）に定義するための表現方法として**正規表現**があります。正規表現の問題は、まず規則が提示され、各選択肢がその規則に沿っているかが問われます。また、「省略できる部分」と「省略できない部分」を見極めるのがコツです。具体的な問題を解いてみましょう。

この章からの出題数
11問／80問中

 実例で慣れよう 与えられたルールに沿っているかを確認しよう

UNIXにおける正規表現 [A-Z] + [0-9] * が表現する文字列の集合の要素となるものはどれか。ここで、正規表現は次の規則に従う。

[A-Z] は、大文字の英字1文字を表す。
[0-9] は、数字1文字を表す。
+は、直前の正規表現の1回以上の繰返しであることを表す。
*は、直前の正規表現の0回以上の繰返しであることを表す。

ア 456789　　イ ABC+99　　ウ ABC99*　　エ ABCDEF

問題文の"[A-Z]+"は、英字が1回以上の繰り返しで始まることを示しており、省略不可なので数字から始まることはありません。後に続く"[0-9]*"は、数字の繰り返しが0回以上であることを示しており省略可能です。また、繰り返しを制御する文字+、*は、文字列中には現れません。**正解はエ**。

逆ポーランド記法

出題率：低 普通 高

逆ポーランド記法（後置記法）は、括弧なしで数式が表現でき、算術式の評価が単純に行えるなどの利点があります。プログラムのコンパイルにおける算術式の内部表現法などに用いられています。

 解答のワザ! 逆ポーランド記法のルール

逆ポーランド記法では、演算子を被演算子の後ろに置きます。たとえば "A+B" は逆ポーランド記法で "AB+" となります。図は逆ポーランド記法の式を通常の式に直す手順で、表現の際のポイントは「演算子は直前の2つの項にかかる」、「演算子は左から処理する」ということです。

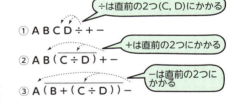

① ABCD÷+-　÷は直前の2つ(C, D)にかかる
② AB(C÷D)+-　+は直前の2つにかかる
③ A(B+(C÷D))-　-は直前の2つにかかる
④ A-(B+(C÷D))

 実例で慣れよう 優先順位の低い演算子から、括弧の右側へ出せばよい

逆ポーランド記法（後置記法）では、例えば、式Y=(A-B)×Cを、YAB-C×= と表現する。次の式を逆ポーランド記法で表現したものはどれか。

Y=(A+B)×(C-D÷E)

ア YAB+C-DE÷×=　　イ YAB+CDE÷-×=
ウ YAB+EDC÷-×=　　エ YBA+CD-E÷×=

上の解説とは逆に通常の式を、逆ポーランド記法による式に変換するには、優先順位の低い演算子から、対象となっている括弧の右側へ出していき、最後にすべての括弧を外します。
①式の優先順位がわかるように括弧を付加。　Y=((A+B)×(C-(D÷E)))
②優先順位の低い演算子から、右側へ出す。
　Y((A+B)×(C-(D÷E)))=　→　Y((A+B)(C-(D÷E))×)=　→
　Y((AB)+(C(D÷E)-)×)=　→　Y((AB)+(C(DE)÷-)×)=
③最後に、括弧を外す。　YAB+CDE÷-×=　　**正解はイ**。

Chapter 1-5 データ構造

シラバス 大分類：1 基礎理論　中分類：2 アルゴリズムとプログラミング　小分類：1 データ構造

データ構造とは、データの利用用途に応じた論理的な格納方式のこと。最も基本的な配列のほか、スタック、キュー、リスト、木構造があります。よく出題されるのは、キューやスタックへの格納、また両者を組み合わせた操作も問われます。また、リストの操作や実現方法、2分探索木についても出題があります。

イラストで覚える"キュー"と"スタック"
① キュー（先入れ先出し）　② スタック（後入れ先出し）

キューとスタック

スタックとキューは、データの格納と取り出し順が異なります。それぞれは単純な構造ですが、両者を組み合わせたデータの格納と取り出しについてまぎらわしい形で問われることがあります。間違えやすいので注意が必要です。

キューは、先に入れたものが先に取り出される

先入れ先出し（FIFO：First-In First-Out）型のデータ構造を持ち、最初に格納されたデータが最初に取り出されるデータ構造です。用途としては、基本的に早いものから順に処理を行うマルチプログラミングにおける実行待ちの列（タスク指名待ち行列）などがあります。

○ キューの操作

データを列の最後に格納する操作を**エンキュー**（enqueue）、反対に列の先頭から順に取り出す操作を**デキュー**（dequeue）といいます。また、配列を使ってキューを実現する場合には、格納位置を後方（rear）ポインタで示し、取り出す位置を前方（front）ポインタで示すことで操作を行います。

スタックは、後から入れたものが先に取り出される

後入れ先出し（LIFO：Last-In First-Out）型のデータ構造を持ち、最後に格納されたデータが最初に取り出されるデータ構造です。計算の途中結果を格納するなど、一時的なデータ保存に利用されます。

○ スタックの操作

データの格納を**プッシュ**（push）、取り出しを**ポップ**（pop）といいます。格納する場所は、**スタックポインタ**（SP）で管理します。プッシュする場合は、SP−1→SPのアドレス計算を行い、ポップするときは、SPが指すアドレスからデータを取り出してから、SP+1→SPの処理を行います。

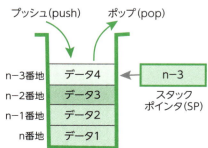

試験問題の例 スタックに入れて取り出すことで、データを逆順できる

四つのデータA、B、C、Dがこの順に入っているキューと空のスタックがある。手続pop_enq、deq_pushを使ってキューの中のデータをD、C、B、Aの順に並べ替えるとき、deq_pushの実行回数は最小で何回か。

ここで、pop_enqはスタックから取り出したデータをキューに入れる操作であり、deq_pushはキューから取り出したデータをスタックに入れる操作である。

ア　2　　　　イ　3　　　　ウ　4　　　　エ　5

→元のデータが先入れ先出し構造のキューにあり、順に後入れ先出し構造のスタックに入れて取り出せば並べ替えができることになる。ただし、最後のデータ（ここではDが該当）は、キューに残したままでもよいため、データ数−1回でよい。正解はイ。

リスト（連結リスト）

出題率：低 普通 高

リスト（連結リスト）はデータどうしをポインタによって関連付けた論理的なデータ構造です。ポインタをたどることで、実際には隣り合っていないデータでも連続してアクセスすることができます。また、挿入や削除の操作はデータ格納位置をずらす操作を行わなくても、ポインタの内容を書き換えるだけで行えます。

 リストの操作は、ポインタの変更によって行う

リストは、リストは、データ部とポインタ部からなるセルと呼ばれる単位で管理され、ポインタ部の値により次に連結（リンク）されるセルが決まります。下図において「head」はリストの開始位置、またリストの最終位置は、ポインタには「NULL（空文字）」を入れているかで判断しています。

《利点》 リスト要素の挿入や削除は、すべての位置で素早く、同一作業で行える。
《欠点》 特定の要素へのアクセスは、ポインタをたどるため、位置によって遅くなる。

❶ **単（片）方向リスト**
ポインタが順方向にだけ付けられたリスト構造。最後のセルのポインタ部には、NULL値が格納されています。

❷ **双（両）方向リスト**
直前のデータへのポインタと次のデータへのポインタを持ち、両方向へリンクをたどることができます。

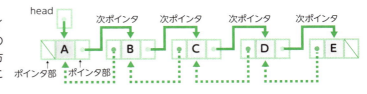

❸ **環状（循環）リスト**
先頭と最後のセルをポインタによってつなげたリスト。上記のリストと同様に、単方向（右図）と双方向があります。

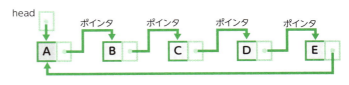

○ **ポインタの操作**

《削除するとき》 要素Cを削除する場合、要素Bのポインタが要素Dを指すようにする。

《挿入するとき》 要素DとEの間に、要素Fを挿入する場合、要素Dのポインタが要素Fを指すように変更し、要素FのポインタがEを指すようにする。

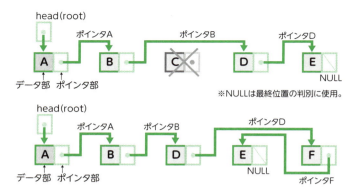

※NULLは最終位置の判別に使用。

 配列を使ってリストを実現する

　配列によるリストは、リストの要素を一次元配列の連続領域に格納し、別にポインタを格納する配列を用意します。配列中の要素へのアクセスは、ポインタの内容により配列の添え字を指定します。

《利点》 特定の要素へのアクセスは、位置がわかれば直接指定できるので素早く行える
《欠点》 リスト要素の挿入や削除は、要素を順送りして空きを作るか、詰める必要があるので遅い

○ **配列によるリスト構造の例**

　配列要素へのアクセスは、同位置のポインタ配列をたどることで行います。ポインタ配列の要素が空欄の場合は無視するので、挿入や削除の場合も順送りの操作は不要です。

順に追っていくと、まずheadからポインタのスタート位置（添え字0）を知る。ポインタの内容は1なので、リスト（添え字1）をたどると、要素はA。さらに同位置のポインタ（添え字1）の内容は5なので、リスト（添え字5）をたどると、要素はE。以下同様にたどっていくと、「リスト結果」のようになる。

配列で実現するリストの特性をつかんでおこう

　データ構造の一つであるリストは、配列を用いて実現する場合と、ポインタを用いて実現する場合とがある。配列を用いて実現する場合の特徴はどれか。
　ここで、配列を用いたリストは、配列に要素を連続して格納することによって構成し、ポインタを用いたリストは、要素から次の要素へポインタで連結することによって構成するものとする。

ア　位置を指定して、任意のデータに直接アクセスすることができる。
イ　並んでいるデータの先頭に任意のデータを効率的に挿入することができる。
ウ　任意のデータの参照は効率的ではないが、削除や挿入の操作を効率的に行える。
エ　任意のデータを別の位置に移動する場合、隣接するデータを移動せずにできる。

→正解はア。配列によるリストでは、データ位置を直接指定できる。イ：先頭にデータを挿入するには、空欄を設けるため末尾から要素をずらして挿入位置を確保する必要がある。ウ：配列要素を直接指定するので任意のデータ参照は効率的。一方、削除や挿入は要素データの移動が必要になる。エ：別位置への移動は、まず空欄要素を作ってデータを移動し、必要なくなった要素を詰めていく、2度の移動が必要。

木構造

木構造（tree structure）は、階層構造によって管理を行うデータ構造の1つです。個々の要素を**節**（ノード：node）とよび、節同士は親子関係を持ちます。親を持たない最上位の要素を、**根**（ルート；root）、子を持たない最下位の要素を、**葉**（リーフ；leaf）と呼びます。木構造にも、さまざまなものがありますが、試験に出ているのは2分探索木の格納や再編成、各ノードの走査（なぞり方）に関する問題です。

木構造を利用して探索を行う「2分探索木」

節から分岐する枝が2本以下のものを**2分木**とよび、根からすべての葉に至る枝の数（深さ）が、同じかまたは1つしか違わない2分木を**完全2分木**といいます。2分探索木は、2分木の各節にデータを格納したもので、どの節についても「節の左側のデータ＜節のデータ＜節の右側にあるデータ」を満たすようにデータを格納します。こうしておけば、ルールに従い、根から順にたどることで、値を見つけ出すことができます。なお、データの追加や削除があったときは、上記の条件を満たすように再編成を行います。

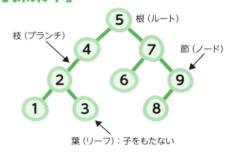

❶ **2分木の走査（なぞり方）**

2分木の走査には、前順（先行順序）、間順（中間順序）、後順（後行順序）の3つがあります。

❷ **2分探索木による整列**

2分探索木を中間順序でたどることにより、節として格納された値を昇順に整列されたデータとして取り出すことができます。

2分探索木の性質に沿って値を格納しよう

10個の節（ノード）から成る次の2分木の各節に、1から10までの値を一意に対応するように割り振ったとき、節a、bの値の組合せはどれになるか。ここで、各節に割り振る値は、左の子およびその子孫に割り振る値よりも大きく、右の子およびその子孫に割り振る値よりも小さくするものとする。

ア　a=6、b=7　　　イ　a=6、b=8
ウ　a=7、b=8　　　エ　a=7、b=9

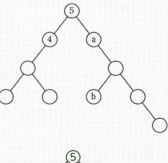

→問題文の関係が成立するのは2分探索木である。問題文の規則に従って1〜10の値を格納すると、右図のようになる。正解はア。

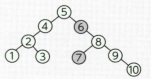

Chapter 1-6 アルゴリズムと流れ図

アルゴリズムに慣れるためには実際の問題を使って**トレース**（変数の内容や判定条件を順を追ってたどること）をしてみるのがいちばん。その際に、右のようなポイントを押さえておくと、空欄穴埋め問題が解きやすくなります。最初は時間がかかっても根気よくトレースしていくとコツが掴めます。

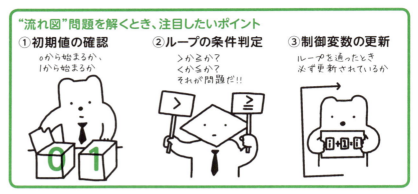

"流れ図"問題を解くとき、注目したいポイント
① 初期値の確認
② ループの条件判定
③ 制御変数の更新

探索アルゴリズム

出題率：低・普通・高

探索の方法には、目標値を配列の頭から順に探す**線形探索**のほか、**2分探索**、**ハッシュ法探索**があります。2分探索とハッシュ法探索はアルゴリズムに加えて前提条件が問われることがあるので、仕組みを理解しておきましょう。

2分探索は、中央で区切って値を絞り込んでいく方法

2分探索は中間の要素を決め、見つけ出す要素がそれよりも大きいか小さいかを判断し、それを繰り返すことで絞っていき、目的の値にたどり着くという方法です。値の大小が判断基準になるため、前提条件として配列要素が**昇順または降順に整列されている**必要があります。

値＝13を探索する例
※灰色の網の部分は対象外になったことを示す

	[1]	[2]	[3]	[4]	[5]	[6]	[7]
	1	3	8	10	13	15	18

↑ 中央値

	[1]	[2]	[3]	[4]	[5]	[6]	[7]
	1	3	8	10	13	15	18

↑ 中央値

	[1]	[2]	[3]	[4]	[5]	[6]	[7]
	1	3	8	10	13	15	18

↑ 中央値

ハッシュ法探索は、1発で値を見つかるが格納効率が悪い

ハッシュ法を利用した探索方法です。探索の仕組みは、キーとなる値を**ハッシュ関数**を使って変換し、データを格納する位置を決めます。探索時には同じ方法で格納位置を探し出すため、1度で場所が見つかります。

❶ ハッシュ法の問題点

ハッシュ関数による変換の際、異なるキー値から同一の格納場所（ハッシュ値）が得られることが避けられず、**衝突（コリジョン）** が発生することがあります。このとき、先に格納されているデータを**ホーム**、衝突を起こしたデータを**シノニム**と呼びます。

❷ 衝突した際の対応

衝突した際の格納方法は、あらかじめ決めておきます。代表的な**オープンアドレス法**では、衝突が起きたときは、格納するアドレス値を増分しながら空きアドレスを見つけていきます。ハッシュ法探索では、どのような方法でも、衝突の発生が増えるほど探索時間がかかることになります。

この章からの出題数
11問／80問中

2分探索の前提条件を確認しておこう

顧客番号をキーとして顧客データを検索する場合、2分探索を使用するのが適しているものはどれか。

- ア 顧客番号から求めたハッシュ値が指し示す位置に配置されているデータ構造
- イ 顧客番号に関係なく、ランダムに配置されているデータ構造
- ウ 顧客番号の昇順に配置されているデータ構造　　→正解
- エ 顧客番号をセルに格納し、セルのアドレス順に配置されているデータ構造

問題文のルールに従って正確に検証しよう

次の規則に従って配列の要素A[0]、A[1]、…、A[9]に正の整数kを格納する。kとして16、43、73、24、85を順に格納したとき、85が格納される場所はどこか。ここで、x mod yは、xをyで割った剰余を返す。また、配列の要素は全て0に初期化されている。

〔規則〕
(1) A[k mod 10]＝0ならば、kをA[k mod 10]に格納する。
(2) (1)で格納できないとき、A[(k＋1) mod 10]＝0ならば、kをA[(k＋1) mod 10]に格納する。
(3) (2)で格納できないとき、A[(k＋4) mod 10]＝0ならば、kをA[(k＋4) mod 10]に格納する。

　ア A[3]　　　イ A[5]　　　ウ A[6]　　　エ A[9]

→オープンアドレス法によるシノニム処理の例である。ルールに沿って順に確認していけばよい。
　A[16 mod 10]、A[6]＝0なのでA[6]に格納　　A[43 mod 10]、A[3]＝0なのでA[3]に格納
　A[73 mod 10]、A[3]≠0なのでA[74 mod 10]、A[4]＝0なのでA[4]に格納
　A[24 mod 10]、A[4]≠0なのでA[25 mod 10]、A[5]＝0なのでA[5]に格納
　A[85 mod 10]、A[5]≠0なのでA[86 mod 10]、A[6]≠0なので(3)の規則へ。A[89 mod 10]、A[9]＝0なのでA[9]に格納、正解はエ。

整列（ソート）アルゴリズム

アルゴリズムとしては定番ともいえる整列（ソート）は、数多くの種類があります。トレースの練習としては有効ですが、整列そのものはクイックソート以外、あまり出題されていません。大まかに特徴をつかんでおきましょう。

基本選択法（選択ソート）	範囲内での最小値（または最大値）を選択して、それを範囲の先頭（または最後）の要素と交換する処理を繰り返して整列を行う。
基本挿入法（挿入ソート）	すでに整列されている範囲内の必要な位置に、新たな要素を挿入する処理を繰り返すことで整列を行う。
シェルソート（改良挿入法）	ある間隔（gap）で要素を取り出した部分列を整列し、徐々に、この間隔を狭くして、gap＝1となったところで、基本整列法により整列を行う方法。
基本交換法（バブルソート）	隣接する要素を比較して、大きさの順序が逆なら交換する処理を繰り返すことで整列を行う。
クイックソート（改良交換法）	基準値を定め、これより大きな要素と小さな要素のグループに振り分ける。振り分けたグループに対して、同様の処理を繰り返すことで整列を行う。

アルゴリズムの計算量

探索や整列では、データ量が増えるに従ってかかる時間が膨大に増えていきます。アルゴリズムの大まかな計算量を掴んでおくことは、探索や整列の時間を予測できるだけでなく、探索や整列方法を選択する目安になります。

じっくり理解 オーダの意味と計算量の大小を理解しよう

アルゴリズムの計算量とは、探索の対象となる要素の数をnとしたときの平均比較回数と最大比較回数は、それぞれ表のような値になります。全体の計算量は、**オーダ**を使って表します。オーダとは、次数の高いものを残して表現する大まかな計算量のこと。線形探索なら$O(n)$(nのオーダ、nに比例する)、2分探索なら$O(\log_2 n)$、ハッシュ法探索は、直接特定できるため、計算量、オーダともに1になります。一方の整列は、総比較回数で表し、基本法(選択法、交換法、挿入法)のオーダは、$O(n^2)$となります(nが大きければn^2に比例する)。

		比較回数		オーダ	大きさ
		平均	最大		
探索	線形探索	$\frac{(n+1)}{2}$	n	$O(n)$	大 ↕ 小
探索	2分探索	$[\log_2 n]$	$[\log_2 n]+1$	$O(\log_2 n)$	
探索	ハッシュ	1	1	$O(1)$	
整列	選択法、交換法、挿入法	n(n−1)/2		$O(n^2)$	大 ↕ 小
整列	クイックソート	$n\log_2 n$		$O(n\log_2 n)$	

注)[ ]記号は、小数点以下切り捨て

《例題》 2分探索において、整列されているデータの個数が4倍になると、最大探索回数はどうなるか。
《解答》 2分探索の最大探索回数は、$[\log_2 n]+1$なので、個数が$4n$のときの最大探索回数は、$[\log_2 4n]+1$である。$\log_2 4n = \log_2(2^2 \times n) = 2 + \log_2 n$となり、最大探索回数は2回増える。

流れ図問題の解法

流れ図の出題パターンは、①実行後の結果を求める検証問題、②流れ図中の空欄を埋める問題です。後者はさらに、判断やループの更新条件などの終了条件、中心となる処理内容に分かれます。それぞれの対策を解説しましょう。

❶ 実行後の結果を求める検証問題の対策

流れ図を実行した結果、変数の値に何が入ったかを求める問題です。簡単な方法は、実際の値を

試験問題の例 単純な計算例を使ってトレースしてみよう

xとyを自然数とするとき、流れ図で表される手続を実行した結果として、適切なものはどれか。

	qの値	rの値
ア	$x \div y$の余り	$x \div y$の商
イ	$x \div y$の商	$x \div y$の余り
ウ	$y \div x$の余り	$y \div x$の商
エ	$y \div x$の商	$y \div x$の余り

→選択肢から、流れ図の処理がつかめる

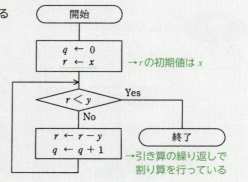

入れて、流れ図をトレースしてみましょう。時間のかからない単純なものでOKです。問題文を見ても、処理内容は書かれていないので、選択肢を見ましょう。すると割り算の商と余りを求め、結果を変数qとrのどちらかに格納することがわかります。そこで、単純なテストデータ、例えば「4÷2=2、余り0」としてトレースしてみましょう。ポイントは商と余りが同じにならないこと。

r=4（初期値）→2→0　　q=0（初期値）→1→2

この時点で、rはy（=2）を下回るため、次のループへは入らずに終了。ループ中の処理はx（rに格納）からyを引いていることから、x÷y、qには商、rには余りが入っています。正解はイ。

❷ 流れ図中の空欄を埋める問題の対策

まずは、問題文をよく読んで処理の概要をつかみましょう。一度で理解できないときは、選択肢を見ると判断できることもあります。また、各選択肢はまぎらわしくなっているので、どの部分が異なっているのかを確かめておきます。後は、テストデータとなる値を用意してトレースしてみます。そのつど、ループの更新条件や終了条件を確認して、マッチしない選択肢を除外していきましょう。

試験問題の例　シフトで行う乗算をイメージできるかがカギ

右の流れ図は、シフト演算と加算の繰返しによって2進整数の乗算を行う手順を表したものである。この流れ図中のa、bの組合せとして、適切なものはどれか。ここで、乗数と被乗数は符号なしの16ビットで表される。X、Y、Zは32ビットのレジスタであり、桁送りには論理シフトを用いる。最下位ビットを第0ビットと記す。

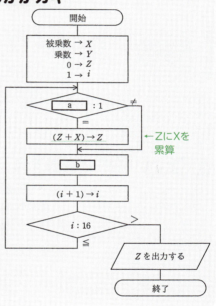

	a	b
ア	Yの第0ビット	Xを1ビット左シフト、Yを1ビット右シフト
イ	Yの第0ビット	Xを1ビット右シフト、Yを1ビット左シフト
ウ	Yの第15ビット	Xを1ビット左シフト、Yを1ビット右シフト
エ	Yの第15ビット	Xを1ビット右シフト、Yを1ビット左シフト

→空欄aは問題文を読めば明らか、空欄bはXとYのシフトの方向がポイントになっている

最初の値 …Yの最下位ビットが1＝加える

```
     (31)    (6) (5) (4) (3) (2) (1) (0)
X [ 0 | … | 0 | 0 | 0 | 0 | 1 | 0 | 0 ] =4
Y [ 0 | … | 0 | 0 | 0 | 0 | 0 | 1 | 1 ]
```

シフト1回目 …Yの最下位ビットが1＝加える

```
     (31)    (6) (5) (4) (3) (2) (1) (0)
X [ 0 | … | 0 | 0 | 0 | 1 | 0 | 0 | 0 ] =8
Y [ 0 | … | 0 | 0 | 0 | 0 | 0 | 0 | 1 ]
```

シフト2回目 …Yの最下位ビットが0＝加えない

```
     (31)    (6) (5) (4) (3) (2) (1) (0)
X [ 0 | … | 0 | 0 | 1 | 0 | 0 | 0 | 0 ] =16
Y [ 0 | … | 0 | 0 | 0 | 0 | 0 | 0 | 0 ]
```

問題文から、2進数の乗算を行うことがわかります。変数は流れ図より「X×Y=Z」とわかります。ここでも簡単なテストデータ「4×3=12」で考えます。流れ図を見ると「Z+X→Z」でXを累算していることから、乗算を足し算の繰り返し「4+4+4」で行っているように思えますが、選択肢では空欄bの処理としてシフトを行っています。シフトは1ビット左シフトを行えば2^1倍、1ビット右シフトを行えば2^{-1}倍できますから、元の値に元の値を左シフトしたものを加えることで乗算を行うものと想像できます。これは「4+(4×2^1)=12」という処理です。ここで、選択肢のイとエは除外できます。

さらに問題文に「最下位ビットを第0ビットと記す」とあります。テストデータでは上位ビットはX、Yともに0なのでシフトや加算をしても何も変わりませんから、空欄aは「Yの第0ビット」。つまりこの時点で正解はアと判断できます。流れ図に入れて確かめてみると、XをZへ累算するかどうかの判断用（最下位ビットが1のときに加える）に使っていることがわかります。

029

Chapter 1-7 再帰とプログラム構造

再帰（リカーシブ）とは、実行中に自分自身を呼び出せる性質で、階乗 (n!) 計算などに用いられています。試験では関数 f (n) を求める形で出題され、一般式を求める形と与えられた数値で計算を行う問題があります。また、「プログラムの構造」は用語がまぎらわしいので試験で問われやすいテーマといえます。

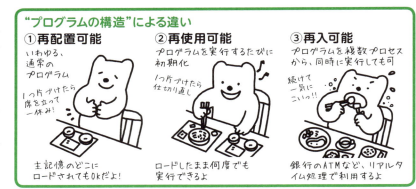

関数と再帰

関数と聞くと数学的な内容を思い浮かべ難しそうに感じますが、プログラミングにおける関数は、呼び出せば使える便利なものとして捉えることができます。何らかの数値を与えれば、それに対する値を戻してくれます。関数を使うことでプログラミングのムダを省き、不具合を防止できます。また、関数により再帰処理も容易に実現できます。

関数を定義するには、処理を一般化して記述すること

表計算ソフトなどで馴染みのある関数は、合計を求めるものや四捨五入を求めるものなど、引数として値を与えると結果を返してくれるサブルーチンのような役割を持ちます。例えば、1～nまでの整数の和を求める関数を定義すると次のようになります。

$F(n) = 1+2+\cdots+(n-1)+n = (1+2+\cdots+(n-1))+n = F(n-1)+n$

したがって、F(n) の定義は次のような形として書くことができます。

n>1のとき　F(n) = F(n-1) + n
n=1のとき　F(n) = 1

例えばnが3なら、= F(3-1) + 3　= F(2) + 3　= (F(2-1) + 2) + 3　= (F(1) + 2) + 3
F(1) = 1なので、1+2+3　= 6　となります。

y=0になるまで、根気よく計算しよう

整数x, y (x > y ≧ 0) に対して、次のように定義された関数F (x, y) がある。F (231, 15) の値は幾らか。ここで、x mod y はxをyで割った余りである。

$$F(x, y) = \begin{cases} x & (y = 0 \text{のとき}) \\ F(y, x \bmod y) & (y > 0 \text{のとき}) \end{cases}$$

ア 2　　イ 3　　ウ 5　　エ 7

→F (231, 15) を関数に当てはめると、F (231, 15) = F (15, 231 mod 15)
= F (15, 6) = F (6, 15 mod 6)　= F (6, 3) = F (3, 6 mod 3) = F (3, 0) = 3

再帰関数を使った階乗計算の仕組みに慣れておこう

再帰による代表的な処理に**階乗計算**があります。例えば4の階乗なら4×3×2×1となり、これを一般例で表すと、n!＝n×(n−1)×(n−2)……×2×1　となります。

さらに、この数式を変形させると、n×(n−1)！
と書けるので、階乗を求める関数として定義すると、

　　F(n)＝n×F(n−1)

ただし、F(1)のときは、1×F(0)となるので、F(n)＝1（n＝0のとき）の条件が必要です。
また、実際の再帰処理を紐解いてみると次のようになります。

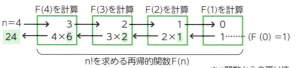

計算式を忘れたときは実際の値を入れて確かめてみる

nの階乗を再帰的に計算する関数F(n)の定義において、a に入れるべき式はどれか。ここで、nは非負の整数である。

　　n＞0のとき、F(n)＝ [a]
　　n＝0のとき、F(n)＝1

　ア　n+F(n−1)　　　　イ　n−1+F(n)　　　　ウ　n×F(n−1)　　　　エ　(n−1)×F(n)

→nを2（2×1）として確かめると、ア＝4、イ＝収束しない、ウ＝2、エ＝収束しない、正解はウ。

プログラムの構造

プログラムの構造とは、実行のために主記憶上に展開されるときの性質を示しています。似たような用語が多く、用語問題としてたびたび出題されます。英語のカタカナ表記で出題されることもあるので結びつけておきましょう。

	再入可能 (reentrant ：リエントラント)	《複数から同時に利用されてもOK》 1つのプログラムを複数プロセスで同時に実行しても、それぞれに正しい結果を返すことができるプログラム構造。プログラムを実行によって内容が変化するデータ部分と内容が変化しない手続き部分とに分離し、手続き部分は複数のプロセスで共有し、データ部分は各プロセスごとに用意する。
	再使用可能 (reusable ：リユーザブル)	《複数から同時はNG、いったん初期化して再使用》 逐次再使用可能ともいう。他のプロセスが使用し終わった主記憶上にあるプログラムを、再び補助記憶装置から主記憶へロード（実行するための読込み）し直さなくても、正しく実行できるプログラム構造。実行により値が変化する変数の初期化をプログラムの最初か最後で行う。
	再配置可能 (relocatable ：リロケータブル)	《主記憶のどこに配置されてもOK》 用語は似ているが、上記の2つとは別の概念。ベースアドレス指定や相対アドレス指定を用いることで、主記憶上のどのアドレスにも再配置ができる構造。一般的なプログラムはこの形をとっている。

プログラム言語

出題率 低/普通/高

プログラム言語は数多く存在しますが、試験に出ているのはオブジェクト指向言語とスクリプト言語についてです。前者はプログラムの形態に関する出題が中心で、後者は言語の特徴が問われます。なお、オブジェクト指向言語についての考え方や詳細は、第4章で取り上げています。過去に出題実績のある用語をまとめておきます。

この用語をcheck!

Java（ジャバ）	コンパイル時にソースプログラムをバイトコード（中間コード）に変換し、実行環境ごとに用意されたJava仮想マシン上で実行するのが特徴の言語。これによりハードウェアやOSに依存しない。Javaによるアプリケーションの形態として、ネットワークからダウンロードされてクライアント（Webブラウザ）側で動作する<u>アプレット</u>（applet）や、Webサーバ側で動作する<u>サーブレット</u>（servlet）がある。また、よく使う機能をコンポーネント化する仕様を**JavaBeans**（ジャバ ビーンズ）と呼ぶ。
Perl（パール）	スクリプト言語の1つ。テキスト処理用言語として開発され、ホームページの掲示板やアクセスカウンタなどを実現するといった、CGIの開発などで使われている。
JavaScript	スクリプト言語の1つで、上記のJavaとは別のもの。HTML文書の中に命令を記述しておくことで、Webブラウザ側で動作する。

試験問題の例 **まぎらわしい用語は出題されやすいので注意！**

Web環境での動的処理を実現するプログラムであって、Webサーバ上だけで動作するものはどれか。

ア　JavaScript　　イ　Javaアプレット　　ウ　Javaサーブレット　　エ　VBScript

→正解はウ。ア：JavaScriptは、オブジェクト指向のスクリプト言語。エ：VBScriptは、マイクロソフト社によるスクリプト言語で同社の「Visual Basic」に似せている。Webブラウザ用として開発された。

マークアップ言語

出題率 低/普通/高

マークアップ言語は、文章構造を定義する形の言語で、代表的なものがXMLやHTMLです。試験では、それらの特徴や関連する定義などが用語問題として出題されます。ここでは主なものをまとめておきます。

この用語をcheck!

XML（eXtensible Markup Language）	文書の標準化やデータ交換を目的としたマークアップ言語で、電子文書交換用に標準化されたSGMLがもとになっている。企業間取引の標準フォーマットとして用いられ、特徴としては、<u>文書構造の定義のみを規定すること</u>と、<u>独自のタグを定義できる</u>こと。Webページとして公開することも可能。
HTML（Hyper Text Markup Language）	SGMLを簡略化した、Webページの記述に用いられる言語。ハイパーリンク機能や画像や音声などのマルチメディアデータを扱えるのが特徴で、作成された文書はWebブラウザで閲覧できる。
DTD（Document Type Definition）	<u>文書型定義</u>のこと。SGMLやHTMLで、文書中に使われている<u>文書構造を定義するための言語</u>。XMLではXML Schemaなどが使われる。
CSS／XSL	<u>CSS</u>（Cascading Style Sheets）は、HTMLにおける、文字の大きさ、文字飾り、行間などの<u>文書体裁に関する記述を独立させた仕様</u>。また、<u>XSL</u>（eXtensible Stylesheet Language）は<u>XML文書のスタイルシートを記述するための言語</u>。

Chapter 2

テクノロジ系
コンピュータシステム

●コンピュータ構成要素
2-1 コンピュータの構成 ……………………… 034
2-2 CPU の性能と高速化 …………………… 036
2-3 メモリの種類と特性 ……………………… 039
2-4 キャッシュメモリ ………………………… 041
2-5 周辺装置と入出力インタフェース ………… 043

●システム構成要素
2-6 システムの構成と処理形態 ……………… 048
2-7 システムの性能評価と信頼性評価 ……… 053
2-8 OSの機能 ― ジョブ管理とタスク管理 ― …… 059
2-9 OSの機能 ― 記憶管理、データ管理、入出力管理 ― … 062
2-10 開発ツールとオープンソースソフト ……… 067

●ハードウェア
2-11 論理回路とハードウェア …………………… 070

Chapter 2-1 コンピュータの構成

ここでは、コンピュータの構成要素と動作の仕組みを取り上げています。コンピュータの構成要素を人間に置き換えると右のようになり、これをコンピュータの5大装置と呼んでいます（入力装置と出力装置は、まとめて入出力装置と呼びます）。第2章では、各装置を中心に解説していきます。

レジスタの種類と用途

CPU（プロセッサ）は、制御装置と演算装置から構成され、連係しながら処理を行います。また、高速で容量の小さな記憶装置であるレジスタを持ち、これを使いながらプログラムの命令解読を行い、演算を実行していきます。各レジスタの役割は決まっており、次の種類があります。用語問題が多いので、名称と役割を結びつけておきましょう。

命令レジスタ	主記憶から読み出された命令を格納するレジスタ。
命令解読器（命令デコーダ）	取り出した命令を解読し、制御信号に変換する役割を持つ。
プログラムカウンタ	次に実行するべき命令のアドレスを記憶する。プログラムレジスタ、命令アドレスレジスタ、命令カウンタともいう。
アキュムレータ（累算器）	演算装置内のレジスタで、演算結果や演算途中のデータが格納される。

試験問題の例 キーワードを読み取って、レジスタの役割を結びつけよう

割込み処理の終了後に、割込みによって中断された処理を割り込まれた場所から再開するために、割込み発生時にプロセッサが保存するものはどれか。

ア　インデックスレジスタ　　イ　データレジスタ　　ウ　プログラムカウンタ　　エ　命令レジスタ

→ "中断された処理を再開"というキーワードから、次に実行するべき命令のアドレスが必要であり、これはプログラムカウンタに格納されている。割込みについては、次ページを参照。正解はウ。

アドレス指定方式

アドレス指定とは、CPUが主記憶装置に対してデータを読み出したり書き込んだりする際、どのアドレスが対象となるかを指定する方式です。代表的な指定方式は次の2つですが、どちらもアドレス番地を直接指定せず、主記憶上の値やレジスタの値を加えてアドレスを確定します。わざわざこうする理由は、プログラムやデータが読み込まれる主記憶上の場所は、いつも同じではないためです。相対的にアドレスを持っていれば変更の際にも対応できます。

この章からの出題数 **11問**/80問中

 試験によく出る2つの指定方式

❶ **間接アドレス指定**
オペランド部に指定された主記憶装置のアドレスから値を読み出し、その値で指定されるアドレスから対象データを読み出します。

❷ **指標アドレス指定（インデックス修飾）**
第3オペランドで指定された指標レジスタの内容と、第2オペランドのアドレスを加算し、結果を有効アドレスとして主記憶装置へアクセスし、データを読み出します。指標レジスタの代わりにベースレジスタを使うものを、**ベースアドレス指定**（ベースレジスタ修飾）といいます。

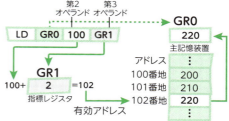

2 コンピュータシステム

 まぎらわしいアドレス値に惑わされないように注意！

機械語命令のインデックス修飾によってオペランドアドレスを指定する場合、表に示す値のときの有効アドレスはどれか。

ア 100　　イ 110
ウ 1100　　エ 1110

インデックスレジスタの値	10
命令語のアドレス部の値	100
命令が格納されているアドレス	1000

→処理対象となるアドレスは、レジスタ番号で指定したインデックスレジスタの値＋アドレス定数となる。したがって、10＋100＝110が有効アドレスとなる。正解はイ。

割込み

出題率：低／普通／高

コンピュータがプログラムを実行するにあたり、欠かせない仕組みが**割込み**です。コンピュータを制御するOSは、割込みによってCPUや外部の装置、応用プログラムとの連携を取っていきます。また複数のプログラムを同時に実行する多重プログラムも割込みの仕組みによって実現しています（右図）。

割込みには、**内部割込み**と**外部割込み**があり、試験では与えられた要因が、どちらに属するかが、よく問われるパターンです。

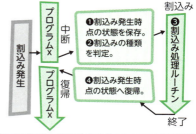

 まとめて覚えるとラク

	実行中のプログラムに起因する割込み（CPU内部で発生する）	
内部割込み	プログラム割込み	オーバフロー、アンダフロー、ゼロによる除算、パリティエラー、記憶保護違反など
	SVC（スーパバイザコール）割込み	処理プログラムからOS（オペレーティングシステム）に対して要求する（入出力要求やプログラムの完了）。システムコールともいう
	コンピュータシステム外からの割込み（ハードウェアやオペレータ操作などによる）	
外部割込み	入出力割込み	動作の完了（正常または異常）、状態の変化（用紙切れなど）
	機械チェック割込み	CPUの誤動作、主記憶装置の障害、電源の異常
	タイマ割込み	CPUの使用時間オーバー
	コンソール割込み	オペレータからの介入

035

Chapter 2-2 CPUの性能と高速化

CPU（プロセッサ）の性能は、コンピュータの処理速度を左右するため、大まかに把握しておくことが重要です。速度の目安になるのはクロック周波数。カタログなどで見かける「××GHz」がそれに当たります。ただし、CPUの種類が違うと単純比較はできないので注意。試験ではCPU性能に関する計算問題が、よく出題されているので、十分に慣れておきましょう。

"クロック周波数"って
クロックのリズムに合わせて、たくさんの操作をテキパキとこなすCPU

クロックのリズムがないと乗れないぜ!!イェー

CPUの性能計算

出題率 低 普通 高

CPUの性能についての出題は、ほとんどが計算問題です。ここでは、パターンごとに解き方を解説していきます。

じっくり理解

CPUの能力を"クロック周波数"から導き出す

クロックとは、コンピュータの基盤から発生する信号のこと。クロック周波数とは、その信号の周波数（時間あたりの発生回数）を表します。CPUは、クロックに同期して動作するため、クロック周波数が高くなるほど高速に動作します。ただし、より高速性能が求められるCPUは、ベースとなるクロックを何倍かに増幅させるので、実際に主記憶や周辺機器が動作するクロックとは異なります。また、クロック周波数によって比較できるのは同種のCPUだけですが、どちらも問題では省略されています。

❶ クロック周波数から実行性能を求める

クロック周波数と1命令に必要なクロック数がある場合は、次の公式に当てはめます。

> CPUが1秒間に処理できる命令数
> ＝CPUのクロック周波数÷1命令に要する平均クロック数

実例で慣れよう

補助単位に注意して公式に当てはめよう

1GHzのクロックで動作するCPUがある。このCPUは、機械語の1命令を平均0.8クロックで実行できることがわかっている。このCPUは1秒間に平均何万命令を実行できるか。

ア 125　　イ 250　　ウ 80,000　　エ 125,000

上記の公式に当てはめればOK。1GHzは10^9Hzであることに注意して計算しましょう。

$= (1 \times 10^9) \div 0.8$
$= 1.25 \times 10^9$

答えが万単位で求められているので、

$= 125,000 \times 10^4$

となり、このCPUは1秒間に125,000万命令実行できます。

❷ クロック周波数から平均命令実行時間を求める

平均命令実行時間（1命令の実行に要する時間）
＝1÷CPUのクロック周波数×1命令に要する平均クロック数

よく出現する補助単位は覚えておくとよい
処理装置の動作クロック周波数が200MHzのパソコンがある。1命令の実行に平均して5クロック必要なとき、このパソコンの平均命令実行時間は何マイクロ秒か。

ア　0.005　　　　イ　0.025　　　　ウ　5　　　　エ　25

公式に当てはめれば解けますが、答えがマイクロ単位（10^{-6}）で求められていることに注意。
　＝1÷(200×10^6)×5
　＝0.005×10^{-6}×5　＝0.005×10^{-6}×5　＝0.025×10^{-6}　<u>0.025マイクロ秒</u>

❸ MIPS値を求める

MIPS（Million Instruction Per Second）とは、1秒間に何百万（10^6）回の命令を実現できるかの単位です。こちらはCPUの性能を示す指標として使われます。

MIPS値（1秒間に実行できる命令数）
＝1〔秒〕÷（平均命令実行時間×10^6）×CPUの使用率

CPUの使用率は100パーセントとして計算
平均命令実行時間が20ナノ秒のコンピュータがある。このコンピュータの性能は何MIPSか。

ア　5　　　　イ　10　　　　ウ　20　　　　エ　50

問題文の単位がナノ秒（10^{-9}）であることに注意。CPUの使用率の記載はないので計算上の考慮はしません。
　＝1÷(20×10^{-9}×10^6)　＝1÷(20×10^{-3})　＝0.05×10^3　＝50　<u>50MIPS</u>

命令の種類ごとに実行時間を算出する"命令ミックス"

命令ミックスは、CPUの処理性能を測定する尺度で、各命令の種類ごとの実行時間（必要なクロック数により算出）と重み（出現比率）を掛け合わせて合計し、平均命令実行時間として導き出します。言葉で説明するより、実際の問題を解いてみるほうがわかりやすいでしょう。なお、命令ミックスには、事務処理用の**コマーシャルミックス**と、科学技術計算用の**ギブソンミックス**があります。

命令の種類ごとに比率を掛け合わせる
動作クロック周波数が700MHzのCPUで、命令実行に必要なクロック数及びその命令の出現率が表に示す値である場合、このCPUの性能は約何MIPSか。

命令の種別	命令実行に必要なクロック数	出現率
レジスタ間演算	4	30%
メモリ・レジスタ間演算	8	60%
無条件分岐	10	10%

ア　10　　イ　30
ウ　70　　エ　100

まず、命令の種類ごとのクロック数から、平均クロック数を出します。
  $(4×0.3) + (8×0.6) + (10×0.1) = 7$
平均命令実行時間は、「1÷CPUのクロック周波数×1命令に要する平均クロック数」なので、
  $(1÷700×10^6)×7 = (1÷100×10^6)$　となる。
MIPS値とは、1秒間に実行できる命令数を10^6単位で表した値なので逆数を求めます。
  $100×10^6 = 100$　　<u>100MIPS</u>

CPUの高速化

CPUの高速化の手法には、代表的な**パイプライン処理**のほか、さまざまな方法があります。パイプライン処理は、1つのプロセッサにおいて、命令の実行段階を少しずつずらしながら複数の命令を同時並行的に実行することで処理速度を上げます。最大の効果を発揮するのは、各ステージの処理時間が同じ場合です。

命令実行段階の例

段階	処理内容
1	命令の呼出し(命令フェッチ)
2	命令の解読(デコード)
3	対象データの読出し
4	命令の実行
5	処理結果の書込み

パイプラインによる処理

```
                     →時間
1番目の命令 │1│2│3│4│5│
2番目の命令   │1│2│3│4│5│
3番目の命令     │1│2│3│4│5│
            ← 7サイクル →
```

ここでは5つの段階をそれぞれ1サイクルとして、1命令の処理を行うものとする。通常の処理方法では、3つの命令には5サイクル×3＝15サイクル必要になるが、パイプライン処理を行うと、図のように7サイクルになる。

その他の高速化手法も押さえておこう

高速化手法としては、パイプライン処理を応用した次のような手法があります。それぞれの出題頻度は高くありませんが、どの用語が出てもいいように特徴を整理しておくとよいでしょう。

スーパパイプライン (super pipeline)	パイプラインの各ステージの処理を1/2クロック単位で実行する方式。論理的には1クロックで2命令を実行可能で、ステージ数が増えれば、各ステージで行う処理はより単純になり、動作周波数を上げやすくなる。
スーパスカラ (super scalar)	1つのCPU内に複数の演算ユニットを内蔵し、<u>複数のパイプラインで並列動作させる方式</u>。1クロックでパイプラインの数だけの命令が実行できる。
VLIW (Very Long Instruction Word)	機械語命令を生成する<u>コンパイルの段階</u>で、CPUが並列処理を行いやすい形にしておく方法。具体的には、互いに依存関係のない複数の命令をまとめた長い命令語を生成し、これをパイプラインで同時実行することで高速化を図る。
投機実行	パイプラインの性能を向上させるための技法の一つ。<u>分岐条件の分岐先が決定する前に、予測した分岐先の命令を実行していく</u>。予測どおりに進めば処理速度の性能向上を図ることができる。

規則的に進むことでパイプラインの効果が出る

CPUのパイプライン処理を有効に機能させるプログラミング方法はどれか。

ア　サブルーチンの数をできるだけ多くする。
イ　条件によって実行する文が変わるCASE文を多くする。
ウ　分岐命令を少なくする。
エ　メモリアクセス命令を少なくする。

→正解はウ。パイプライン処理は、最初の命令の実行中に次の命令を先読みする形になる。分岐命令があると、分岐先の命令に移り、先読みの処理が無駄になってしまうため、少なくするほうがよい。分岐命令やCPU待ち状態の発生など、処理効率を低下させることをパイプラインハザードという。

Chapter 2-3 メモリの種類と特性

シラバス 大分類:2 コンピュータシステム 中分類:2 コンピュータ構成要素 小分類:2 メモリ

メモリは、パソコンの主記憶に使われるDRAMのほか、SDカードなどに利用されるフラッシュメモリなど、用途によってさまざまなものが利用されています。シラバスでは中分類3の「コンピュータ構成要素」に含まれますが、試験では論理回路との関連で中分類6の「ハードウェア」の問題として出ています。

メモリの種類

メモリは用途によって多くの種類が使い分けられており、大きくは、電源を切ると記憶内容が失われる**RAM**（揮発性という）と、電源を切っても記憶内容が保持される**ROM**（不揮発性という）に分けられます。

メモリの種類による分類は右のとおりです。

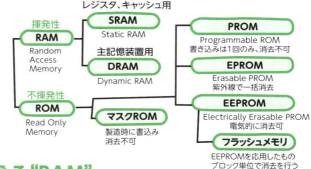

高速に読み書きが行える "RAM"

RAM（Random Access Memory）は読み込みと書き込みが行える記憶装置で、ROMに比べると非常に高速です。多くの種類がありますが、試験で出題されるのは分類上の種類や特徴のみです。

❶ SRAM (Static RAM)

SRAMは、1回路で1ビットを記憶する<u>フリップフロップ回路</u>で構成されるメモリです。回路が複雑で大容量化は困難ですが、読み書きが高速で、主に<u>レジスタやキャッシュメモリ</u>、高速処理が要求される大型コンピュータの主記憶装置などに利用されます。

❷ DRAM (Dynamic RAM)

DRAMは、1ビットの情報を記憶するメモリセルが、コンデンサとトランジスタで構成されるメモリです。大容量のものを比較的安価に製造できるため、主記憶装置用に使用されます。DRAMは、コンデンサに電荷が溜まっているかで "1" か "0" かを判断する仕組みです。放置しておくと自然に放電して記憶が失われてしまうため、一定時間間隔（数ミリ秒）でコンデンサを再充電する<u>リフレッシュ動作</u>を必要とします。

基本は読み込み専用だが、書き込みも可能な "ROM"

ROMは基本的に読み込み専用ですが、読み書きのできるものも普及しています。

❶ EEPROM

ROMは基本的に読出し専用ですが、後から書込みが可能なものを**PROM**（Programmable

頭の片隅に入れておこう！

SDRAM
パソコンの主記憶用メモリモジュールの標準規格として普及したRAM。マザーボード上の動作クロックに同期して動作する。正式名称は、Synchronous DRAM。

ROM)といいます。EEPROMは、電気的にバイト単位で内容の書換えが可能なPROMの一種で、パソコンのBIOSや電子機器の制御プログラム格納に使用されています。

❷ フラッシュメモリ

EEPROMを改良し、ブロック単位もしくは一括でのデータ消去、大容量化、書込みの高速化などを実現したものです。ディジタルカメラやモバイル機器で使われているSDメモリカードやUSBメモリのほか、SSDはハードディスク装置に代わる高速性や大容量を要求される用途にも利用されています。ただし、主記憶に使えるほどの高速性能はありません。

メモリについて複数の特徴をつかんでおけば迷いにくい

フラッシュメモリに関する記述として、適切なものはどれか。

ア 高速に書換えができ、CPUのキャッシュメモリなどに用いられる。　→ SRAMの特徴
イ 紫外線で全内容の消去ができる。　→ EPROMの特徴
ウ 周期的にデータの再書込みが必要である。　→ DRAMの特徴
エ ブロック単位で電気的に内容の消去ができる。　→ 正解。フラッシュメモリはブロック単位、EEPROMはバイト単位

メモリの誤り検出・訂正

主記憶に利用されるSDRAMなどには、データエラーを検出や訂正が行える機能が備えられています。方法は、データの書き込み時に検出用のデータを含めて保存しておき、読み出し時に照合を行うことでエラーを発見します。

誤りの検出のみが可能な"パリティチェック"

メモリの誤り検出や誤り検出・訂正に利用される技術には、次の方式があります。これらは、メモリモジュールだけでなく、ハードディスクへの書き込みやデータ通信の誤り制御でも用いられます。

❶ パリティチェック (parity check)

チェック用のパリティビットを用いて、データのエラーを検出する方式です。パリティビットを含めて1の数が偶数になるようにする偶数パリティと、奇数になるようにする奇数パリティがあります。なお、パリティチェックではエラーの検出は可能ですが、訂正はできません。

〈偶数パリティのとき〉

| 1 | 0 | 1 | 0 | 1 | 0 | 0 | 1 |

↑ パリティビット

〈奇数パリティのとき〉

| 0 | 0 | 1 | 0 | 1 | 0 | 0 | 1 |

↑ パリティビット

❷ ECC (Error Correcting Code)

ハミング符号と呼ばれる誤り検出と誤り訂正が行える仕組みを使う方式です。パリティチェックよりも高い信頼性が求められるシステムに利用されます。

"検出"と"訂正"が正解を導くキーワード

メモリモジュールのパリティチェックの目的として、適切なものはどれか。

ア メモリモジュールに電源が供給されているかどうかを判定する。
イ 読出し時に、エラーが発生したかどうかを検出する。　→検出のみ。正解
ウ 読出し時に、エラーを検出して自動的に訂正する。　→パリティチェックは訂正はできない
エ 読み出したデータを暗号化する。

Chapter 2-4 キャッシュメモリ

シラバス 大分類：2 コンピュータシステム 中分類：2 コンピュータ構成要素 小分類：2 メモリ

CPU内のレジスタ、主記憶装置、補助記憶装置は、いずれも記憶装置ですが、読み書きの速度に大きな差があります。データのやりとりを行う際には、速い側が待たされることになり、効率が悪くなります。キャッシュは、さまざまな装置間の速度差を埋めるために設けられた緩衝記憶装置の総称で、装置間ごとに速度が異なるものが用意されています。

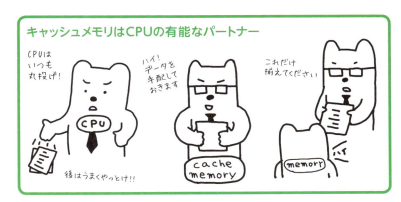

キャッシュメモリはCPUの有能なパートナー

キャッシュメモリの仕組み

キャッシュメモリは、CPUと主記憶装置間の緩衝記憶装置です。一般にはCPUのモジュール内に設けられており、複数ある場合は、CPUに近いほうから1次キャッシュ、2次キャッシュ……と呼ばれます。また、主記憶装置と補助記憶装置の間のキャッシュをディスクキャッシュと呼び、こちらはハードディスク内に設けられています。

使うデータがキャッシュに存在していれば高速化が図れる

キャッシュメモリの仕組みは、頻繁に使うデータやプログラムを、小容量で高速なキャッシュメモリに入れておき、アクセス時にまずキャッシュを探し、見つからなければ主記憶を探すことで処理の高速化を実現します。キャッシュの効果は、最近アクセスしたりその近辺にある命令やデータを再び利用することが多いというプログラムの局所性を利用したものです。そのため、主記憶全域をランダムにアクセスするプログラムではキャッシュメモリの効果は低くなります。

キャッシュメモリの効果を理解しておきたい

キャッシュメモリに関する記述のうち、適切なものはどれか。

ア　キャッシュメモリのアクセス時間が主記憶と同等でも、主記憶の実効アクセス時間は改善される。
イ　キャッシュメモリの容量と主記憶の実効アクセス時間は、反比例の関係にある。
ウ　キャッシュメモリは、プロセッサ内部のレジスタの代替として使用可能である。
エ　主記憶全域をランダムにアクセスするプログラムでは、キャッシュメモリの効果は低くなる。

→正解はエ。キャッシュは主記憶より高速なことで効果が出る。容量が増えればアクセス時間は短縮される。

キャッシュされたデータの書込みには、2つの方法がある

キャッシュメモリに記録されている情報は、最終的には主記憶装置の該当する箇所に書き戻さなければなりません。その際には、次の2つの方式があります。

041

❶ **ライトスルー方式**
CPUが書込み命令を実行する際に、キャッシュメモリと主記憶装置の両方にデータを書き込む方式です。そのつど速度の遅い主記憶装置に書き込むため、読込み時にしかキャッシュの効果が出ません。

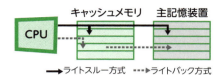

❷ **ライトバック方式**
キャッシュメモリにだけデータを書き込んでおき、実際の主記憶装置への書込みは後で行う方式です。書込み時にもキャッシュの効果が出るため、一般にライトスルー方式よりもアクセス時間を短縮できます。

2つの方式は、長所と短所があることを理解しよう

キャッシュの書込み方式には、ライトスルー方式とライトバック方式がある。ライトバック方式を使用する目的として、適切なものはどれか。

ア　キャッシュと主記憶の一貫性（コヒーレンシ）を保ちながら、書込みを行う。
イ　キャッシュミスが発生したときに、キャッシュの内容の主記憶への書き戻しを不要にする。
ウ　個々のプロセッサがそれぞれのキャッシュをもつマルチプロセッサシステムにおいて、キャッシュ管理をライトスルー方式よりも簡単な回路構成で実現する。
エ　プロセッサから主記憶への書込み頻度を減らす。

→正解はエ。ライトバック方式では、主記憶への書込みは該当ブロックが主記憶に追い出されるときに行う。これにより主記憶への書込み頻度を減らすことができ、書込み時にもキャッシュ効果を期待できる。ただし、キャッシュの管理は複雑になる。また、一時的にキャッシュと主記憶の一貫性（コヒーレンシ）が保てないことやキャッシュミスが発生したとき、キャッシュの内容の主記憶への書き戻す必要がある。

キャッシュのヒット率

呼び出したい情報がキャッシュメモリ上に存在する確率を**ヒット率**といいます。ヒット率が100％に近くなるほど、実質のアクセス時間はキャッシュメモリのアクセス時間に近づきます。CPUからみたアクセス時間（平均メモリアクセス時間）は次の式で表せます。

CPUの実効アクセス時間
＝ヒット率×キャッシュメモリのアクセス時間＋（1－ヒット率）×主記憶のアクセス時間

ヒット率をxとして公式にあてはめればよい

主記憶のアクセス時間が60ナノ秒、キャッシュメモリのアクセス時間が10ナノ秒であるシステムがある。キャッシュメモリを介して主記憶にアクセスする場合の実効アクセス時間が15ナノ秒であるとき、キャッシュメモリのヒット率は幾らか。

ア　0.1　　　　イ　0.17　　　　ウ　0.83　　　　エ　0.9

→単位はすべてナノ秒になっているので、ヒット率をxとして公式にあてはめると次のように計算できる。
　$x×10+(1-x)×60=15$
　$10x+60-60x=15$　　$50x=45$　　$x=0.9$

Chapter 2-5 周辺装置と入出力インタフェース

シラバス 大分類：2 コンピュータシステム 中分類：2 コンピュータ構成要素 小分類：3〜5 バス、入出力デバイス、入出力装置

入出力装置、入出力インタフェース、補助記憶装置などの周辺装置は、普段利用しているものですが、試験問題として問われると、以外に知らないことは多いものです。各装置それぞれの出題は多くないものの、いずれかが出題されています。対策としては、広く、浅くでかまわないので漏れをなくすことがポイントといえるでしょう。

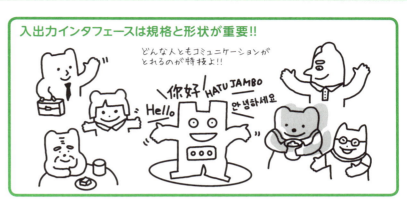

入出力インタフェースは規格と形状が重要!!

入出力装置とバス

出題率 低 普通 高

入出力装置は、パソコンでも馴染みのあるものが多いので、耳慣れないものや、やや深い知識を求められるものが出る傾向にあります。近年出題されたものは表のような入出力装置および関連用語です。

入出力装置・バスおよび関連用語

この用語をcheck!

用語	説明
タッチパネル	画面をなぞることで位置情報を入力する装置。方式には、**静電容量方式**（導電性のある指先が近づくことによる電流の変化を検知、スマホなどに採用）、**抵抗膜方式**（画面にフィルム上のセンサー層をかぶせ、指やペン先が触れたとき生じる圧力を検知、安価だが耐久性が低い）、**電磁誘導方式**（電磁センサをパネルに組み込む方式で、専用ペンからの磁力を検知、筆圧を細かく判別できる）がある。
ICカード読取装置（ICカードリーダー）	銀行系カードやクレジットカードに埋め込まれたICチップを読み取る装置（接触型）。また、非接触型のICカード（マイナンバーカードや交通系ICカード）を読み取る装置もある。後者はパソコンに繋いで使う小型の装置もあり、電子申請などに使われる。
OCR（光学式文字読取装置）	手書きの文字を文字データとして読み取る装置で、装置のスキャナ部分で読み込んだ画像を、ソフト上で解析する。
OMR（光学式マーク読取装置）	鉛筆などで欄を塗りつぶした**マークシート**を光学的に読み取る装置。試験の採点やアンケート集計などに使われている。
3Dプリンタ	紙などへの印刷を行うプリンタに対し、3次元のオブジェクトを造形するプリンタ。造形方法は切削ではなく積層で行う。主な方式としては、熱で溶かした熱可塑性樹脂を噴射する**熱溶解積層方式**、液体樹脂を噴射して紫外線で固める**インクジェット方式**、液体樹脂に紫外線を当てて硬化させる**光造形方式**などがある。これらは、精密さ、強度・耐久性、素材、造形の速度などによって使い分ける。
バス (bus)	**バス**とは、コンピュータ内部の各装置を結ぶための共通の伝送路のこと。バスに接続する装置の速度には大きな差があり、転送を効率的に行うために、高速装置用のシステムバスと低速装置用の入出力バスが用意されている。
システムバス	CPU内部バスに対して、CPUから直接CPU外部へ出るバス。主記憶装置や入出力制御装置が接続されるが、パソコンなどでは、専用の制御装置を介して、メモリバスに主記憶装置が接続される。
入出力バス（I/Oバス）	入出力制御装置と入出力装置を接続するバス。システムバスに比べると低速。
デバイスドライバ	接続された周辺装置を制御するためのソフトウェアで、OSに組み込まれる形で使用される。周辺装置ごとに専用のデバイスドライバがあり、例えばプリンタの場合、機種ごとに専用のドライバが用意される。

頭の片隅に入れておこう！

制御用のバス

CPUと主記憶やその他の装置間では、常に情報のやりとりが行われており、そのための信号線もバスと呼ぶ。これには、データの格納先を指定する**アドレスバス**、読み書きの制御を指定する**コントロールバス**（制御バス）、データそのものをやりとりするための**データバス**がある。

043

VRAM容量の計算

　VRAM（Video RAM）とは、画面に表示するデータを一時的に蓄えておくメモリです。パソコンでは、ディスプレイに表示するためのデータ処理は、CPUの負荷を軽減するためビデオカードが行います。このため、画面表示の品質（解像度、色数）は、ビデオカード上のVRAM容量によって決まります。このとき、必要なVRAM容量は次の式で求められます。

VRAM容量 = 画面解像度（横ドット×縦ドット）×色情報（バイト数）

桁数を増やさないよう、バイト単位のまま計算しよう

　表示解像度が1,000×800 ドットで、色数が65,536色（2^{16}色）の画像を表示するのに最低限必要なビデオメモリ容量は何Mバイトか。ここで、1Mバイト＝1,000kバイト、1kバイト＝1,000バイトとする。

　ア　1.6　　　　イ　3.2　　　　ウ　6.4　　　　エ　12.8

→解答がMバイト単位で求められているので、バイト単位で考えると計算が楽。1ドットにつき色情報が16ビットなので、2バイトの情報量をもつ。1画面には全部で1,000×800のドットがあるので、情報量は、1,000×800×2。計算結果はM（メガ）バイトで問われており、1Mバイトを1,000×1,000バイトとして計算するので、
　　　800×2／1,000＝1,600／1,000　＝1.6Mバイト

入出力インタフェース

　入出力インタフェースは、周辺装置を相互に接続するためのケーブルやコネクタを指します。共通規格として設計されていますが、USBなど複数のバージョンが存在し、接続できる機器の数や最大転送速度が異なるものもあります。

入出力装置の"接続形態"は、インタフェース規格で決まる

　接続形態とは、入出力装置をコンピュータ本体や接続機器に繋ぐときの形式を指します。一般に入出力インタフェース規格によって接続形態が決まりますが、複数の接続形態を選べる場合もあります。

❶ スター接続
　1台のハブに複数台の入出力装置を接続する形態で、代表例なものにUSBがあります。また、複数のハブを階層的に配置してツリー接続することも可能で、USBでは、ハブを5台（接続する装置を含めて6階層）まで接続できます。このような階層的な接続方法をカスケード接続といいます。

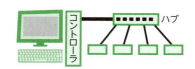

❷ デイジーチェーン接続
　装置どうしを芋づる式に接続する形態です。IEEE1394やThunderboltなどで採用しています。

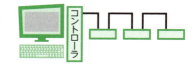

❸ ポイントツーポイント接続
　コントローラと装置を1対1で接続する形態で、装置の数だけ接続ポート（接続口）が必要です。シリアルATAなどがこの形を採用しています。

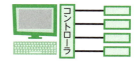

この章からの出題数
11問/80問中

USBは出題されやすいので多方面の対策を!

USB Type-Cのプラグ側コネクタの断面図はどれか。ここで、図の縮尺は同一ではない。

ア 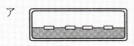　　イ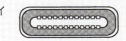

ウ 　　エ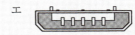

→アは、Type-Aコネクタ、USB 3.0では青色が、それ以前の規格は白色が用いられている。ウは、プラグのスペースが取りにくい小型機器で使用されるMini-B、エは、さらに小さいMicro-B。正解はイ。

入出力インタフェース規格は、身近な実物で確認しておこう

用語	説明
USB(Universal Serial Bus)	キーボードやマウス、ハードディスク、プリンタなど、さまざまな機器の接続に利用される。ハブにより最大127台の機器を接続することが可能。USB 3.0では最大転送速度が5Gbps、USB 3.1では10Gbpsの転送速度を可能としている。コネクタ規格は下記のような多くの形がある。 Type-A　Type-C　Mini-B　Micro-B
SATA(シリアルATA)	コンピュータ内部の周辺機器の接続に用いる高速なシリアル伝送規格。シリアルATA 3.0の規格では6Gbps（実効速度4.8Gbps）の転送性能を持つ。各デバイスはホストコントローラに対してポイントツーポイント（1対1）で接続するのが基本になっている。eSATA（External Serial ATA）は、シリアルATAを外付けの機器に用いるための規格。
IEEE1394(FireWire、iLink)	高速シリアル伝送規格で、外付ハードディスク装置との接続や、デジタルビデオと接続して動画の取り込みなどに利用される。デイジーチェーン接続により、複数台を芋づる式に接続できる。
Thunderbolt(サンダーボルト)	パソコンと周辺機器とを接続するシリアル伝送規格で、デイジーチェーン接続が可能。アップル社のパソコンに採用されている。
HDMI(High-Definition Multimedia Interface)	パソコンとディスプレイとの接続に利用され、1本のケーブルで映像と音声、制御用の信号を送受信できる。そのほか、オーディオやカメラ、AV機器などにも使われる。
DisplayPort(ディスプレイポート)	ディスプレイ装置と、パソコンやAV機器を接続するためのディジタル接続規格。HDMIと同様、1本のケーブルで映像と音声の入出力が可能。HDMIに比べて用途は限られるが規格上の性能は高い。
IrDA	1m程度の短距離赤外線通信規格で通信方向に指向性がある。パソコンの周辺機器、携帯端末などとの無線通信を行うことができる。
Bluetooth(ブルートゥース)	2.4GHz帯の電波を利用した数m～十数mを想定した短距離無線通信規格。ワイヤレスマウスやプリンタ、携帯電話、デジカメなどで利用されている。低消費電力のBLE（Bluetooth Low Energy）仕様がある。
Zigbee(ジグビー)	十数m程度を想定した短距離赤外線通信規格。Bluetoothに比べ低速だが、消費電力が小さく、接続数が約65,000と多い。機器が小型で電池でも長期間稼働できるため、家庭内のIoTなどに適している。
NFC(Near field radio communication)	RFID（無線通信によってICタグとの情報交換を行う技術）に含まれる近距離無線通信の接続規格の1つ。接続距離は10cm程度。さらに複数の規格があり、非接触型のICカードとして、交通系のICカードや電子マネーカード、IC運転免許証、ICタグなどに利用されている。

045

補助記憶装置

ここからの出題は、磁気ディスクの容量とアクセス時間の計算問題が大半を占めます。どちらも、仕組みを理解しておけば考えやすくなります。そのほか記憶装置としてのメモリカードの出題もあります。

磁気ディスクのアクセス時間は、仕組みを知ると考えやすい

磁気ディスクに関する計算問題は、まず仕組みを理解することから始めましょう。ハードディスク装置は、磁気ヘッドがディスク面を移動し、磁性体の磁性の向きを変えることでデータの読み書きを行います。また、ディスクは常に高速回転していることを意識しましょう。

アクセス時間は、制御装置がデータの入出力に関する要求を出してから、データの転送が完了するまでの時間です。下図のように❶平均位置決め時間、❷平均回転待ち時間、❸データ転送時間の合計です。

❶ 平均位置決め時間
シーク時間ともいいます。アクセスアームが動いて磁気ヘッドが目的のデータのあるトラック上に移動するまでの時間です。

❷ 平均回転待ち時間
サーチ時間ともいいます。目的のデータが磁気ヘッドの真下に回転してくるまでの時間。平均回転待ち時間は、1／2回転の時間です。

❸ データ転送時間
目的のデータが磁気ヘッドの下を通過し、データの読込みや書込みが開始。さらに、すべての転送が終わるまでの時間です。

> データ転送時間 ＝ 転送データ量÷データ転送速度
> ※データ転送速度＝1トラック当たりのデータ量÷磁気ディスクが1回転する時間
>
> アクセス時間 ＝ 平均位置決め時間＋平均回転待ち時間＋データ転送時間

単位をミリ秒（1/1,000秒）にそろえて計算しよう

回転数が6,000回／分で、平均位置決め時間が2ミリ秒の磁気ディスク装置がある。この磁気ディスク装置の平均待ち時間は何ミリ秒か。ここで、平均待ち時間は、平均位置決め時間と平均回転待ち時間の合計である。

ア 7　　　　イ 10　　　　ウ 12　　　　エ 14

→平均回転待ち時間：1回転に要する時間÷2 ＝（60秒÷6,000回転）÷2
　　　　　　　　　＝（60×1,000ミリ秒÷6,000回転）÷2 ＝10ミリ秒÷2 ＝5ミリ秒
　平均待ち時間＝2ミリ秒（平均位置決め時間）＋5ミリ秒（平均回転待ち時間） ＝7ミリ秒

磁気ディスクの容量は、最小単位から掛け合わせていく

磁気ディスクは、下図のように複数枚のディスクが内蔵されており、磁気ディスク上の記憶単位は、小さいほうから**セクタ**、**トラック**、**シリンダ**という概念を持ちます。プログラムから見たデータの記憶単位である**レコード**は、複数レコードを**ブロック**にまとめ、セクタ上に記憶していきます。

ディスク全体の容量を求める際は、最小単位のセクタ容量から、順に掛け合わせていきます。なお試験問題では、セクタの概念が省かれることもあります。

間違えやすいポイントとして、レコードを記憶するセクタ数やトラック数などを求める際には、それぞれの単位に満たない部分は切り捨てられることに注意しましょう。

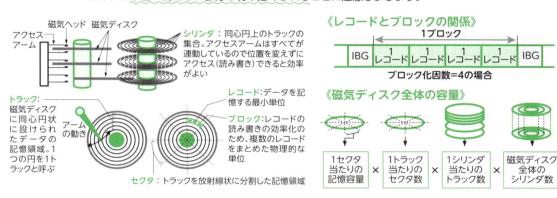

1ブロックに満たない分は、切り上げて計算する

500バイトのセクタ8個を1ブロックとして、ブロック単位でファイルの領域を割り当てて管理しているシステムがある。2,000バイトおよび9,000バイトのファイルを保存するとき、これら二つのファイルに割り当てられるセクタ数の合計はいくらか。ここで、ディレクトリなどの管理情報が占めるセクタは考慮しないものとする。

ア 22   イ 26   ウ 28   エ 32

→1ブロック：500×8セクタ＝4,000バイト
　2,000バイトのファイルの保存に必要なセクタ：1ブロック＝8セクタ
　9,000バイトのファイルの保存に必要なセクタ：3ブロック＝24セクタ　計32セクタ

その他の記憶装置・媒体

シラバスでは、その他の補助記憶装置としては、光ディスク(CD-R/RW、DVD-R/RW)や磁気テープなどが取り上げられていますが、過去10回の試験問題では出ていません。ここでは試験で取り上げられた用語を挙げておきます。

フラッシュメモリカード	ディジタルカメラや携帯電話などの記録メディアとして普及している補助記憶装置で、フラッシュメモリを用いている。代表的なSDカード規格のほか、さまざまな規格や種類がある。
SDカード	最も普及しているメモリカードで、サイズの違いにより、SD、miniSD、microSDの3種類がある。また、ファイルシステムの違いによって、SD(ファイルシステムはFAT16、最大2GB)、SDHC(ファイルシステムはFAT32、最大32GB)、**SDXC**(ファイルシステムはexFAT、最大2TB)がある。
SSD (Solid State Drive ：ソリッドステートドライブ)	フラッシュメモリを用いた補助記憶装置。物理的な動作がないため、ハードディスクの代わりにすることでアクセス時間を大幅に短縮できる。また、省電力、静音性、熱を発生しにくいといった特徴もある。

047

Chapter 2-6 システムの構成と処理形態

シラバス 大分類：2 コンピュータシステム　中分類：4 システム構成要素　小分類：1 システムの構成

システムの構成とは、複数のコンピュータシステムを組み合わせること。これにより故障や災害などのトラブルに備えたり、処理能力の向上を図ります。クラウドサービスは、離れた場所にシステムやデータを置く方法で、より安全性が高まります。さらに管理も任せることで運用の負担も軽減できます。

システム構成による違い
① 単体のシステム
② 2重化システム
③ クラウドシステム

システム構成の基本

複数のシステムを組み合わせたシステム構成にする理由は、故障や障害などのトラブルに備えることでシステムの信頼性を確保すること。また、利用が集中したときの負荷を分散する目的もあります。ただ手厚い備えをするほど手間やコストがかかるため、システムの重要性に応じて、システム構成を選ぶ必要があります。

多重化しておけば、故障に対する安全性が高まる

❶ **デュアル (dual) システム**
システムを完全に2重化することで、高い信頼性と安全性を実現できるシステム構成です。通常時は2つの系列で同一のデータ処理を行い、結果を一定時間ごとに (ミリ秒単位で) 照合しながら処理を進めます。障害が発生した場合は、その系を切り離し、単独で処理を続行します。

❷ **デュプレックス (duplex) システム**
待機冗長化方式とも呼ばれるシステム構成です。通常時は主系で主要業務を、従系でバッチ処理などリアルタイム性の低い業務を行います。主系に障害が発生した場合は、従系の処理を中断し、従系を主系に切り替えて業務を続行します。

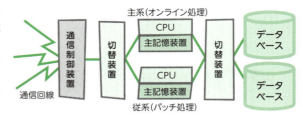

また、待機系の運用形態には次のような方式があります。

ホットスタンバイ方式	待機系でも現用系の業務プログラムを起動しておき、即時に現用系の業務を引き継げる方式。また**ウォームスタンバイ方式**は、システムは起動しているものの障害時には業務プログラムを起動するため、やや切り替えに時間がかかる。
コールドスタンバイ方式	待機系を準備しておくものの、普段は停止させておいたり、バッチ処理などの別処理を行う方式。現用系の業務を引き継ぐ際は、新たに業務プログラムを起動し直す必要があるため、障害発生時には、すぐに引き継ぐことはできない。

複数台を組み合わせる"クラスタコンピューティング"

クラスタ (cluster) コンピューティングは、複数のコンピュータを接続して単一のコンピュータとして使用する方式で、処理能力と信頼性の両方を高めることができます。

	負荷分散クラスタ構成	ネットワークで接続された複数のコンピュータで処理を分散させることで性能を向上する方式で、データベースは共有する。障害発生時には稼働中の他のサーバへ処理を分散させる。Webサーバなどでは、ロードバランサ（負荷分散装置）を介して複数のサーバを接続する。
	HA (High Availability) クラスタ構成	可用性の向上を目的としたクラスタ構成。現用系と複数の待機系によるホットスタンバイ構成をとる。障害時に待機系に引き継ぐアクティブ-スタンバイ構成と、複数の業務を担当する現用系を相互に待機系とするアクティブ-アクティブ構成がある。

ネットワークを介して利用する"クラウドコンピューティング"

クラウドコンピューティング（クラウドサービス）は、インターネットを介して、システムや記憶領域（ストレージ）を利用する形態です。運用は自社ではなく、クラウドサービスを利用することが多く、運用管理だけでなく、アプリケーション管理や開発環境の管理も提供者側に任せることで、コストや時間を削減できます。また、場所や端末を問わず利用できるのもメリットです。

	SaaS (Software as a Service)	《アプリケーションを提供》 複数の顧客企業がアプリケーションを共同で利用する形態。アプリケーションの管理はプロバイダが行うので、運用の負担や費用を抑えることができる。ただし、企業固有の機能を追加するなどのカスタマイズの自由度はない。
	IaaS (Infrastructure as a Service)	《ハードウェアやインフラを提供》 仮想的なハードウェアごとインターネット経由でサービスを行う形態。ハードウェアは、コンピュータそのもののほか、ストレージやサーバ機能などを含む。またOSを選択することも可能。管理・運用は自ら行う必要がある。
例えば…… こんなこと！ PaaS、FaaSでは、例えば、開発者が、クラウド上でアプリケーションを構築。完成したら、そのままクラウド上でサービスを開始・運用するといったことが可能になる。	PaaS (Platform as a Service)	《開発環境（プラットフォーム）を提供》 業務アプリケーションをクラウド上で稼働させたり、開発を行うための環境（プラットフォーム）を提供したりするサービス。プラットフォームやOSの更新はプロバイダが行う。そのほかアプリケーションのカスタマイズや運用も支援する。
	FaaS (Function as a Service)	《サーバを提供》 運用や開発に必要となるサーバを提供する形態。サーバの状態を気にせずに、運用・開発を進めることができ、サーバ管理の必要がない。PaaSとの違いは、稼働させるプログラムに対するリクエストの管理も行ってくれること。イベントが発生したときのみプログラムが稼働するので、常時起動しておく必要がなく、処理を行った時間だけの課金（＋リクエスト数）で済む。また、利用量の増減によってサーバのスケーリングも行ってくれるため、ECサイトなどの運営に適している。

まぎらわしいクラウドサービスの特徴をつかんでおこう

社内業務システムをクラウドサービスへ移行することによって得られるメリットはどれか。

ア　PaaSを利用すると、プラットフォームの管理やOSのアップデートは、サービスを提供するプロバイダが行うので、導入や運用の負担を軽減することができる。　→正解

イ　オンプレミスで運用していた社内固有の機能を有する社内業務システムをSaaSで提供されるシステムへ移行する場合、社内固有の機能の移行も容易である。
　→オンプレミスは自社運用を指す。SaaSには、カスタマイズの自由度はない。

ウ　社内業務システムの開発や評価で一時的に使う場合、SaaSを利用することによって自由度の高い開発環境が整えられる。　→SaaSでは開発環境の提供はされない。

エ　非常に高い可用性が求められる社内業務システムをIaaSに移行する場合、いずれのプロバイダも高可用性を保証しているので移行が容易である。
　→提供するハードウェアは、高可用性を目的としたものではなく、移行が容易になるということはない。

クライアントサーバシステム

クライアントサーバシステム（Client Server System：CSS）は、サービスを提供する側（サーバ）と、サービスを要求する側（クライアント）とで役割を分担するシステム構成です。これにより、多くの処理を同時に行う必要があるサーバ側は、コンピュータにとって非効率な人とのやりとりを軽減できます。一方、クライアント側は入出力だけを行えばよいため、高性能なコンピュータを使わなくて済みます。

役割を分けておけば効率的に処理が行える

❶ **3層クライアントサーバシステム（3層アーキテクチャ）**

クライアントとサーバの中間に層を設け、3つの階層を用いて、効率的なシステムを実現する考え方です（対して一般形態を、2層クライアントサーバシステムと呼ぶ）。

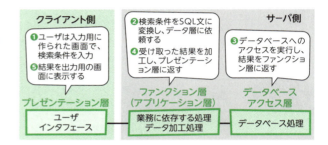

❷ **ストアドプロシージャ**

ストアドプロシージャは、頻繁に使う命令群（SQL文など）を、サーバ側に格納しておき、クライアントはそれら命令群の実行指示だけを行う方式です。命令群はあらかじめ実行形式に変換してサーバに格納するので、クライアント側は短い要求のみの送信で済みます。また、そのつど何度もやりとりをする必要もなくなり、ネットワークの負荷も軽減されます。

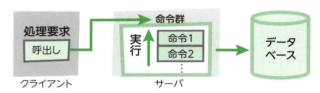

RPC（Remote Procedure Call）	遠隔手続呼出し。ネットワークによって繋がれた他のコンピュータ上のプログラムを実行させる仕組み。CSSを含む分散処理実行の基盤となる。

クライアント側とサーバ側の処理が問われやすい

2層クライアントサーバシステムと比較した3層クライアントサーバシステムの特徴として、適切なものはどれか。

ア　クライアント側で業務処理専用のミドルウェアを採用しているので、業務処理の追加・変更などがしやすい。

イ　クライアント側で業務処理を行い、サーバ側ではデータベース処理に特化できるので、ハードウェア構成の自由度も高く、拡張性に優れている。

ウ　クライアント側の端末には、管理が容易で入出力のGUI処理だけを扱うシンクライアントを使用することができる。

エ　クライアントとサーバ間でSQL文がやり取りされるので、データ伝送量をネットワークに合わせて最少化できる。

→《クライアント側》機能は入出力や表示のみ。《サーバ側》検索結果の加工などをファンクション層で行い、検索処理をデータベースアクセス層で行う。SQL文のやりとりはこの間で行う。以上により、クライアント側の端末の負荷が減るため、最小限の機能に抑えたシンクライアントでも対応できる。正解はウ。

この章からの出題数
11問/80問中

RAID

出題率

　RAID（Redundant Arrays of Inexpensive Disk）は、ディスク装置を複数台組み合わせることで、信頼性の高いディスク装置を実現する技術です。複数のレベルがありますが、RAID-0だけは高速化を目的にしています。試験では、ミラーリングやストライピングといった用語のほか、RAID-5の容量計算などが出ています。

"RAID"は複数の磁気ディスクを1台として使う仕組み

❶ RAID-0　ストライピング（striping；分散格納）
データをブロック単位で分割し、複数のディスクに並列に書き込みます。大容量化と高速化は図れますが、構成する1台が壊れると全データが読み出せなくなります。

❷ RAID-1　ミラーリング（mirroring；二重化）
ミラーリングでは、2つのハードディスクにまったく同じファイルを書き込みます。片方のハードディスクが故障しても他方に完全な情報が残っているので信頼度が高くなりますが、実データ量は全ディスク容量の1／2台分になります。

❸ RAID-2〜4
同容量の複数のディスクを使ってストライピングを行い、同時にデータ修復用情報を別のディスク書き込みます。1つのディスクが壊れても修復情報を使うことで修復が可能です。ただし、

	ストライピング単位	データ復元方法	冗長ディスク構成
RAID-2	ビット	ハミング	固定
RAID-3	ビット	パリティ	固定
RAID-4	ブロック	パリティ	固定
RAID-5	ブロック	パリティ	分散

同時に2台以上が壊れた場合は修復できません。なお、n台のディスクでRAIDを構築した場合の全体の容量は、(n−1)／n台分になります。

❹ RAID-5
データのストライピングを行い、データ修復用情報としてパリティを用い、さらに修復用情報も分散記録します。常に書き込みが行われる修復用情報ディスクが固定されている場合に比べ、アクセス集中が避けられるため、故障が減って信頼性が高くなります。

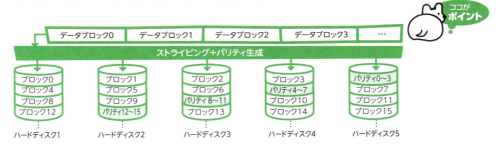

1組のRAID構成に対して、1台分の容量が減ると考えよう

　9Gバイトの磁気ディスク装置を10台導入する。5台一組でRAID5として使用する場合、データを格納できる容量は何Gバイトか。ここで、フォーマットによる容量の減少はないものとする。

　ア　45　　　イ　72　　　ウ　81　　　エ　90

→5台を一組にした場合、1台分がパリティ記憶領域になるのでデータを格納できるのは4台分になる。したがって、9Gバイト×4＝36Gバイト。36Gバイト×2組 ＝**72Gバイト**

051

信頼性設計

さまざまな分野で使われてる情報処理システムは、不意に止まってしまうと大きな事故につながる用途も存在します。そのようなシステムの設計には、故障や障害が起きてもカバーできるような対策をとる必要があります。ここでは、システムの信頼性を確保するための技術や考え方を取り上げていきます。類似用語が多いので注意しましょう。

障害が起きにくくする"信頼性向上技術"

❶ フォールトトレランス (fault tolerance)
耐故障技術とも呼ばれ、システムを構成する装置を多重化（冗長化）することで信頼性を高める考え方です。フォールトトレラントシステムは、障害が起こったときの被害を最小限に抑える技術やシステムで、高度に信頼性が求められる場合に用いられます。

❷ フォールトアボイダンス (fault avoidance)
システムや構成部品の信頼性を高め、故障をゼロにする技術や考え方。実際には、無故障にするのは難しく、多大な費用がかかるため、コストに見合う効果があることが前提になります。フォールトトレランスと組み合わせて運用するのが一般的です。

"信頼性システム"は、障害が発生したときの考え方

❶ フェールセーフ (fail safe)
《安全なほうへ停止する》……信号の制御（赤信号へ移行）、列車運行システムなど
システムが誤動作したとき、常に安全側にシステムを制御し、誤動作による影響範囲を最小限にとどめるように制御する考え方や方策。

❷ フェールソフト (fail soft)
《性能が低下しても稼働し続ける》……病院の管理システム、銀行オンラインシステムなど
障害が発生したとき、性能の低下はやむを得ないとしても、システム全体を停止させず、機能を維持させようとする考え方や方策。なお、稼働しているものの性能が低下した状態を縮退運転（フォールバック）という。

❸ フールプルーフ (fool-proof)
《人の操作ミスを防ぐ》
意図しない使われ方をしても、システムとして誤動作をしないように設計すること。

選択肢の文章から"停止"と"継続"を見極めよう

フェールセーフ設計の考え方に該当するものはどれか。

- ア　作業範囲に人間が入ったことを検知するセンサが故障したとシステムが判断した場合、ロボットアームを強制的に停止させる。　→フェールセーフの考え方、正解
- イ　数字入力フィールドに数字以外のものが入力された場合、システムから警告メッセージを出力して正しい入力を要求する。　→フールプルーフの考え方
- ウ　専用回線に障害が発生した場合、すぐに公衆回線に切り替え、システムの処理能力が低下しても処理を続行する。　→フェールソフトの考え方
- エ　データ収集システムでデータ転送処理に障害が発生した場合、データ入力処理だけを行い、障害復旧時にまとめて転送する。　→フェールソフトの考え方

Chapter 2-7 システムの性能評価と信頼性評価

シラバス　大分類：2 コンピュータシステム　中分類：4 システム構成要素　小分類：2 システムの評価指標

コンピュータシステムの性能を掴んでおくことは、情報処理を行ううえでとても重要です。また、故障を起こさずに使える状態にするために信頼性を数値化し、対策を取っておく必要もあります。特に信頼性の尺度となる稼働率は、試験でも頻出するテーマです。計算問題が中心になるので、どんなパターンでも対応できるように練習しておきましょう。

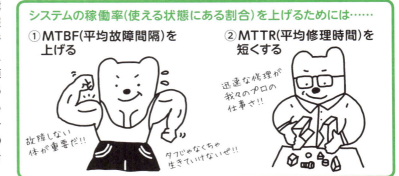

システムの稼働率(使える状態にある割合)を上げるためには……
① MTBF(平均故障間隔)を上げる
② MTTR(平均修理時間)を短くする

システムの性能指標と評価

出題率　低 普通 高

システムの性能指標とその評価は、対象となるシステムが業務に必要な性能を満たしているかを計るうえでとても重要です。また、この評価を基に現状を把握し、キャパシティプランニング（次ページ）につなげていきます。
試験での出題は用語問題が中心になるので、まずはここで取り上げる基本用語を押さえていきましょう。

よく出る狙い目

システムの性能指標は、行う業務によって使い分ける

❶ **レスポンスタイム（response time：応答時間）**
コンピュータシステムに対して問合せ、または要求の終わりを指示してから、端末に最初の処理結果のメッセージが出始めるまでの時間を意味します。即時に結果が求められるリアルタイム処理で用いられる概念です。

❷ **スループット（throughput）**
スループットは、ある単位時間内に、システムが処理できる仕事量のことで、処理能力を評価する指標になります。まとめて一括処理を行うバッチ処理ではジョブ数（ジョブはシステムに与える仕事の単位）、仕事が発生するつどデータ処理を行うオンライントランザクション処理ではトランザクション数（トランザクションは随時発生する仕事の単位）を目安にします。スループットを向上する方法の1つに、スプーリング（60ページ）があります。

性能評価の方法は、実際に処理を行って計測する

❶ **ベンチマークテスト**
システムを評価するテスト用の計測プログラムを実行して、処理にかかった時間を測定し、その結果でシステムの性能を評価します。評価する内容によって次のものがあります。

- **SPEC**：CPUやメモリ性能の測定用に使用します。整数演算を1秒間に実行できる回数で表す**SPECint**と、浮動小数点演算を1秒間に実行できる回数で表す**SPECfp**があります。
- **TPC**：オンライントランザクション処理の性能評価を行うための、標準的なベンチマークです。業務別に、A～Dの4種類があります。

TPC-A	基本性能評価用
TPC-B	データベース評価用
TPC-C	業務処理評価用
TPC-D	意思決定支援システム評価用

❷ **モニタリング**
測定用のハードウェアまたはソフトウェア（プログラム）を組み込む評価方法。前者をハードウェ

053

アモニタリング、後者を**ソフトウェアモニタリング**と呼びます。ソフトウェアモニタリングでは、測定用のソフトウェア自身がシステム資源を使用している点に注意します。

キャパシティプランニング

キャパシティプランニング(capacity planning)とは、利用者が求める要件に応じてシステム構成を計画することです。まずシステムの処理量を予測したうえで、必要な機能や性能（処理速度・ストレージ容量・通信量など）、将来予想される負荷増大や機能拡張への対応、費用面などを考慮して決めていきます。

キャパシティプランニングの手順は、現状の把握から

キャパシティプランニングは、次のような手順で行っていきます。「①まず現状のシステムの稼働状況を調べ、システム性能や固有の環境を把握する。②利用者へのヒアリングなどを行い、現在の業務、今後発生する業務から、処理件数、求められるレスポンスなどを予測してシステムの要件を見積もる。③さまざまな視点から検討を行い、システムの構成案を作成する。④構成案を評価し、見直しを行う。」

このようなプランニングは、システムの見直しや業務の拡張など、必要に応じて行っていきます。

○ トランザクション処理時間の予測

オンラインリアルタイム処理の応答時間を予測するためには、**待ち行列モデル**を使って**平均到達時間**を計算を行います。また、右のようなグラフにより**CPU使用率と平均応答時間の関係**を予測します。

トランザクションの発生がポアソン分布に従い、処理時間が指数分布に従うとき。

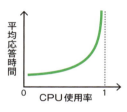

システムの利用増大や負荷への対応

❶ **スケールアップ／スケールアウト**

スケールアップは、個々のコンピュータの能力を上げることで負荷をまかなう考え方です。一方**スケールアウト**は、コンピュータの台数を増やして負荷分散することで能力を上げて対応する考え方です。

❷ **プロビジョニング**

将来的なシステム利用予測に基づいて、あらかじめ必要となる<u>システム利用環境を準備しておく</u>ことです。通信環境、サービス環境、障害時の緊急対策などを含みます。

スケールアウトは、分散が適しているケースを考える

システムの性能を向上させるために、<u>スケールアウトが適している</u>システムはどれか。

ア 一連の大きな処理を一括して実行しなければならないので、<u>並列処理が困難な処理</u>が中心のシステム
イ 参照系のトランザクションが多いので、<u>複数のサーバで分散処理を行っている</u>システム
ウ データを追加するトランザクションが多いので、<u>データの整合性を取るためのオーバヘッドを小さくしなければならない</u>システム
エ 同一のマスタデータベースがシステム内に複数配置されているので、マスタを更新する際にはデータベース間で<u>整合性を保持しなければならない</u>システム

→ア：「並列処理が困難」ということなので適さない。イ：「複数のサーバで分散処理を行っている」ので、スケールアウトに適している、正解。ウとエ：分散を増やすことで、オーバヘッド（本来の処理時間に含まない、整合性をとるために必要な時間）が大きくなってしまう。ひいては性能の低下につながる。

稼働率

稼働率は、システムの信頼性を表す尺度のひとつで、可用性（いつでも使える状態にあること）に該当します。試験では、計算問題を中心にほぼ毎回出題されており、さまざまな出題バリエーションがあります。

稼働率の考え方

コンピュータシステムは、下図のように正常に稼働しているか、故障などにより停止しているかという二つの状態を繰り返しています。ここで、システムが稼働している割合を稼働率といいます。つまり稼働率が高いほど、信頼度が高いシステムといえます。また、それぞれの時間は一定ではないので目安として平均値を求めます。

夜間は電源を落とすという場合もシステムは稼働していませんが、これは計算に含めません。あくまでも稼働しているべき時間が対象です。

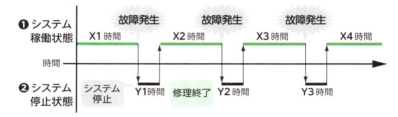

❶ MTBF (Mean Time Between Failures；平均故障間隔)

システムが稼働している時間の平均値であり、視点を変えると次に故障するまでの間隔です。MTBFの値を目安にすることで、コンピュータや部品の入れ替えや交換時期を知ることが可能です。計算は細切れの稼働時間を足し、足した回数で割ることで、平均値を求めます。

$$\mathrm{MTBF} = \frac{X_1 + X_2 + X_3 + X_4 + \cdots + X_m}{m}$$

MTBF（＝次に故障するまでの時間）は、長いほどよい。
性能のよい部品を使って、適切な保守をしておけば長くできる。

❷ MTTR (Mean Time To Repair；平均修理時間)

システムが故障して停止してから修理が完了して再稼働が始まるまでの時間の平均値です。MTTRは短いほどよいため、システムの構成部品を単純化するなどして、メンテナンスしやすくして短縮を目指します。計算は停止時間を使ってMTBFと同様に求めます。

$$\mathrm{MTTR} = \frac{Y_1 + Y_2 + Y_3 + \cdots + Y_n}{n}$$

MTTR（＝修理している時間）は短いほどよい。
システムの構成要素が多いと、修理に時間がかかる。

稼働率の計算

稼働率とは、利用しようとするシステムが稼働している確率のことです。稼働時間／全体時間（動いている時間と故障している時間の合計）で計算できます。ここでも平均値として求めるので、先のMTBFとMTTRを使うと右のような式になります。ここで、式中の分母「MTBF＋MTTR」は、対象となる期間の全体時間を示しています。

$$稼働率 = \frac{\mathrm{MTBF}}{\mathrm{MTBF} + \mathrm{MTTR}}$$

試験問題の例: まずMTBFとMTTRを求めて、稼働率を計算しよう

ある装置の10か月間における各月の稼働時間と修理時間は表のとおりである。この装置の稼働率はいくらか。ここで、各月の故障回数は1回ずつであったとする。

ア 0.95 　　イ 0.97 　　ウ 0.99 　　エ 1.01

月	稼働時間	修理時間
1	100	1
2	200	1
3	100	2
4	100	2
5	200	2
6	200	1
7	200	1
8	100	1
9	100	2
10	200	2

→《MTBFを求める》
(100+200+100+100+200+200+200+100+100+200)÷10＝150時間
《MTTRを求める》
(1+1+2+2+2+1+1+1+2+2)÷10＝1.5時間
《稼働率を求める》
$$\frac{150}{(150+1.5)} = 0.990\cdots\cdots$$

じっくり理解: 1つのシステムが複数の装置から構成されるときの稼働率

MTBFは、システムが稼働している時間の平均値ですが、「平均故障間隔」という名称が付けられています。これは、稼働率が"信頼性"の評価指標であることにほかなりません。つまり、「システムは動いていて当たり前」であり、故障することを問題視しているのです。

例えば、MTBFが1,000時間であるということは、1,000時間に一度は故障が発生するということになります。つまり、1/1,000時間の確率です。1日10時間稼働させる装置なら、100日程度。これを短いとみれば、並列システム構成(次ページ)を考えるなど何らかの方策をとる必要があります。

また、"MTBFが異なる複数の装置"でシステム全体が構成される場合、全体のMTBFはそれぞれの確率を加えたものになります。例えば、システムを構成する3つの装置のMTBFがそれぞれ6,000時間、3,000時間、2,000時間だとすると、全体のMTBFは次式で求められます。

$$\text{全体のMTBF} = \frac{1}{6,000} + \frac{1}{3,000} + \frac{1}{2,000} = \frac{1+2+3}{6,000} = \frac{1}{1,000}$$

計算結果から、このシステム全体のMTBFは、1,000時間となります。個々の装置の稼働率よりも大幅に下がってしまうことがわかります。

試験問題の例: 100台の装置は、すべて同じと考えて計算しよう!

MTBFが21万時間の磁気ディスク装置がある。この装置100台から成る磁気ディスクシステムを1週間に140時間運転したとすると、平均何週間に1回の割合で故障を起こすか。ここで、磁気ディスクシステムは、信頼性を上げるための冗長構成は採っていないものとする。

ア 13 　　イ 15 　　ウ 105 　　エ 300

→100台の各装置は210,000時間に一度の割合で故障する確率なので、
MTBF＝210,000/100 ＝2,100〔時間〕
解答は週単位のMTBFを要求されているので、週(140時間)に換算すると、
2100/140＝15〔週〕

この章からの出題数 **11**問/80問中

複数のシステムが接続されているときの稼働率

例えばパソコン単体で利用しているようでも、厳密にはルータを介してインターネット(ネットワークシステム)につながり、検索システムを使って情報を引き出しています。つまり、システムは単体で動作しているわけではなく、他のシステムやネットワークと連係して処理を行っています。これは稼働率の異なるシステムが直列に結合されている状態と考えます。

❶ 直列システムの稼働率

図のように、各装置が直列に接続されたシステムでは、どれか1つでも故障すると、システム全体は稼働できません。つまり、<u>各装置の稼働率の積</u>で求めることができます。

《公式》 直列システムの稼働率

装置Aの稼働率 × 装置Bの稼働率

❷ 並列システムの稼働率

各装置が並列に接続されたシステムでは、1台でも正常に動作していれば、システム全体として正常に動作していると見なすことができます。全体の確率を1とすると、装置Aが故障している確率は<u>1－装置Aの稼働率</u>、同じく、装置Bが故障している確率は<u>1－装置Bの稼働率</u>と表せます。全体としては、<u>1－(並列に接続されているすべて装置が同時に故障している確率)</u>で計算できます。

《公式》 並列システムの稼働率

1－(1－装置Aの稼働率)×(1－装置Bの稼働率)

装置Aが稼働していない確率 ／ 装置Bが稼働していない確率

装置A、Bともに稼働していない確率

❸ 直列と並列の複合系システムの稼働率

直列部分と並列部分が混在している場合は、それぞれの部分における稼働率を計算して、最後に掛け合わせます。

《公式》 複合システムの稼働率

装置Aの稼働率×装置Bの稼働率
×{1－(1－装置Cの稼働率)×(1－装置Dの稼働率)}

試験問題の例 　2つの並列システムを直列に繋いだシステムと考える

稼働率Rの装置を図のように接続したシステムがある。このシステム全体の稼働率を表す式はどれか。ここで、並列に接続されている部分はどちらかの装置が稼働していればよく、直列に接続されている部分は両方の装置が稼働していなければならない。

ア $(1-(1-R^2))^2$　　イ $1-(1-R^2)^2$
ウ $(1-(1-R)^2)^2$　　エ $1-(1-R)^4$

→並列システムの稼働率　$1-(1-R)\times(1-R)=1-(1-R)^2$
　この並列システムを2つ直列に並べるので、
　　$(1-(1-R)^2)\times(1-(1-R)^2) = (1-(1-R)^2)^2$

057

システムの保守と経済性

出題率 低 普通 高

システムの信頼性は、適切な保守を行うことで維持することができます。そのためには、システムが稼働する時期に応じた適切な管理が必要となります。また、システムを稼働していくためには、コストを無視することはできません。試験ではバスタブ曲線による故障期間の分類と対策、さまざまなコストについて問われます。

故障時期の把握は、バスタブ曲線を目安にしよう

システムのライフサイクルによるシステム故障率の推移を表したグラフは、図のようなバスタブのような形の曲線を描くことが知られています（**バスタブ曲線**）。このような曲線を指標として、保守の時期や維持管理のためのコストのかけ方などを検討していきます。

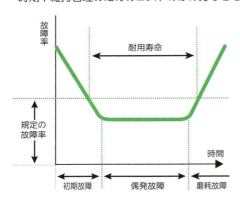

初期故障	設計や製造工程での不具合、ソフトウェアや利用環境との不適合などが原因の故障。交換や調整などで次第に減っていく。
偶発故障	安定した稼働状況になり、偶発的な故障だけが発生する。
摩耗故障	部品の経年変化や摩耗による故障、利用環境に合わなくなるなどの要因による故障。さらに故障が増え続け、最後は修理や保守に多大な費用がかかるようになる場合には廃棄される。

システムの経済性評価で、維持に必要なコストを考える

システムは機能や性能だけでなく、その経済性も評価対象となります。システム構築したら終わりではなく、運用にはさまざまな費用がかかってきます。もしも、メンテナンス費用など、何らかの費用が多大にかかりすぎるようなら、新システムの構築を検討する必要が生じます。

❶ コストの分類
- 初期コスト…イニシャルコスト。導入に関わる費用。
- 運用コスト…運用に関わる費用。保守・改修分を含む。

❷ TCO (Total Cost of Ownership)
情報化コストに関する評価方法のひとつ。情報システムの導入、構築費用だけでなく、導入後の運用管理、ユーザ教育やユーザサポート、ソフトウェアのバージョンアップ費用など、さまざまなコストなどをトータルした費用で考える評価方法です。

試験問題の例 システムが稼働する前に行う対策を見つけよう

コンピュータシステムのライフサイクルを故障の面から、初期故障期間、偶発故障期間、摩耗故障期間の三つの期間に分類するとき、初期故障期間の対策に関する記述として、最も適切なものはどれか。

- ア 時間計画保全や状態監視保全を実施する。　→偶発故障期間の対策
- イ システムを構成するアイテムの累積動作時間によって経時保全を行う。　→摩耗故障期間の対策
- ウ 設計や製造のミスを減らすために、設計審査や故障解析を強化する。　→初期故障期間の対策、正解
- エ 部品などの事前取替えを実施する。　→予防保守の方策であり、摩耗故障期間の対策

Chapter 2-8 OSの機能
― ジョブ管理とタスク管理 ―

シラバス 大分類：2 コンピュータシステム　中分類：5 ソフトウェア　小分類：1 オペレーティングシステム

ジョブ管理とタスク管理は、OS機能の中心部分です。ジョブは人の視点からの仕事の単位で、タスク（プロセス）はコンピュータが処理を行う単位と考えるとわかりやすいでしょう。タスク管理は、CPUの実行を管理するOSの機能で、3つの状態を遷移しながら進めます。

ジョブ管理とタスク管理

ジョブ管理とタスク管理は、OSの中核を占め、連係しながら処理を進めていきます。**ジョブ管理**は、人との窓口のようなもので、指示を受け取り（入力）、処理をタスク管理に受け渡し、結果を受け取って出力します。一方の**タスク管理**は、ジョブ管理から受け取った指示を、CPUが処理する単位（**タスク**）に分割し、実行優先度に従ってタスクの終了までを管理していきます。その際、下図のような仕組みで複数のタスクを効率よく管理していきます。

タスクの生成から消滅までの遷移

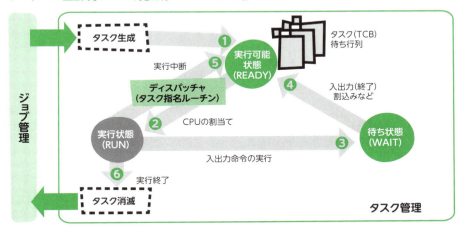

❶生成されたタスクのTCB(Task Control Block)が実行可能状態のタスク待ち行列に格納される。
❷実行可能状態のタスクのうち、最も優先順位の高いタスクにCPU使用権を与え、実行状態に移す。
❸実行状態のタスクが入出力命令を発行すると、入出力が終了するまで待ち状態に移される。
❹入出力が終了した（入出力割込みで通知される）待ち状態のタスクは、再び実行可能状態となる。
❺実行状態のタスクより優先順位の高いタスクが実行可能状態になったり、実行中のタスクが割り当てられたCPU時間を使い切った（タイマ割込みにより通知される）場合には、タスクの実行は中断され、実行可能状態に戻される。
❻タスクの実行が完了するまで、❷～❺を繰り返す。タスクの実行が完了すると、TCBは待ち行列から削除され、そのタスクが使用していた資源をすべて解放する。

ディスパッチャ（dispatcher）は、タスク指名ルーチンとも呼ばれ、タスクの切換え（ディスパッチ）を行います。実行可能状態のタスクを調べ、最も優先順位の高いタスクを実行状態にしたり、反対に優先順位の低い実行状態のタスクを中断して実行可能状態にするなど、CPUの割当てを制御します。

タスクのスケジューリングは、実行順序を決めること

スケジューリングとは、複数のタスクを、どのような順で実行していくかを決めることです。

❶ プリエンプティブ方式

CPUの管理をOSが行う方式です。優先順や一定時間の経過などによってタスクの切換えを行いますが、組合せによっていくつかの方法があります。

優先度順方式 （プリエンプション方式）	優先度の高いタスクから実行していく方式。より優先度が高いタスクが到着するとそちらが優先されるため、優先度が低いタスクはなかなか実行されないことがある。
イベントドリブン プリエンプション方式	タスク状態の変更（入出力の終了や外部からのコマンド入力などで、割込みにより通知される＝イベント）をきっかけに切替えを行う方式。実行可能状態のタスクは、最も優先順位の高いタスクにCPU使用権を与える。
ラウンドロビン方式	タスクを順に一定時間（タイムクウォンタムと呼ぶ）ずつ実行するタイムスライス方式により切換えを行う方式。時間内に終了しなかったタスクは、同じ優先順位内のタスクの最後に回されます。
処理時間順方式	処理時間の短いタスクから先に実行する方式。現在実行中の処理が完結するか、または何らかの要因によって中断されたとき、次のタスクを開始する。処理時間が他のタスクに比べて極端に長いタスクがある場合、CPU資源が与えられず、待ち続ける状況になる可能性がある。

❷ ノンプリエンプティブ方式

タスクに優先順位はなく、実行可能になった順に実行するので、到着順方式とも呼ばれます。OSの負荷が軽く、オーバヘッド時間が少なくなりますが、いつまでもCPUを解放しない（無限ループなどの）タスクが存在すると、ほかのタスクが実行できなくなります。

スプーリング

スプーリングは、複数の処理を並行して行う多重プログラミングに不可欠な機能です。試験では用語そのものを問うだけでなく、具体的にスプーリングを行った際の処理時間を求めるといった計算問題もあります。数多く出題されるテーマなので、過去問などで問題のバリエーションに慣れておきましょう。

スプーリングによってスループットが向上する

タスク管理では実行状態のタスクに入出力命令が発生すると、タスクを待ち状態にして他のタスクの実行に移ります。入出力待ちになったタスクは、プリンタなどから終了の通知を受けると、OSからの入出力割込みが発せられ、再び実行可能状態に戻されます。

ただプリンタなどの速度の遅い装置では、処理が進むつどデータを要求し、CPUはなかなか解放されません。そこで、いったん一時的な出力装置（磁気ディスク装置などの高速な補助記憶装置）にデータを書き込んでおき、素早くCPUを解放する方法がとられます。このとき、一時的な出力装置をスプール（SPOOL；Simultaneous Peripheral Operations OnLine）といい、スプールを使った入出力処理をスプーリングといいます。スプーリングにより、複数のジョブからの要求に効率よく応えることができ、CPUのアイドル時間（動作していない時間）の削減やスループット（システムが単位時間あたりに行える仕事量）の向上が期待できます。

なお、磁気ディスク装置などに書き込まれたデータは、OSの入出力管理とプリンタなどの装置間で処理が進められ、入出力の完了をもってジョブは終了します。

この章からの出題数
11問/80問中

スプーリングの仕組みを見直しておこう

スプーリングの説明として、適切なものはどれか。

ア　キーボードからの入力データを主記憶のキューにいったん保存しておく。
イ　システムに投入されたジョブの実行順序を、その特性や優先順位に応じて決定する。
ウ　通信データを直接通信相手に送らず、あらかじめ登録しておいた代理に送る。
エ　プリンタなどの低速な装置への出力データをいったん高速な磁気ディスクに格納しておき、その後に目的の装置に出力する。　→正解

多重プログラミング

　多重（マルチ）プログラミングとは、タスクの実行を切り替えながら実行することで、同時に複数のプログラムを実行させ、システム全体のスループット（単位時間あたりの処理量）を向上させる手法です。試験では、複数のCPUと入出力資源の条件を与えられ、多重プログラミングによる実行時間を求める問題が出ています。

多重プログラミング問題の注目ポイント

　多重プログラミングの出題は具体例が提示されるので、攻略には実際に解いてみるのが早道です。タスクの実行時間を求める際には、次の点を考慮する必要があります。

① CPUと入出力装置の数　　　② 実行プログラム数と実行優先度
③ CPUと入出力装置の中断条件　④ タイムチャートを書いて時間を計算

2つのCPUと資源の使用時間を図に書いて確かめよう

　2台のCPUから成るシステムがあり、使用中でないCPUは実行要求があったタスクに割り当てられるようになっている。このシステムで、二つのタスクA、Bを実行する際、それらのタスクは共通の資源Rを排他的に使用する。それぞれのタスクA、BのCPU使用時間、資源Rの使用時間と実行順序は図に示すとおりである。二つのタスクの実行を同時に開始した場合、二つのタスクの処理が完了するまでの時間は何ミリ秒か。ここで、タスクA、Bを開始した時点では、CPU、資源Rともに空いているものとする。

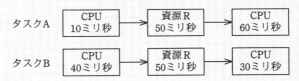

ア　120　　イ　140　　ウ　150　　エ　200

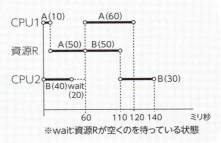
※wait:資源Rが空くのを待っている状態

→2台のCPU（CPU1、CPU2とする）で実行するため、それぞれのタスクの実行に際してCPUの競合はない。競合が起こるのは資源Rのみである。与えられたタスクA、BのCPU使用時間と資源Rの使用時間から、2つのタスクは図のように実行される。これより、2つのタスクの処理が完了するまでの時間は140ミリ秒である。

Chapter 2-9 OSの機能
― 記憶管理、データ管理、入出力管理 ―

記憶管理は、メモリ（記憶領域）を効率よく使うための手法について取り上げています。大きく、実記憶管理と仮想記憶管理に分けられます。またデータ管理は、実際の装置を意識せず、論理的なファイルとして扱える機能で、ファイル編成やファイルシステムなどを提供します。

仮想記憶のページ置換えアルゴリズム

①**FIFO**
最も古くから存在するものを入れ換える

②**LRU**
最も長い時間参照されなかったものを入れ換える

③**LFU**
最も参照回数の少なかったものを入れ換える

実記憶管理

実記憶管理は、主記憶装置の領域を制御するOSの機能です。記憶領域（アドレス空間）は複数のプログラムやデータで共有するため、限られたスペースをやりくりしたり、どのスペースに格納されてもうまく動作できるように管理を行います。試験では管理方法やガーベジコレクションについて具体的に問われるほか、メモリ管理の障害として、メモリリークの意味が用語問題として、よく出題されています。

実記憶管理の方式

❶ **区画（パーティション）方式**

主記憶装置にプログラムを記憶するときに、記憶領域をいくつかの区画（パーティション）に分け、区画単位にプログラムを格納する方式です。一定の大きさに区画を分ける**固定区画方式**と、プログラムの大きさに合わせる**可変区分方式**があります。記憶と解放が繰り返されると、記憶領域の**断片化（フラグメンテーション）** が生じることがあり、その際には**コンパクション**（断片化した空き領域を1つの連続した空き領域にまとめる**ガーベジコレクション**＝ゴミ収集ともいう）を行う必要があります。

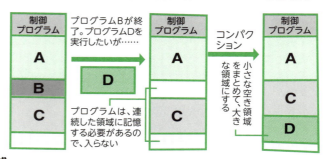

❷ **セグメント（オーバレイ）方式**

プログラムを、同時実行しない（互いに関連のない）複数のセグメントに分割し、実行時に必要な部分だけを主記憶にロード（格納）する方式で、物理アドレス空間より大きなプログラムを実行できます。

メモリ管理の障害

○ **メモリリーク（memory leak）**

実行中に使用していたメモリ領域が、終了時に不要となっても解放されずに残ってしまう現象です。使用できるメモリ領域が徐々に減少してしまうため、システム障害の原因につながります。

試験問題の例 — 動かすセグメントを移動する単位で割って計算する

図のメモリマップで、セグメント2が解放されたとき、セグメントを移動（動的再配置）し、分散する空き領域を集めて一つの連続領域にしたい。1回のメモリアクセスは4バイト単位で行い、読取り、書込みがそれぞれ30ナノ秒とすると、動的再配置をするために必要なメモリアクセス時間は合計何ミリ秒か。ここで、1kバイトは1,000バイトとし、動的再配置に要する時間以外のオーバヘッドは考慮しないものとする。

セグメント1	セグメント2	セグメント3	空き
500kバイト	100kバイト	800kバイト	800kバイト

ア 1.5　　イ 6.0　　ウ 7.5　　エ 12.0

→セグメント2が解放されたとき、空き容量を一つの連続領域にするためには、セグメント3をセグメント1側に移動すればよい。これには、セグメント3の800kバイトを4バイト単位で読取り、書込みを繰り返す。答えがミリ秒で求められているので、1ミリ秒が10^6ナノ秒であることに注意して計算すると、

800k÷4〔バイト〕＝200k回
200k回×（30＋30）〔ナノ秒〕＝12,000,000〔ナノ秒〕＝12〔ミリ秒〕

仮想記憶管理

仮想記憶管理は、ハードディスクなどの比較的高速な補助記憶装置を利用して、主記憶装置の記憶領域より大きなアドレス空間（仮想記憶装置）を作り出し、記憶領域の大きさに制限されずに、プログラムの実行を行う方法です。試験ではページ置換えの方式や動作上の問題点（スラッシングの発生）などが問われます。

仮想記憶管理の仕組み

仮想記憶管理では、仮想記憶領域と実記憶領域を固定長のページ単位に分割し、実記憶上の**ページ枠**（物理アドレス）と仮想記上の**ページ**を**ページテーブル**によって対応付けます。実行中に実記憶上に存在しないページが参照されると、**ページフォールト**という割込みが発生し、仮想記憶から実記憶へ必要なページを読み込みます（**ページイン**）。その際、実記憶上に空き領域がなければ、そのとき参照していないページを実記憶から仮想記憶へ書き戻します（**ページアウト**）。このような動作を繰り返すことで、実記憶領域より大きなプログラムが実行できます。なお、プログラムの大きさに比べて、利用可能な記憶領域が極端に小さい場合、ページの入換えが頻繁に起こることになり、処理性能（CPU使用率）が著しく低下します。このような現象を**スラッシング**といいます。

頭の片隅に入れておこう！

スラッシングはムダが多い！
スラッシングが発生する状況は、小さなスペースで、たくさんの仕事を行おうとすることに似ています。物を出したり片付けたりする作業が増え、仕事がはかどりません。

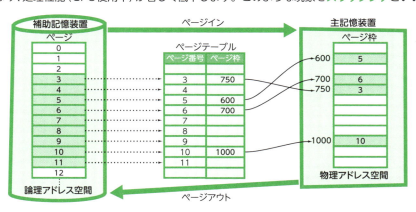

ページ置換え（リプレースメント）アルゴリズム

実記憶上に空きページ枠がない状態でページフォールトが発生したとき、どのページを追い出すかを決定する必要があります（ページ置換えアルゴリズム）。これには、次のような方式があります。

FIFO (First In First Out) 方式	実記憶装置のページの中で、最も古くから存在するものからページアウトする。
LRU (Least Recently Used) 方式	実記憶装置のページの中で、最も長い時間参照されなかったものからページアウトする。
LFU (Least Frequently Used) 方式	実記憶装置のページの中で、最も参照回数の少なかったものからページアウトする。

置換え方式に従ってタイミングを記述してみよう

仮想記憶方式のコンピュータにおいて、実記憶に割り当てられるページ数は3とし、追い出すページを選ぶアルゴリズムは、FIFOとLRUの二つを考える。あるタスクのページのアクセス順序が

1、3、2、1、4、5、2、3、4、5

のとき、ページを置き換える回数の組合せとして、適切なものはどれか。

	FIFO	LRU
ア	3	2
イ	3	6
ウ	4	3
エ	5	4

→ページ置換えアルゴリズムとして、FIFOは最も古くから存在するものから、LRUは最も長い時間参照されなかったものからページアウトする。これを踏まえると、下の白抜き数字のタイミングでページが置き換わる。正解はイ。

FIFO 1→3→2→1→**4**→**5**→2→3→**4**→**5** …3回
LRU 1→3→2→1→**4**→**5**→**2**→**3**→**4**→**5** …6回

ファイル編成と入出力

ファイル編成とは、外部の記憶媒体へレコードを格納する方式のことで、用途によりいくつかの種類があります。また、記憶媒体とメモリとの間でファイルの読み書きを効率的に行うブロッキングの手法があります。

ファイル編成は、アクセス方法を関連付けて覚えよう

順編成	レコードを発生順に連続して格納する編成法で、記憶媒体にとらわれず、利用効率がよいのが特徴。順次アクセスのみでキーによる直接アクセスは不可。
索引順編成	直接アクセスを行うための索引を持った順編成ファイルで、基本データ域、索引域、あふれ域から構成される。
区分編成	メンバと呼ばれる複数の順編成ファイルを、各メンバの格納先頭アドレスを管理するディレクトリ（登録簿）で管理し、メンバ単位にアクセスを行う。プログラムライブラリやモジュールライブラリの格納に用いられる。

○ **直接編成とその特徴**

関数を用いてレコードのキー値をアドレスに変換し、記憶媒体の格納位置を決める編成法です。変換方法をハッシュ法といい、関数をハッシュ関数といいます。次の特徴があります。

・レコードを直接アクセスできるため高速。レコードの途中挿入・追加も容易。
・複数のレコードのキー値が同一アドレスに変換されるシノニムが発生することがある。
・変換されたハッシュ値は、偏りのない一様分布になっていることが望ましい。
・記憶媒体の空き領域が多く発生し、利用効率が悪い。

物理レコードとブロッキング

ファイルを補助記憶装置へ記録する際は、記憶効率を高めたり入出力時間を短縮するため、複数のレコード（論理レコード）をまとめたブロック（物理レコード）単位で行います。書き込む際の操作をブロッキング（ブロック化）、読み出す際に論理レコードに戻すことをデブロッキング（非ブロック化）といいます。なお、1ブロックあたりの論理レコード数は、入出力バッファの大きさに応じて決定します。

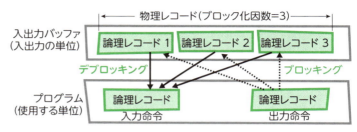

ファイルシステム

パソコンやワークステーションにおけるファイルは、ディレクトリ（またはフォルダ）と呼ばれる階層構造を持つ仕組みで管理されます。特定のファイルを参照するには、パス（参照したいファイルまでの経路）を指定します。試験では、具体的なパスの指定方法について問われます。

ディレクトリの構造

階層構造のディレクトリは、次のように区別します。

❶ ルートディレクトリとサブディレクトリ

ルートディレクトリはドライブの直下に1つだけ存在する最上位ディレクトリ。サブディレクトリは、あるディレクトリから見た下位のディレクトリです。

❷ カレントディレクトリ

現在アクセスしているディレクトリ。カレントディレクトリに含まれるファイルは、パス名を使わずに直接指定できます。

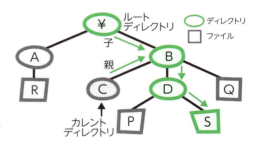

パス指定の方法

パスとは、参照したいファイルが含まれるディレクトリまでの経路のことです。例えば下図の「DATA3」を参照するときは、指定方法によって異なる記述になります。

❶ 絶対パス指定

ルートディレクトリからの経路を指定します。
〔例〕　¥USR2¥USR3¥DATA3
　　　　（最初の¥はルートディレクトリ）

❷ 相対パス指定

カレントディレクトリからの経路を指定します。
（上位ディレクトリへの移動を「..」で表す）
　〔例1〕　カレントディレクトリがUSR2のとき
　　　　　USR3¥DATA3
　〔例2〕　カレントディレクトリがUSR4のとき
　　　　　..¥DATA3

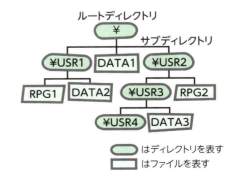

試験問題の例 — カレントディレクトリから目的ファイルまでの経路を指定

図の階層型ファイルシステムにおいて、カレントディレクトリがB1であるとき、ファイルC2を指す相対パス名はどれか。ここで、パス名の表現において ".." は親ディレクトリを表し、"/" は、パス名の先頭にある場合はルートディレクトリを、中間にある場合はディレクトリ名またはファイル名の区切りを表す。また、図中の□はディレクトリを表すものとする。

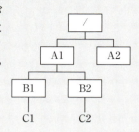

ア ../A1/B2/C2　　イ ../B2/C2
ウ A1/B2/C2　　エ B1/../B2/C2

→カレントディレクトリのB1からC2を相対パスで指定するには、B1の親ディレクトリのA1を経由して、B2のディレクトリへ移動すればよい。".." は親ディレクトリを示すので、「../B2/C2」となる。正解はイ。

バックアップ

出題率 低

バックアップとは、装置の故障や人為的なミスなどにより、業務で使用しているデータが失われてしまうことのないように、データやプログラムのコピーを別の記憶媒体に保存しておくことです。

図解で攻略！ バックアップの方法は、保存と復元を考えて使い分ける

大容量のデータを高頻度でバックアップするのは、手間も時間もかかります。そのため、更新分のデータのみをバックアップするなどの方策がとられます。ただし、障害によりデータのリカバリ(復旧)が必要になった場合は、バックアップの方法が複雑なほど手間がかかります。このため、バックアップの取得と復旧を考慮しながら、業務内容に応じてバックアップ方法を選択する必要があります。

❶ フルバックアップ

すべてのファイルをバックアップする方法。週に1度や月に1度などの割合で、定期的に実施します。バックアップ時には時間がかかりますが、障害発生時の復旧時間と手間が最も少ない方法です。

❷ 差分バックアップ

一定期間ごとに行うフルバックアップを行い、さらに更新されたデータのみをバックアップする方法です。フルバックアップからの日数が経つにつれて差分バックアップのデータ量は多くなります。復旧にはフルバックアップファイルと直前の差分バックアップファイルを使用し、比較的短時間で復元できます。

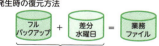

この2つのファイルで業務ファイルを回復できる

❸ 増分バックアップ

直前のバックアップ後に更新、または追加されたデータのみバックアップする方法です。一定期間ごとに行うフルバックアップと組み合わせて、増分バックアップを必要なつど実施します。復旧には、フルバックアップのデータを戻した後、すべての増分バックアップを順に戻していく必要があります。

この4つのファイルで業務ファイルを回復できる

Chapter 2-10 開発ツールとオープンソースソフト

シラバス 大分類：2 コンピュータシステム　中分類：5 ソフトウェア　小分類：4、5 開発ツール、オープンソースソフトウェア

言語プロセッサは、プログラムを作り出すために何度も利用するに開発ツールで、最も利用機会が多いでしょう。また、連係編集プログラム（リンカ）とローダは、実行までの一連の作業に利用されます。コンパイラについては、機能の詳細が問われることもあります。

プログラム実行までは長い道のり……
①コンパイル　プログラムを解析する
②連係編集　各種のモジュールを結合する
③ローダ　ようやく実行だね
実行プログラムを作るぞー!!
できあがった複数のプログラムを主記憶に引き渡す

言語プロセッサ

出題率　低 普通 高

言語プロセッサは、プログラム言語で記述したプログラムをコンピュータに理解できる機械語に変換するツールです。試験には、コンパイラの手順やリンカの機能などがよく出題されています。

言語プロセッサの種類

コンパイラとインタプリタでは、作業手順が異なります。それぞれの特徴を掴んでおきましょう。

❶ コンパイラ (compiler)
高水準・手続き型言語で記述された原始プログラムを目的プログラムに一括で翻訳します。コンパイラの多くは、プログラムの実行を高速化する最適化機能（オプティマイズ）を持ちます。

❷ インタプリタ (interpreter)
命令を1つずつ解釈し、そのつど翻訳しながら、即時に実行します。Perl（パール）やPHPなど、多くのスクリプト言語はインタプリタ方式を採用しています。

よく出る狙い目

プログラム実行までの手順を、大まかに把握しておこう

コンパイラを採用する言語によるプログラム実行までの手順は、下図のようになります。プログラムの文法上のミスは翻訳エラーとして、論理的なエラーは実行エラーとして出力されます。プログラムが仕様どおりに動作するまで、3つの作業を繰り返しながらバグを修正していきます。

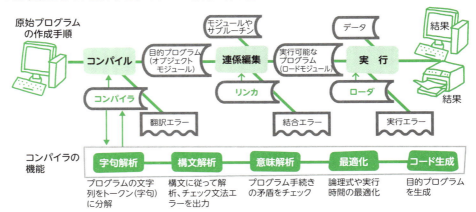

067

❶ コンパイルの処理
　コンパイラは、読み込んだプログラムについて各種解析を行い、そのつどエラーを出力します。エラーがなくなったら、実行時の処理効率を高める最適化を行い**目的プログラム**（オブジェクトモジュール）を出力します。

❷ 連係編集の処理とリンカの役割
　複数の目的プログラムにサブルーチンライブラリなどを組み合わせ、1つの**ロードモジュール**（実行形式のプログラム）を作成します。これを行うのが**リンカ**（連係編集プログラム）です。

❸ プログラムの実行とローダの役割
　プログラムの実行は、補助記憶装置などに格納されたロードモジュールを主記憶上に読み込みます（ロード）。また、必要に応じて実行時に必要となる複数のロードモジュールも読み込んでおきます。これを行うのが**ローダ**です。

コンパイラの処理手順は、順番と内容がポイント

インタプリタの説明として、適切なものはどれか。

ア　原始プログラムを、解釈しながら実行するプログラムである。
イ　原始プログラムを、推論しながら翻訳するプログラムである。
ウ　原始プログラムを、目的プログラムに翻訳するプログラムである。
エ　実行可能なプログラムを、主記憶装置にロードするプログラムである。

→インタプリタは、原始プログラムを、解釈しながら実行する言語プロセッサ。すぐに実行を行えるため、プログラムをテストしながら開発を進めることができる。イ：「推論」ではなく「解釈」。ウ：コンパイラの説明。エ：ローダの説明。正解はア。

その他の開発ツール

出題率　低 普通 高

　開発ツールは、言語プロセッサのほかにも、設計から構築までの各工程で利用できる数多くの種類があります。試験では、各開発ツールの利用局面や用途、ツールの分類などが問われます。

設計・構築支援のためのツール

❶ 静的解析ツール
　プログラムを実行せずに、ソースプログラムの解析やテストケースの抽出などを行います。

❷ 動的解析ツール
　テストデータを自動生成して実行したり、制御の流れをトレース（追跡）して、解析に必要な情報を出力します。

テストデータ生成ツール（テストデータジェネレータ）	プログラムの記述や入力データの構造をもとにして、テストデータを自動生成する。
テストカバレージツール	テストデータが通ったプログラム経路を調べながら、カバー率を出力する。

デバッグのためのツール（デバッグツール）

　プログラムに含まれる誤りを取り除く、デバッグ作業を支援するツールです。

トレーサ (追跡プログラム)	プログラムの実行を追跡し、レジスタの内容や参照されたメモリのアドレス内容など、必要な情報を出力する。
スナップショットダンプ	プログラムのある時点におけるレジスタや主記憶装置（メモリ）の内容、ファイルなどの内容をそのままの状態で出力する。
クロスリファレンス	プログラムで使用している関数・変数と、それらを定義しているプログラムを一覧化し、関連を示す機能をもつツール。
アサーションチェッカ	プログラム中に挿入して、変数の間で論理的に成立すべき条件が満たされているか否かを確認するツール。

オープンソースソフトウェア

オープンソースソフトウェア（OSS）とは、ソースコードが公開されているなど、下の基準を満たしているソフトを指します。また、著作者の権利を守りながら公開できるライセンス（ソフトウェアの使用許諾条件）を含んでいます。

① 再頒布（はんぷ）の自由
② ソースコードが入手可能
③ 変更および派生ソフトウェアを作成可能で、同じライセンス下での頒布を許可
④ 作者のソースコードの完全性を保障
⑤ 個人やグループに対する差別の禁止
⑥ 利用する分野に対する差別の禁止（商用も可）
⑦ 再頒布において追加ライセンスを必要としない
⑧ 特定製品でのみ有効なライセンスの禁止
⑨ 他のソフトウェアを制限するライセンスの禁止
⑩ 技術的に中立でなければならない

注）Open Source Initiative (OSI) による定義

ライセンスの種類

GPL (General Public License)	GNU (UNIX互換ソフト群の開発プロジェクトの総称) で採用。コピーレフト（著作権を保持し、利用、再配布、改変を制限しない）を実現する。
BSDL (Berkeley Software Distribution License)	カリフォルニア大学によるライセンス形態。ソースコードをコピー・改変して作成したプログラムは、ソースコードを非公開で頒布できる。
MPL (Mozilla Public License)	原著作者だけに特別の権利を認めるライセンスのこと。

オープンソースソフトウェアの種類

LAMP/LAPP	OSのLinux、WebサーバのApache、DBMSのMySQL/PostgreSQL、Webページ作成用のPHPの頭文字を取ったもの。Webアプリケーションの構築環境として、対象の規模を問わず広く利用される。
UNIX系OS	UNIX系OSのうち、オープンソース形態のものには、FreeBSD、NetBSD、OpenBSD、IRIXなどのBSD系UNIX、Linux (GNU/Linux) など。
Eclipse (イクリプス)	オープンソースの統合開発環境。プラグインにより機能を拡張できる。
GCC (ジーシーシー)	GNUプロジェクトのコンパイラ群。C言語を含めた多言語をサポートする。
Tomcat (トムキャット)	JavaサーブレットやJSPを実行するソフトウェア（プラグインソフト）。

OSSのライセンス問題は、微妙な言い回しなので注意！

ソフトウェアの統合開発環境として提供されているOSSはどれか。

ア　Apache Tomcat　　イ　Eclipse　　ウ　GCC　　エ　Linux

→Eclipseは、Javaの開発環境として知られている統合ソフトウェア開発環境。共通プラットフォームとしての役割を持つ。ア：Javaサーブレットを動作させるOSS、ウ：「GNU Compiler Collection」の頭文字を取ったもので、多言語に対応するコンパイラ群。エ：オープンソースのOS。正解はイ。

Chapter 2-11 論理回路とハードウェア

シラバス 大分類：2 コンピュータシステム 中分類：6 ハードウェア 小分類：1 ハードウェア

ここではハードウェアに関するテーマをまとめています。論理回路はシラバスでは第2章中分類6の「ハードウェア」からの出題。また、制御の仕組みは第1章中分類1の「計測・制御に関する理論」と中分類6の両方に含まれています。そのほか、センサとアクチュエータ、機械・制御の方式などが、よく出題されているテーマです。

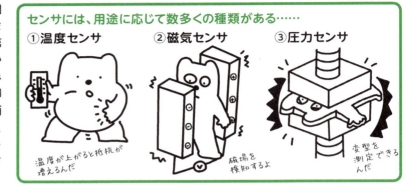

センサには、用途に応じて数多くの種類がある……
①温度センサ ②磁気センサ ③圧力センサ

論理回路

出題率

論理演算を行う電気回路を論理回路といい、AND、ORなどの回路を組み合わせて、さまざまな回路を作ることができます。試験では論理回路の出力、回路と等価な論理演算を選ぶ問題、加算器などが出題されています。

基本回路と組合せ回路

論理演算を行う回路には、基本回路として、AND回路、OR回路、NOT回路があります。また、それらを組み合わせることで、XOR回路、NAND回路、NOR回路を実現しています。基本的には論理演算（14ページ）と同じで、回路の組合せに関する問題は、真理値表を書いて結果を確かめてみれば答えが出ます。また論理式に変換する問題は、論理式の法則が使えます。

《基本回路》

①OR（論理和）

A	B	Y
0	0	0
0	1	1
1	0	1
1	1	1

②AND（論理積）

A	B	Y
0	0	0
0	1	0
1	0	0
1	1	1

③NOT（否定）

A	Y
0	1
1	0

《組合せ回路》

①NOR（否定論理和）

A	B	Y
0	0	1
0	1	0
1	0	0
1	1	0

②NAND（否定論理積）

A	B	Y
0	0	1
0	1	1
1	0	1
1	1	0

③XOR/EOR（排他的論理和）

A	B	Y
0	0	0
0	1	1
1	0	1
1	1	0

この章からの出題数
11問/80問中

その他の回路

❶ 半加算回路（半加算器）
1桁の2進数の加算を行う回路で、桁上がりも考慮します（右図）。

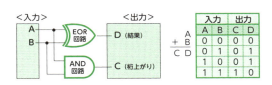

❷ フリップフロップ回路
現在の入力と、過去の入力（保持されている値）の両方によって出力が決定する回路。レジスタ、SRAMなどに使われています。

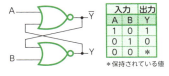

❸ 3入力多数決回路
3つの入力のうち、2つ以上同じであれば、その値を出力します。

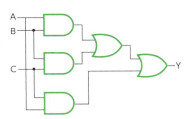

> **試験問題の例**
>
> **種類の値の組で、真理値表を作って確かめよう**
>
> 右図の論理回路と等価な回路はどれか。
>
>
>
> ア   イ
>
>
>
>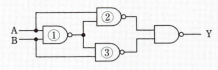
>
> →回路図の①〜③において、A、Bの値の組合せを確認していけばよい。出力Yに該当するのはXOR（排他的論理和）。正解はウ。

ハードウェア

ハードウェアからの出題の多いテーマとしては、A/D変換、機械・制御（フィードバック制御など）の仕組み、センサとアクチュエータなどが挙げられます。
計算問題は再出も多いので、過去問対策が効率的です。

信号処理（A/D変換、D/A変換）

アナログ信号をディジタル信号に変換することを、**A/D変換**（analog-to-digital）と呼び、音声などのアナログデータをコンピュータで扱う場合に必須です。ディジタル化された信号は、A/D変換された時間間隔にあわせてD/A変換することで、元のアナログ信号に戻せます。
A/D変換は、**標本化→量子化→符号化**の順に行われます。

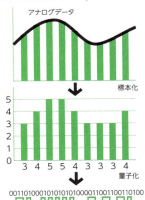

センサとアクチュエータは、具体的な装置名称に注意

センサは、制御対象の温度、光、圧力などの状態を把握するために用いられる装置で、対象によってさまざまなものがあります。またアクチュエータは、演算結果の電気信号を制御のための機械的な動作に変換する装置です。こちらも動力源となるモータ類、油圧、水圧、空気圧に合わせて変換を行います。主なセンサには、表のようなものがあります。

温度センサ	温度を検知するセンサで、接触式と非接触式、温度範囲によって分類される。代表的なサーミスタには、温度上昇に対して抵抗が増加するもの(サーモスタット等に利用)または減少するもの(電子体温計等に利用)がある。
ジャイロセンサ	物体の回転(角速度)を検知するセンサ。スマホやカーナビ、デジカメの手ぶれ補正などに利用される。
磁気センサ	磁場を検出するセンサ。代表的なものにホール素子がある。電流計、開閉検出、位置検出など多用途に利用される。
圧力センサ	物質間の力学エネルギーを検出するセンサ。ひずみゲージは、変形の検出、重量測定、強度測定などに利用される。

機械・制御の方式は、似ている名称の違いを掴んでおこう

センサとアクチュエータを関連させ、制御対象を一定の状態に保つため、さまざまな制御方式が用いられます。制御方式には、次のようなものがあります。

フィードバック制御 (クローズドループ制御)	目標値とセンサによる実測値の差が0になるように、「計測→演算→動作データの出力」をループ(変化を反映させる)させて制御する方式。
フィードフォワード制御	フィードバック制御の妨げとなる、制御を乱す外的要因の発生を事前に検知して補正する制御方式。フィードバック制御と併用することで、より安定した制御が行える。
オープンループ制御	フィードバックループがない制御方式で、目標値として決められたタイミングに従って制御を行う。フィードバックがないため、思わぬ外的要因の発生が起こったときは対応できない。
シーケンス制御	あらかじめ決められた手順に従って、制御を進めていく方式。

キーワードによって、4つの制御を振り分けよう

フィードバック制御の説明として、適切なものはどれか。

ア　あらかじめ定められた順序で制御を行う。　→シーケンス制御
イ　外乱の影響が出力に現れる前に制御を行う。　→フィードフォワード制御
ウ　出力結果と目標値とを比較して、一致するように制御を行う。　→フィードバック制御
エ　出力結果を使用せず制御を行う。　→オープンループ制御

→フィードバック制御は、センサなどから入る現在の状態を反映させながら、目標値と一致するように制御を行う。正解はウ。

Chapter 3

テクノロジ系
技術要素

● **ヒューマンインタフェース／マルチメディア技術**
3-1　ヒューマンインタフェースとマルチメディア ……… 074

● **データベース**
3-2　データベース方式とデータベース管理システム ….. 077
3-3　データベース設計 ………………………………… 079
3-4　SQL によるデータベース操作 ……………………… 081
3-5　トランザクション処理とデータベースの応用 ….. 083

● **ネットワーク**
3-6　回線に関する計算 ………………………………… 087
3-7　ネットワークの接続 ……………………………… 089
3-8　通信プロトコル …………………………………… 092
3-9　IP アドレスの特徴とアドレスの割当て ………… 094
3-10　ネットワーク管理と応用技術 …………………… 097

● **セキュリティ**
3-11　情報セキュリティと脅威・脆弱性 ……………… 098
3-12　暗号技術と認証技術 ……………………………… 101
3-13　情報セキュリティ管理とセキュリティ対策 …… 105
3-14　セキュリティ実装技術 …………………………… 108

Chapter 3-1 ヒューマンインタフェースとマルチメディア

シラバス	大分類：3 技術要素	中分類：7 ヒューマンインタフェース	小分類：1、2 ヒューマンインタフェース技術他
		中分類：8 マルチメディア技術	小分類：1、2 マルチメディア技術、応用

ヒューマンインタフェースは、人とコンピュータとの間を結ぶ部分を指します。具体的には、入力操作や処理結果を表示する画面やプリントアウトなど。また、マルチメディアは、静止画や動画、音声、アニメーションのほか、3D映像やVRやARなど、コンピュータを使って表現されるさまざまなデータ形式や技術などが含まれます。

ヒューマンインタフェース設計

ヒューマンインタフェースを設計する際には、人が使いやすいというだけでなく、業務を効率よく進められ、ミスを防ぐ対策が必要です。また、Webデザインや操作画面などでは、見やすさ、判別や選択のしやすさも考慮点です。

画面設計とWebデザインは、操作しやすいことがポイント

Webデザインや操作画面などにおけるユーザインタフェースには次の用語があります。

ビットマップフォント／アウトラインフォント	**ビットマップフォント**は、決められた数のドットパターン（点の集まり）によって作られた文字フォント。大きく拡大するとジャギー（ギザギザの線）が目立つ。**アウトラインフォント**は、文字の輪郭線を円と線の情報（ベクトルデータ）によって持つフォント。拡大・縮小しても文字が崩れずに表示できる。
ナビゲーション	利用者がスムーズに検索や移動を行ったり、現在の位置を知るための情報（階層を把握する情報を**パンくずリスト**と呼ぶ）やメッセージのこと。
チャンク	Webページを見やすくしたり、直感的にわかりやすくするためのまとまりのこと。見出しやタグ、色付けを行うことによって効果が高まる。
ヒューリスティック評価	ユーザインタフェースを評価するための方法。数人の専門家がユーザビリティのガイドラインに沿ってそれぞれ評価を行い、それを集約する形で問題点を明確にする。

入力データのチェックは、ミスを未然に防ぐ方策

データ入力時のミスは起こりやすいため、データ内容に応じてチェックする仕組みが必要です。下表のチェックのほか、チェックディジットチェックについては計算問題で出ています。

照合チェック	入力データと原本のデータを突き合わせて、不一致がないかを検査する。
ニューメリックチェック	数値を入力すべきところに、数字以外の文字などが入っていないかを検査。
シーケンスチェック	ある項目をキーとして、指定の順になっているかを検査。
リミットチェック	データが規定の範囲内かどうかを検査する。
フォーマットチェック	入力データと入力項目の桁数や桁位置を検査する。
重複チェック	データが二重に登録されるなど、重複していないかを検査する。
論理チェック	入力データが論理的に妥当かどうかを検査する。

じっくり理解

チェックディジットでコード入力のミスを防ぐ

チェックディジットによる検査は、コードなどの入力の際に行います。例えば、"1234"と入力すべきところを"1243"にしたといった、誤りを防ぐことができます。方法は、あらかじめコードの末尾に、コードから計算によって求めた値（**チェックディジット**）を追加しておきます。入力時にチェックディジット以外の桁で同じ計算を行い、その結果とチェックディジットが一致するかを照合します。

 実例で慣れよう　問題文の規則に従って間違えないように計算しよう

次の方式によって求められるチェックディジットを付加した結果はどれか。ここで、データを7394、重み付け定数を1234、基数を11とする。

〔方式〕
(1) データと重み付け定数の、対応する桁ごとの積を求め、それらの和を求める。
(2) 和を基数で割って、余りを求める。
(3) 基数から余りを減じ、その結果の1の位をチェックディジットとしてデータの末尾に付加する。

　ア　73940　　　イ　73941　　　ウ　73944　　　エ　73947

チェックディジットの計算問題は、ほぼ同じパターンで出題されますが、値や規則が異なることもあるので、勘違いに注意して計算しましょう。

(1) 数値データ　　　7　3　9　4
　　　　　　　　　×　×　×　×
　　　重み　　　　　1　2　3　4
(2) 桁ごとに掛けた値の和を求める。　7＋6＋27＋16＝56
(3) 求めた値を11で割る。　56÷11＝10　余り1
(4) 基数11－1＝10なので、検査文字は0となり、結果は　73940　　正解はア。

マルチメディア

出題率

マルチメディアには、動画、静止画、音声、アニメーション、応用技術があります。試験では、マルチメディアのテーマから毎回1問は出題されるので、それぞれの分野に関する用語を広く押さえておきましょう。

静止画（3次元CGのレンダリング）

レンダリングは、3次元形状モデルから2次元画像への変換処理で、次の処理を行います。

 まとめて覚えるとラク

①透視投影	3次元形状を2次元画像に投影。画角や消失点によって表示領域外となる部分を除外する（**クリッピング**）。	
②隠面消去	手前にある物体によって隠れる部分を削除する。カメラから物体へ届く光（レイ）を追跡し、物体と光の交点ごとに一番手前になる面（ポリゴン）を計算する方法を、**レイトレーシング**という。	
③ラスタライズ	数値で表されていた形状を、対応する画素によって表現する。発生するジャギーを目立たないように加工する処理を**アンチエイリアシング**という。	
④陰影付け	光の当たり具合などによって、表面の色の濃淡を付ける**シェーディング**を行う。また、光が遮られる部分に影を付ける（**シャドーイング**）。	
⑤効果付与	物質表面の模様や微細な凹凸などを、写真や平面の画像から3次元形状の表面に対応付けて素材感を付与。この手法を**テクスチャマッピング**という。	

動画と音声

　動画形式は静止画や音声と異なり、単独ではなくそれぞれを組み合わせた形です。簡単にいうと、複数の静止画をパラパラ漫画のように表示しながら、音声を合わせていくイメージです。例えば、現在数多く使われている**MP4**は、映像と音声を合わせて格納し、コンテナフォーマットとしたものです。一般に、映像は**H.264/MPEG-4 AVC**という動画圧縮符号化方式を、音声は**AAC**や**MP3**などの音声圧縮符号化方式を採用しています。

MPEG (Moving Picture Experts Group)	ISOとIEC（国際電気標準会議）による動画と音声の圧縮伸長方式または標準化を進めている組織を指す。MPEGには、家庭用VTR並の品質のMPEG-1、衛星放送やDVD-Videoで使用される高品質のMPEG-2、数k～数10kbps程度の通信速度を前提にした仕様を含んだMPEG-4などがある。
ストリーミング (streaming)	ネットワーク上にある音声や動画データの配信技術。データファイル全体をダウンロードしなくても、その一部を読み込んだ時点で再生が可能になる。
Exif(Exchangeable Image File Format)	静止画の画像ファイル形式。画像データに加えて、撮影情報（撮影日時、使用カメラ、絞りやシャッター速度など）、サムネイル（縮小画像）などが含まれている。世界中のディジタルカメラのほとんどで採用している。
ビデオオンデマンド	ネットワークを通じた動画配信サービスのこと。TV局などでは、通常放送されたものをオンデマンド放送でいつでも視聴できるサービスを行っている。

　動画や音声のテーマとしては、次のようなデータ量に関する出題もあります。基本的な考え方は、与えられた条件の数値を掛け合わせて単位を合わせます。実例で見てみましょう。

桁が大きくならないように補助単位を調整しよう

　800×600ピクセル、24ビットフルカラーで30フレーム/秒の動画像の配信に最小限必要な帯域幅はおよそ幾らか。ここで、通信時にデータ圧縮は行わないものとする。

　ア　350kビット/秒　　イ　3.5Mビット/秒　　ウ　35Mビット/秒　　エ　350Mビット/秒

　問題文で問われている帯域幅とは、転送レートのことで、1秒間に送信できるデータ量です。動画像1フレームの大きさは、800×600＝480,000ピクセルであり、これがフルカラーで30フレーム/秒あると考えます。つまりすべてを掛け合わせます。1Mは10^6なので、

　　48×10^4（1フレームの大きさ）×24ビット（フルカラーのビット数）×30フレーム/秒
　　＝3456×10^5ビット/秒　＝**345.6Mビット/秒**

アニメーションとマルチメディア応用

モーフィング	アニメーション作成に際して、ある物体から別の物体へと変化させる方法。2つの物体を静止画で描き、その間の動きを自動的に作成する。
モーションキャプチャ	人間の動きをデータとして取り込む方法。身体の関節などのポイントにマーカを付けて撮影し、マーカの動きをキャラクタの動きとして計算させる。
オーサリング (authoring)	文字、画像、動画、音声などの素材を組み合わせて、マルチメディアコンテンツを作成すること。それを行うためのソフトを**オーサリングツール**と呼ぶ。
VR(Virtual Reality：**仮想現実感**)	CG（コンピュータグラフィクス）による3D映像をヘッドマウントディスプレイに映し出し、使用者の動きをセンサで読み取って画像の動きを合わせることで、コンピュータが作り出した空間にいるように感じさせる手法。
AR(Augmented Reality：**拡張現実感**)	実際に見えているもの（現実の風景など）に、別映像や文字情報などを重ね合わせる手法。
バーチャルサラウンド	利用者を取り囲むように複数のスピーカを設置することにより得られる立体音響を2つのスピーカやヘッドフォンで仮想的に実現したシステム。

Chapter 3-2 データベース方式とデータベース管理システム

シラバス　大分類：3 技術要素　中分類：9 データベース　小分類：1 データベース方式

データベースに関する概論とデータベース管理システム (DBMS) の機能について取り上げています。前者はデータベースモデルと関係データベースの基本について。後者のDBMSについては、シラバスに具体的な用語がないので、出題実績からの対策が効率的です。

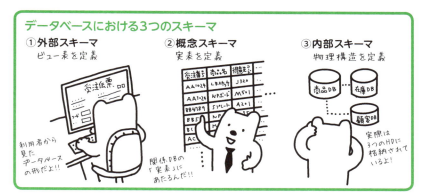

データベースのモデル

データベースの構築には、現実世界のデータをどのように構造化して、コンピュータ内部で表現するかを考えます。これをデータのモデル化といいます。モデル化に際して多く採用される**3層スキーマ**では、データ全体を3つのスキーマ（データベースの構造を表す仕様）によって定義します。

3層スキーマの利点は、構成変更の自由度が高まること

3層スキーマとは、データを、概念構造、論理構造、物理構造を独立させた捉え方です。これにより、ユーザに合わせたビュー表を定義できたり、物理的な格納位置に変更があっても、プログラムに影響を及ぼさないといった利点が生まれます。

❶ 外部スキーマ（副スキーマ）
利用者（またはアプリケーションソフト）から見たデータの形を定義します。関係データベースでは、**ビュー表**が該当します。

❷ 概念スキーマ（スキーマ）
コンピュータの制約に依らない、現実世界のデータ関係をモデル化して、データベース化の対象となる個々のデータの意味や相互関係（論理構造）を定義します。関係データベースでは、**実表**が該当します。

❸ 内部スキーマ（記憶スキーマ）
記憶装置上にどうデータを格納しアクセスするのかといった、データベースの物理的な情報（物理構造）を定義します。

3つのスキーマの役割を整理しておこう

データベースの3層スキーマ構造に関する記述のうち、適切なものはどれか。

ア　概念スキーマは、データの物理的関係を表現する。　→概念スキーマはデータの論理的関係を表現
イ　外部スキーマは、利用者の必要とするデータの見方を表現する。　→正解
ウ　内部スキーマは、データの論理的関係を表現する。　→内部スキーマはデータの物理的関係を表現
エ　物理スキーマは、データの物理的関係を表現する。　→物理スキーマはダミー選択肢

関係データモデル

関係データモデルは、データを2次元の表形式で持つモデルです。表の値によって複数の表どうしを関連づけることで、わかりやすく、非定型業務の処理にも向きます。試験では、次のような概念が問われます。

関係データモデルの概念

❶ **表 (relation；関係)**
行と列からなるデータの格納領域です。通常、1つのデータベース内には構成が異なる複数の表が存在します。

❷ **列 (attribute；属性)**
フィールド (項目) に相当し、実際のデータが格納されます。

❸ **行 (tuple；組)**
1行がファイルにおける1レコードに対応します。

❹ **定義域 (domain；ドメイン)**
各列 (属性) が取り得る値の集合です。1つ1つの値を**実現値**と呼びます。

データベース管理システム

データベース管理システム (DBMS) は、データベースと利用者との間に介在し、データベースを効率よく利用するためのソフトウェア(ミドルウェア)です。機能としては、①**データベース定義機能**、②**データベース操作機能**、③**データベース管理機能**の3つがありますが、試験に出ているのは次のような用語に関する問題です。

データベース管理機能	データベースは同時にデータ要求を行っても、矛盾のないようにデータを保つ必要がある。データベース管理機能は、**保全機能** (排他制御、障害回復など)、**データ機密保護機能** (アクセス制御、データの暗号化など) から構成されている。
ストアドプロシージャ	クライアントサーバシステムにおけるデータベースの制御手法。よく使うデータベースへの命令を実行形式で登録しておき、クライアントは指示のみ行う。これにより実行速度が向上し、クライアントとサーバ間の通信量を削減できる。
再編成	レコードの追加や更新を繰り返していると、物理的な記憶場所がちらばり、アクセスに時間がかかるなどの影響が出る。再編成は、いったんデータを作業ファイルに読み取り、再び記憶装置に保存し直すことで、処理効率を上げること。
オプティマイザ(最適化)	SQLによるクエリ (問合せ) を、最も効率良くアクセスできるようにすること。具体的には、アクセス経路 (順次検索かインデックスを使うかなど) や結合方法の選択がある。なお、DBMSが受け付けたクエリの実行までの流れは、構文解析→オプティマイザ(最適化)→コード生成→実行の順で処理される。

 関連性のないカタカナ選択肢に注意！

SQL文を実行する際に、効率が良いと考えられるアクセス経路を選択する関係データベース管理システム (RDBMS) の機能はどれか。

ア　<u>オプティマイザ</u>　イ　ガーベジコレクション　ウ　クラスタリング　エ　マージソート
　　正解

Chapter 3-3 データベース設計

シラバス 大分類：3 技術要素　中分類：9 データベース　小分類：2 データベース設計

データベース設計は、UMLやE-R図などの図式手法でデータを表現する**概念設計**、実際に表やキー項目の設定を行う論理設計、表どうしの冗長性をなくす**正規化**などが含まれます。それぞれから出題があります。本書では、UMLなどによる図式化手法は4章（4-3）でまとめて解説しています。その他のテーマでは、頻出する正規化の理解がポイントになります。

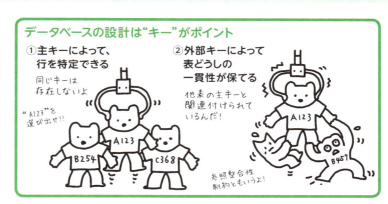

データベースの設計は"キー"がポイント
① 主キーによって、行を特定できる
② 外部キーによって表どうしの一貫性が保てる

データベースの論理

出題率 低 普通 高

論理設計では、概念設計で決定した関係データベースの表について、キー項目や制約条件などを設定していきます。出題数は少ないので、大まかに概念をつかみ、用語を整理しておきましょう。

よく出る狙い目

主キーと外部キーの設定

❶ 主キー

関係モデルによるデータベースでは、行を一意に特定できる1つあるいは複数項目からなる**主キー**が必要です。キーの値は重複しないものが必要で、ヌル（NULL；空値）は認められません。このような、キー値が重複しない性質を**一意性制約**といいます。

❷ 外部キー

ある表の列のうち、他の表の主キーと関連づけられた列を**外部キー**として設定することができます。これにより参照されている主キーをもつ行は削除できなくなり（または警告が出され）、データの整合性を保つことができます。これを**参照整合性制約**（一貫性制約）といいます。

表　ソフトウェア

製品記号	製品種類	会社コード
L321	表計算	J32
VFZ	ビデオ編集	MMS
P3P	写真加工	AAD

ソフトウェア表の外部キー
ソフトウェア表の主キー

表　会社

会社コード	電話番号	担当者
MMS	3210-1234	木村
AAD	3456-7890	栗田
T35	3434-2323	大岡
J32	3333-1234	渡辺

会社表の主キー
外部キーによって参照できる
―― 主キー
------ 外部キー

正規化

出題率 低 普通 高

正規化の目的は、データの冗長性をなくし、一貫性と整合性を保つこと。各表に含まれるデータ項目に矛盾や重複がなくなるように、項目移動や表の分割を行うことで、データベース構造の変更やデータの更新時に他表へ及ぼす影響を最小限に抑えることができます。一般に第三正規化まで行います。

じっくり理解

正規化の手順は、繰り返し部分をなくすことから始める

❶ 非正規形

1つのレコードに繰返し部分を持つ形です。例えば、次ページの図のような形では、1人の会員は

079

複数の講座を受講できるため、受講講座の情報が繰り返されます。

❷ **第1正規化**
（第1正規形）
繰返し部分が1つの独立したレコードとなるように、固定部分を補います。

❸ **第2正規化**
（第2正規形）
主キーの一部だけから特定できる（**部分関数従属性**があるといいます）項目を別の表として分割します。

❹ **第3正規化**
（第3正規形）
第2正規形の表のうち、主キー以外の項目でも特定できる（**推移関数従属性**）項目を別の表にします。

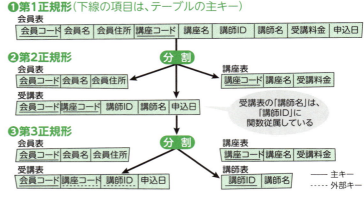

○ **関数従属と推移関数従属**

関数従属とは、ある項目の値が決まれば、それに対応して他の項目の値も一意に求めることができる性質をいいます。複数の項目からキーが構成されている場合、キー項目の一部分のみに関数従属していることを**部分関数従属**、すべてのキー項目に関数従属していることを**完全関数従属**と呼びます。また、「キーによってある項目が決まり、その項目によって別の項目が決まる」といった推移的な状態を**推移関数従属**といいます。

試験問題の例　矢印の項目どうしが1対1になるように分割する

項目a〜fからなるレコードがある。このレコードの主キーは、項目aとbを組み合わせたものである。また、項目fは項目bによって特定できる。このレコードを第3正規形にしたものはどれか。

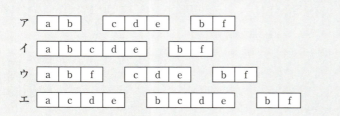

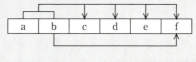

→問題のレコードは、繰返しや集団項目がないので第1正規形になっている。しかし、項目fが主キー（aとb）の一部である項目bによって特定できる（部分従属）ため、完全関数従属となっていない。そこで、項目fを別の表に分割する。

| a | b | c | d | e | | b | f |

分割された2つのレコードを見ると、第2正規形であり、かつ主キー以外の非キー間で従属関係がない。したがって、この時点で第3正規形となる。正解はイ。

Chapter 3-4 SQLによるデータベース操作

シラバス　大分類：3 技術要素　中分類：9 データベース　小分類：2 データベース設計

関係データベースへの操作とは、関係データベース表を定義したり、複数の表から必要なデータを取り出したりすることを指します。また、実際の指示を記述する言語がSQLです。試験では、集合演算と関係演算の具体的な操作や、それに伴うSQLの基本文法が問われます。

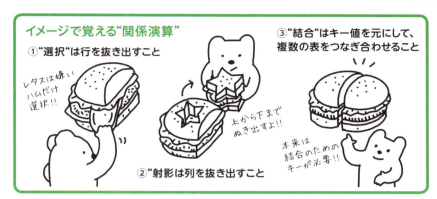

イメージで覚える"関係演算"
① "選択"は行を抜き出すこと
② "射影"は列を抜き出すこと
③ "結合"はキー値を元にして、複数の表をつなぎ合わせること

集合演算と関係演算

出題率 低 普通 高

関係データベースからデータを抽出する際、基本となるのが**集合演算**と**関係演算**です。これらは、用語として問われるだけでなく、実際の表を提示して操作を問う問題、SQL文により演算操作を問う問題も出ています。

まとめて覚えるとラク

集合演算

下のような種類があります。対応するSQL文を選択する問題も出ています。

和	《SQL》UNION句など	複数の表を併合する演算。重複行は併合時に排除される。
差	《SQL》EXCEPT句など	表a－表bの演算。表aにあって表bにない行の表が作成される。
積	《SQL》INTERSECT句など	2つの表の両方に存在する行を抽出した表が作成される。
直積	《SQL》CROSS JOIN句など	2つの表を掛け合わせる演算。それぞれの行数を掛け合わせた数になる。SQLで条件を指定せずに2つの表を指定すると直積になる。

よく出る狙い目

関係演算

下のような種類があります。対応するSQL文では、すべてSELECT句を使います。

選択 (selection)	条件を指定して、表から特定の行だけを抜き出す操作。
射影 (projection)	表指定した列だけを抜き出す操作。
結合 (join)	複数の表を、キーとなる列の値の関連で結合して、新しい表を作り出す操作。

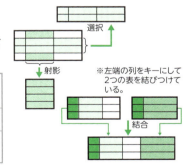
選択　射影　結合
※左端の列をキーにして2つの表を結びつけている。

SQLによる操作

出題率 低 普通 高

試験では、SQL文によるデータ定義や抽出などの操作が出題されます。具体例を判断するので、文法を理解しておく必要がありますが、選択肢が提示されているため、ある程度の文法の意味を把握しておけば解答できます。出題

数も多くなく毎回異なる文法が出るので、広めにマスターしておくのがポイントといえます。

データ定義 (SQL-DDL)	・データの型　CHAR…文字型、INT…整数型 ・一意性制約　PRIMARY KEY　　…主キー（NULLは不可）の指定 ・参照制約　　FOREIGN KEY～REFERENCES　　…外部キーの指定 ・検査制約　　CHECK（検査条件） ・非NULL制約　NOT NULL　　…NULL（空値）は不可の指定
データ操作 (SQL-DML)	・SELECT句　結果の表に表示する列を指定する。集計関数などを使って処理した列には列名が付かないので、必要ならAS演算子を使って列名を付ける。 ・FROM句　FROMの後に、検索を行う表を指定する。複数の表を使う場合は間にカンマ','で区切る。 ・WHERE句　WHEREの後に、指定された表から行を選択する条件を記述する。 ・GROUP BY句　あるキー項目の値が同じものをまとめるグループ化を行う。どの列の値が同じ行をグループ化するのかを指定する。SELECT句で指定する結果表に表示させる列名は、集計関数を使った列を除いて、すべてGROUP BY句にも記述する必要がある。 ・HAVING句：GROUP BY句で作られたグループを、さらに選択する条件を記述する。WHERE句と似ているが、「WHERE句は行の選択条件、HAVING句はグループの選択条件」と区別して覚えよう。 ・ORDER BY句：導出された結果を、ORDER BYの後に指定した列の値で並べ替える。複数の列名が指定されている場合は、階層的な並べ替えが行われる。ASCは昇順（小→大）、DESCは降順（大→小）になる。 ・LIKE述語：条件に合う文字列を探す。文字列のワイルドカード指定には、"%"（任意の文字、文字がなくても合致する）、"_"（任意の1文字、文字がない場合は合致しない）。"%□□%"なら、□□を含む文字列が該当する。
集約関数	SQL文の中には、次のような集約関数が使える。なお、集約関数の値を問合せの条件として指定する場合は、HAVING句を使用する。 ・AVG（列名）…列の平均値を返す。　・COUNT（*）…結果の行数を返す。 ・MAX（列名）…列の最大値を返す。　・MIN（列名）…列の最小値を返す。 ・SUM（列名）…列の合計値を返す。
カーソル操作	親言語方式でデータベースからデータを読み出す際に使う操作。親言語方式とは、アプリケーションを作成したプログラム言語（親言語）中にデータベース操作命令（SQL文）を埋め込む方式。ファイル処理と同様の処理が行える。 まず、DECLARE文でカーソル（ファイルに該当）を定義。読み出す前にOPENし、FETCH文（リード文に当たる）で1行（レコード）ずつ読み込んで処理を行う。すべての処理が終わったら、カーソルをCLOSEする。

"インデックス"による性能向上
データ量が膨大なデータベースでは、データ検索に時間がかかる。そこで、検索の手がかりとなるインデックスを設定し、アクセス効率の向上を図る方法がある。

テクノロジ系

集約関数が異なるので、実際に確認していこう

"出庫記録"表に対するSQL文のうち、最も大きな値が得られるものはどれか。

ア　SELECT AVG(数量) FROM 出庫記録
　　　　　WHERE 商品番号 = 'NP200'
　→商品番号がNP200の行を対象に、数量の平均値。(3＋1)÷2＝2

イ　SELECT COUNT(*) FROM 出庫記録
　→出庫記録表の行数。＝4、正解

ウ　SELECT MAX(数量) FROM 出庫記録
　→出庫記録表における数量が最大のもの。＝3

エ　SELECT SUM(数量) FROM 出庫記録 WHERE 日付 = '2015-10-11'
　→日付が2015-10-11の行を対象に、数量の合計値。1＋2＝3

出庫記録

商品番号	日付	数量
NP200	2015-10-10	3
FP233	2015-10-10	2
NP200	2015-10-11	1
FP233	2015-10-11	2

3-5 トランザクション処理とデータベースの応用

トランザクションとは、データベースに対するひとまとまりの要求単位を指します。データベースに障害が発生した場合は、このトランザクションを単位として復元（ロールバック）が行われます。また、大がかりな障害が発生したときは大元のバックアップからの復元（ロールフォワード）を行います。

ACID特性

大規模なデータベースになると多くのトランザクションが集中し、多大な負荷がかかることで障害が発生することがあります。ACID特性とは、このような障害発生に対して、保管されているデータを保護するために備えておくべき特性を言います。この名称は意味のある単語ではなく、下表のように4つの特性の頭文字をとったものです。

Atomicity（原子性）	データベースに対する操作を最小単位まで細分化したとき、「すべての処理が完了する」か、「どの処理も行われていない」のどちらかで終了するという性質。
Consistency（一貫性）	更新処理などでデータが変更された場合に、構成する複数のデータ間に矛盾が生じないという性質。
Isolation（分離性）	複数のトランザクションが同時にデータベースをアクセスしても相互に干渉せず、順序づけて実行した場合の結果と一致するという性質。
Durability（持続性）	いったん更新（トランザクションが完了）されたデータベースの内容が障害などで消失しないという性質。

排他制御

排他制御とは、複数のタスク（プログラム）が同時に同じデータを更新しようとしても、データに矛盾が生じないようにする機能です。具体的には、あるプログラムがデータ更新のためのアクセスを行っている間は、他のプログラムからの同一データに対するアクセスを禁止（ロック）しておき、先のプログラムの処理が完了してから、ロックを解除（アンロック）する制御を行います。また、ロック制御の方法には、共有ロックと専有ロックがあります。

さまざまなロック制御

❶ 共有ロックと専有ロック

ロックには、更新処理中のプログラム以外の読み書きを許可しない場合には専有ロックをかけ、複数プログラムからの同時読出し（更新は不可）を許可する場合には共有ロックをかけます。制御は、共有ロックがかかっているデータには専有ロックはかけられず（共有ロックは可）、専有ロックがかかっているデータには、専有ロックも共有ロックもかけられません。

083

❷ デッドロック (deadlock)

デッドロックとは、2つのプログラムが、互いに相手が要求するデータ（資源）の解放を待ったまま、永久に待ち状態から抜け出せなくなる状態をいいます（右図）。

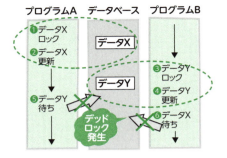

❸ ロック粒度

ロックは、データベース全体、表全体、行のみなど、さまざまな資源単位で掛けることができ、これをロック粒度といいます。狭い単位でロックを掛ける（粒度を小さくする）と、競合が減って同時に実行できるトランザクションは増えます。ただし、CPUが制御のために使っている時間（オーバヘッド時間）も増大することになります。一方、広い単位でロックを掛ける（粒度を大きくする）と、競合が増えて同時に実行できるトランザクションが減り、待ちが多くなります（スループットの低下）。

ロックの粒度の大小による影響を整理しておこう

ロックの粒度に関する説明のうち、適切なものはどれか。

ア　データを更新するときに、粒度を大きくすると、他のトランザクションの待ちが多くなり、全体のスループットが低下する。

イ　同一のデータを更新するトランザクション数が多いときに、粒度を大きくすると、同時実行できるトランザクション数が増える。

ウ　表の全データを参照するときに、粒度を大きくすると、他のトランザクションのデータ参照を妨げないようにできる。

エ　粒度を大きくすると、含まれるデータ数が多くなるので、一つのトランザクションでかけるロックの個数が多くなる

→ア：粒度を大きくすると待ちが増え、同時に実行できるトランザクションは減るため、スループットは低下する（正解）。イとウ：粒度を小さくする。エ：含まれるデータ数とロック個数は関係がない。

データベースの障害回復

データベースに障害が発生した場合の業務への影響は大きいため、障害からの迅速な回復（リカバリ）機能が非常に重要となります。試験では、障害回復について2つの方法（ロールバックとロールフォワード）がよく問われます。

障害回復の手順

❶ バックアップ (backup) の取得

業務終了後などのタイミングでデータベース全体のバックアップを別の記憶媒体にとっておきます（次図❶）。これには基準となるデータが破壊されても、それを再現するのに必要なすべての情報を含んでいます。

❷ ログ (log) の取得

レコードの更新前後の内容を、ログファイル（ジャーナルファイル；journal fileとも呼ぶ）に書き込みます（次図❷）。ここで、更新前の内容を更新前イメージ（BI；before image）、更新後の内容を更新後イメージ（AI；after image）と呼びます。

この章からの出題数
22問 / 80問中

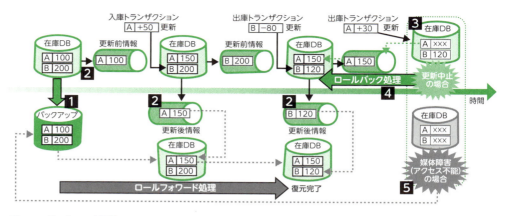

❸ ロールバック処理

障害が発生したとき（上図❸）は、その時点のデータベースの内容と、更新前イメージ（BI）を使用して、障害発生直前の状態までデータベースを復元します（上図❹）。これを**ロールバック処理**と呼び、通常DBMSが行います。その後、再び更新を行います。

❹ ロールフォワード処理

❹の方法で復元できない場合は、最新のバックアップファイルと更新後イメージ（AI）とを使用して、障害発生直前の状態までデータベースを復元します（上図❺）。これを**ロールフォワード処理**と呼びます。その後、復元データベースを基に更新を行います。

> **試験問題の例** 　1つ前の状態に戻すために必要な情報を考えよう
>
> トランザクション処理プログラムが、データベース更新の途中で異常終了した場合、ロールバック処理によってデータベースを復元する。このとき使用する情報はどれか。
>
> ア　最新のスナップショット情報　　　イ　最新のバックアップファイル情報
> ウ　ログファイルの更新後情報　　　　エ　ログファイルの更新前情報
>
> →データベースに対する更新が行われると、「更新前情報の取得→更新処理→更新後情報の取得」の順で、更新の履歴となるログファイルが記録される。更新途中の障害発生時に行うロールバック処理では、ログファイルの更新前情報を使って元の状態に戻す。正解はエ。

データベースの応用

出題率

データベースの応用技術としては、次のような用語の出題実績があるので、押さえておきましょう。

データウェアハウス (DWH； datawarehouse)	企業内のさまざまなデータを保有し、企業戦略の立案や意思決定を支援するデータ提供を目的として構築された情報系データベース。また、蓄積されたデータを多角的な視点で分析するための処理を**オンライン分析処理**（OLAP；On-Line Analytical Processing）と呼びます。
ビッグデータ	分析のもととなる素材として蓄積された膨大なデータのこと。柔軟性、多様性、即時性がある反面、そのままでは意味を持たず、さまざまな分析を行うことにより意味を持つデータになる。データの管理方式は、キーと値を1対1に結びつける単純な形（**キーバリューストア**）にして速度と拡張性の向上を図っている。
データマイニング (data mining)	マイニングとは「発掘」の意味。データウェアハウスで蓄積されたデータの中から統計学的手法を活用して、ある規則性や法則性を見つけだすこと。

085

分散データベース

分散データベースとは、データをネットワークを介した複数のサーバ上に置いて、それらのすべてを1つのデータベースとして一元管理するシステムを指します。業務内容や運用形態などによって、次のような方法があります。

分散データベースの形態は、さまざまな要因を考慮する

分散データベースの形態は、業務内容に則したデータの安全性や効率性などによって決定します。

❶ レプリケーション
同一のデータベースを複数箇所に置いて安全性を高める形態です。マスタデータベースとレプリカデータベースとの整合性を保つため、即時または定期的に書き換えを行う必要があります。

❷ 分散配置
全体のデータベースを各所に分散させる形態です。トランザクション処理(入力や更新などの処理)の発生ごとにデータベースを更新します。安全性のほか、アクセス集中の負荷にも対応できます。

異常終了時に元に戻せる "コミットメント制御"

データベースの更新は、常にトランザクション単位で管理されます。取引が正常に完了した場合は更新を確定(commit;コミット)し、途中で異常終了した場合は元に戻す(rollback;ロールバック)処理が行われます。

○ 2相コミットメント制御
ネットワークを利用した分散型データベースで、更新時に障害が発生した際にデータベースの内容に矛盾が生じないようにする制御方法。コミットメントもロールバックもできる中間状態(**セキュア状態**)を設定して、すべてが正常であれば更新を確定します。

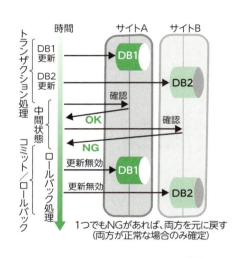

1つでもNGがあれば、両方を元に戻す
(両方が正常な場合のみ確定)

全サーバへ問い合わせて確認する

図は、2相コミットメントプロトコルにおける正常処理の流れを示している。①〜④の組合せとして適切なものはどれか。

	①	②	③	④
ア	コミット可否問合せ	コミット可否応答	コミット実行指示	コミット実行応答
イ	コミット実行指示	コミット実行応答	データベース更新指示	データベース更新応答
ウ	ジャーナル取得指示	ジャーナル取得応答	コミット実行指示	コミット実行応答
エ	データベース更新指示	データベース更新応答	メッセージ送信指示	メッセージ送信応答

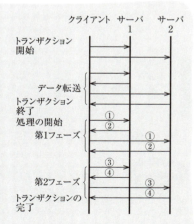

→まず、クライアントから各サーバへ「コミット可否問合せ」を行う(第1フェーズ)。この際、1つでも「否」と応えたサーバがあれば、クライアントは全サーバに対してロールバックを指示し(第2フェーズ)、トランザクションが「全く実行されなかった状態」を維持する。すべてのサーバが「可」と応えたときに限り、クライアントはデータベース更新を指示し(第2フェーズ)、トランザクションが実行された状態となる。正解はア。

Chapter 3-6 回線に関する計算

シラバス　大分類：3 技術要素　中分類：10 ネットワーク　小分類：1 ネットワーク方式

ネットワークの最初の1問として、高頻度で出題されるのが計算問題です。データ転送時間、回線利用率、バッファ時間など、いくつかのパターンが繰り返し出題されています。避けて通れないテーマですが、過去問を使って数パターンを少し練習しておけば、本番で時間を取られることなく、確実な加点が期待できます。

回線の計算の前に、大まかな目安を掴んでおこう

① 伝送路が太ければ、伝送データ量は増えて伝送時間は短くなる

② ただし、伝送効率（回線利用率）が悪いと伝送時間は長くなる

伝送時間の計算

伝送時間の計算は、送信するデータ量を速度で割るという単純なものです。単位に注意して、できるだけ計算が少なくなるように工夫しながら計算を進めましょう。慣れてしまえば短時間で解けるようになります。

じっくり理解　伝送時間の計算の解き方

まずは、次のような公式を頭に入れたうえで、例題を解いてみましょう。

> データ伝送時間＝伝送データ量〔ビット〕÷（データ伝送速度〔ビット／秒〕×回線利用率）

実例で慣れよう　回線利用率を考慮に入れて計算しよう

1.5Mビット／秒の伝送路を用いて12Mバイトのデータを転送するのに必要な伝送時間は何秒か。ここで、伝送路の伝送効率を50％とする。

ア 16　　　イ 32　　　ウ 64　　　エ 128

伝送データ量は、問題に提示されていますが、単位がバイトであることに注意します。データ伝送速度は、1.5Mビット／秒ですが回線利用率が50％であることから、半分の0.75Mビット／秒になります。したがって計算はともにMビット単位なので、

(12M×8)÷0.75〔ビット／秒〕
＝(12M×32)÷3〔ビット／秒〕　＝4M×32＝ _128_ 〔ビット／秒〕

途中、分母と分子を4倍して、0.75を3にしてしまえば、手計算が楽になります。

よく出る狙い目　回線利用率の計算の解き方

上記の要素である回線利用率を求めるパターンも出題されています。

> 回線利用率 ＝ 実際の単位時間当たりの伝送データ量 ÷ 伝送可能な最大データ量
> または、
> 回線利用率 ＝ 実効伝送速度〔ビット／秒〕÷ データ伝送速度〔ビット／秒〕

087

> **実例で慣れよう** 問題文の条件を整理しながら計算を進めよう
>
> 本社と工場との間を専用線で接続してデータを伝送するシステムがある。このシステムでは2,000バイト／件の伝票データを2件ずつまとめ、それに400バイトのヘッダ情報を付加して送っている。伝票データは、1時間に平均100,000件発生している。回線速度を1Mビット／秒としたとき、回線利用率はおよそ何％か。
>
> ア 6.1　　　イ 44　　　ウ 49　　　エ 53

問題文中に多くの条件が含まれますが、公式の形にあてはめれば解答できます。まず、1時間あたりに発生する伝送量を求めます。2件ずつまとめる条件から、
　　100,000件÷2件＝50,000ブロック
1件あたりの伝送量は、
　　（2,000バイト×2件ずつ）＋400バイトのヘッダ情報＝4,400バイト
1時間あたりの伝送量は、
　　4,400バイト×50,000ブロック＝$220×10^6$〔バイト〕
また、伝送量はバイト単位なので、ビット単位にすると、

$$\frac{220×10^6×8 \text{ビット}}{1×10^6×3,600（＝1時間あたりの伝送量）} = \frac{1760}{3600} = 0.488 ≒49\%$$

ここでも途中段階で、分母と分子を見て、約1/2（＝0.5）に気づけば選択肢から選べます。

伝送遅延時間の計算

回線に関する計算には、さまざまなバリエーションがあります。伝送遅延時間の計算もその1つです。

じっくり理解　伝送遅延時間の計算の解き方

問題の条件によって異なりますが、距離に応じた伝搬時間が遅延時間となります。

　　伝送遅延時間 ＝ 伝送する距離 ÷ 伝搬速度〔m/秒〕

> **実例で慣れよう** 中継の遅延を加えるときは単位に注意しよう
>
> 地上から高度約36,000kmの静止軌道衛星を中継して、地上のA地点とB地点で通信をする。衛星とA地点、衛星とB地点の距離がどちらも37,500kmであり、衛星での中継による遅延を10ミリ秒とするとき、Aから送信し始めたデータがBに到達するまでの伝送遅延時間は何秒か。ここで、電波の伝搬速度は$3×10^8$m／秒とする。
>
> ア 0.13　　　イ 0.26　　　ウ 0.35　　　エ 0.52

まず、衛星を介したA地点からB地点までの距離を求めます。
　　37,500km×2＝75,000〔km〕
電波の伝搬速度をkm単位に直すと、$3×10^8$〔m/秒〕＝$3×10^5$〔km/秒〕なので、
　　75,000〔km〕÷$3×10^5$〔km/秒〕＝$25,000×10^{-5}$〔秒〕＝0.25〔秒〕
これに、10〔ミリ秒〕＝$10×10^{-3}$〔秒〕＝0.01 を加えると　　0.26〔秒〕
最後の単位を間違えると、ダミーの選択肢に引っかかってしまうので要注意です。

Chapter 3-7 ネットワークの接続

シラバス 大分類：3 技術要素　中分類：10 ネットワーク　小分類：2 データ通信と制御

このテーマは、シラバスの小分類「データ通信と制御」を取り上げています。ネットワークアーキテクチャとは、データ通信における送る側と受ける側の決めごとを階層的に体系化したもの。試験では、標準規格として定めたOSI基本参照モデルが中心です。また、LAN間接続装置がよく出ています。

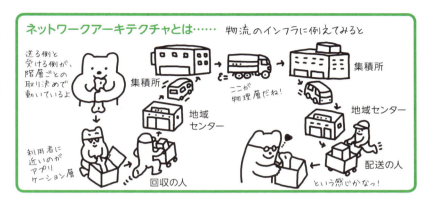

OSI基本参照モデル

出題率：低／普通／高

　ネットワークアーキテクチャは、コンピュータ間のデータ通信の手順や約束ごと、データ形式や符号などを論理的にとらえて体系化したものです。OSI基本参照モデルは、それを標準規格にしたもので、ネットワークを7階層で表現しています。試験では各層の役割などが問われます。

OSI基本参照モデルでは、層ごとにコネクションを確立する

　OSI基本参照モデルは、プロトコルを7階層に分け、各階層（レイヤと呼ぶ）ごとに必要とされる機能を定義しています。プロトコルを階層化しておくと、階層ごとの独立性が高まり、あるレベルのプロトコルが変化しても他のプロトコルに与える影響が少なくなり、階層ごとに改良や拡張が容易になる利点があります。　OSIにおけるデータ伝送は、伝送する前に相手側の同一レベルの階層とコネクション（論理的な結合）を確立してから行います。

まとめて覚えるとラク

層	内容
物理層（第1層）	通信回線を介してビット単位（電気信号）の伝送を行うためのプロトコルを規定してビット列の伝送を保証する。通信回線に流れる電気信号の取り決めや、接続用のケーブルやコネクタのピン形状などを規定する。
データリンク層（第2層）	隣接する端末間でフレーム単位の伝送を行う。誤り制御による確実なデータ伝送を行うためのプロトコルを規定している。これは、一般に伝送制御手順（WANではHDLC：High level Data Link Control、LANではMAC：Media Access Controlなど）と呼ばれる。
ネットワーク層（第3層）	ネットワークアドレスを用いて目的の端末までの経路選択（ルーティング）を行うためのプロトコルを規定。経路選択と中継機能によってデータ（パケット）を送り届けるためのネットワークコネクションを確立する。
トランスポート層（第4層）	通信網に依存しない高品質な通信路（全二重通信路）を設定する。データを送信用の単位（パケットなど）へ分解または組み立て、送信権制御、誤り制御、フロー制御（データの流れる量を調節）などを行う。
セション層（第5層）	送信先との論理的な通信路の確立や切断を行い、通信方法を決める役割を果たす。また、半二重通信（一方が送信中に他方からは送信不可）、全二重通信（両方から同時に送信可）の制御を行う。
プレゼンテーション層（第6層）	アプリケーション層のデータを共通な形式に変換したり、暗号化やデータ圧縮等を行う。
アプリケーション層（第7層）	応用層とも言う。アプリケーションや端末利用者にデータ通信機能を提供。例えば、メールソフトで作成したメッセージを下の層に引き渡したり、下の層からのメッセージをソフトに引き渡すなど。

089

LAN間接続装置

LAN間接続装置は、LANを延長したりLANどうしを接続するために用いる機器を指します。OSI基本参照モデルのどの層でデータを中継するのかによって用意されており、必要に応じて使い分けます。

試験では装置の名称や役割・機能のほか、OSI基本参照モデルとの関連も問われます。

LAN間接続装置の種類と役割

リピータ	OSIの第1層(物理層)レベルで伝送路を接続し、単純に電気信号を増幅・整形することで伝送距離を延ばす装置。リピータによって接続されたLAN(セグメント)は、全体で1つのLANとして扱われる。イーサネットでは、ハブ(リピータハブ)が該当する。
ブリッジ	OSIの第2層(データリンク層)レベルでセグメントを接続する中継装置。接続されている機器のMACアドレスを自動的に学習し、送信データに含まれる宛先MACアドレスの機器が接続されているポートにだけデータを中継する。これによりデータの衝突を防ぐことができる。イーサネットでは、スイッチングハブが該当する。
ルータ	異なるネットワーク間をOSIの第3層(ネットワーク層)のレベルで接続するための装置。宛先アドレス(TCP/IP環境では宛先IPアドレス)を用いてパケットの中継と経路制御を行うルーティング機能を持つ。そのほか、パケットフィルタリングなどのセキュリティ機能、OSI第3層以下のプロトコル変換機能を持つ。
ゲートウェイ	トランスポート層(第4層)以上が異なるネットワーク相互間を、すべての層でプロトコル変換を行うことにより接続する装置。メーカ固有のネットワークアーキテクチャとTCP/IPやOSI、または、TCP/IPとOSIのプロトコル変換などに利用される。

接続装置名と接続する層を結びつけておこう

LAN間接続装置に関する記述のうち、適切なものはどれか。

ア　ゲートウェイは、OSI基本参照モデルにおける第1層から第3層までのプロトコル変換に使用される。
　　→すべての層のプロトコル変換を行う
イ　ブリッジは、IPアドレスを基にしてフレームを中継する。　→MACアドレスを基に中継
ウ　リピータは、同種のセグメント間で信号を増幅することによって伝送距離を延長する。　→正解
エ　ルータは、MACアドレスを基にしてフレームを中継する。　→宛先IPアドレスを基に中継

ヘッダと宛先情報

LANの伝送路上を流れるデータの単位をパケットまたはフレームと呼びます。TCP/IPにおけるLAN間の接続では、データ本体に加えてプロトコル階層に応じたヘッダが付加されていく仕組みです。

ヘッダの役割

　　ヘッダとは、データの前に付加されるアドレス情報などのプロトコル制御情報です。パケット(イーサネットフレーム)を送信する際には、データ本体に各階層に応じたヘッダが付加され、その情報をもとにパケットが届けられます。一方、受信側では順にヘッダが外され、最後にデータ本体が渡されるという仕組みです。例えばTCPコネクションの識別には、TCPがトランスポート層のプロトコルなので、IPアドレス(パケットを送り届ける)とポート番号(アプリケーションを特定)の情報が必要です。

090

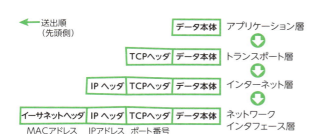

- **MACアドレス**：ネットワーク機器の出荷時に設定された固有番号。個々の機器を特定できる。
- **IPアドレス**：接続された端末に割り当てられている番地。送信の際は宛先への経路の確立に使用される。
- **ポート番号**：動作しているアプリケーションを識別するための番号。受け渡すアプリケーションを特定できる。

伝送制御

伝送制御は、送受信間で通信を行う際のやりとりの仕組みです。このテーマに含まれるのは、送信権を得る送信権制御方式、やりとりのタイミングを合わせる同期方式、実際にデータを送る伝送制御手順、誤り制御方式などです。

伝送制御手順の方式

ベーシック手順	送信データをブロックに分け、肯定応答（ACK）を受信したら次のブロックを送り、否定応答（NAK）なら再送するという手順を繰り返す。
HDLC	ハイレベルデータリンク制御手順の略。フレーム単位によるフレーム同期でやりとりする方式で、ベーシック手順に比べて伝送効率が良く、信頼性が高いのが特徴。

誤り制御方式

CRC（Cyclic Redundancy Check）	ビット列を多項式に見立て、モジュラス（モジュロ）という特殊な演算によって求めた余りを、チェックデータとして付加する方式。受信側では同じ多項式で割り切れるかを判断する。誤り検出のみで訂正はできない。
ハミング符号（hamming code）	データ中に含んだチェックビットが一定の規則性を持つようにしておき、それを検査して誤りの検出と訂正を行う方式。4ビットの情報ビットに対し、3ビットのチェックビットを付加したハミングコードにより、2ビットの誤り検出と1ビットの誤り訂正が可能になる。
パリティチェック（parity check）	チェック用のパリティビット（1ビット）を付加することで、データのエラーを検出する方式。1ビットの誤り検出のみが可能。

メディアアクセス制御

メディアアクセス制御は、LANにおける送受信に関する制御です。LANでは、共有する伝送路が長時間専有されてしまうのを防ぐため、データをパケットやフレーム単位に分割して転送を行います。どちらもデータそのものに加えて、宛先や送信元といったアドレス情報や組み立てる際に必要となるシーケンス番号を持っています。

LANのアクセス制御方式

CSMA/CD方式	主にバス型のLANに採用される方式。ノード（端末）がデータを送信する場合、伝送路上に搬送波（キャリア）がないこと（他に送信中の端末がないこと）を確認してから、送信を開始する。複数のノードが送信を待っていて同時に伝送路上にデータ（フレーム）が送出されてしまうと、衝突（コリジョン）が発生してデータが破壊される。このときは、ノードごとに異なる時間間隔を空けてから再送を行う。
CSMA/CA方式	無線LANで採用されている制御方式で、CSMA/CDと同様にデータの送信に先立ってキャリアを検知する（他のノードが送信中かどうかを調べる）。ただし無線では送信データの衝突を検出できないため、受信に成功したことを送信者に通知するACK信号（ACKnowledgement；確認通知信号）を送る仕組みになっている。

091

Chapter 3-8 通信プロトコル

シラバス 大分類：3 技術要素 中分類：10 ネットワーク 小分類：3 通信プロトコル

通信プロトコルは、相手との通信を行うための手順や取り決めのこと。このテーマは、インターネットで使われるTCP/IPのプロトコルを前提にしています。出題は、各層におけるプロトコルを問う用語問題が多いので、出題実績のある、代表的なプロトコルを中心に覚えておくとよいでしょう。

プロトコルとは、層ごとに設けられた取り決め
……利点は、プロトコルによって、各層の独立性が高くなり、ある層のプロトコルを改変しても、他の層のプロトコルに影響しない、ということ

プロトコルの種類

通信プロトコルは、通信に関する手順や約束事を指します。試験では、インターネットで採用される標準TCP/IPのプロトコルについて出題されます。TCP/IPのプロトコル体系は、下図のように4つの階層化がされています。

数多いプロトコルは、代表的なものを中心に押さえよう

❶ **ネットワークインタフェース層のプロトコル**

- **PPPoE (PPP over Ethernet)**
  電話回線によるダイヤルアップ接続で利用されるPPP (Point to Point Protocol) を、LANなどの常時接続環境で利用できるようにしたもの。光ファイバなどによるインターネット接続サービスで採用されています。

❷ **インターネット層のプロトコル**

- **IP (Internet Protocol)**
  ネットワークを介してデータ転送を行うプロトコルです。ルーティング（経路選択）や中継機能を提供し、2つのノード間でコネクションレス型のデータ伝送を実現します。

- **ARP (Address Resolution Protocol)**
  IPアドレスからMACアドレスを求めるためのプロトコルです。指定したIPアドレスをもつノードのMACアドレスを、同一ネットワーク内にブロードキャスト（すべてのノードに対して問い合わせを行う）します。

❸ **トランスポート層のプロトコル**

- **TCP (Transmission Control Protocol)**
  データを送信する前に、送信側と受信側で論理的な通信路を確立するコネクション型の伝送を行うプロトコルです。OSIの第4層と同様に、上位層に対して個々の通信網に依存しない高品質な通信路を提供します。

アプリケーション（応用）層
SMTP	HTTP	DNS
POP3	FTP	DHCP
IMAP4	NNTP	SNMP
MIME	TELNET	NTP
Socket	NetBIOS	RIP

トランスポート（TCP）層
| TCP | UDP |

インターネット（IP）層
| IP | ICMP | OSPF |
| | | ARP |

ネットワークインタフェース層
| PPP | PPPoE | SLIP |

LANのアクセス制御方式
CSMA/CD	IEEE 802.3
トークンバス	IEEE 802.4
トークンリング	IEEE 802.5
無線LAN	IEEE 802.11

092

- **UDP (User Datagram Protocol)**
  信頼性よりも速度を重視したコネクションレス型の伝送を行うプロトコルで「データが相手に届いたか」という確認を行いません。UDPを使用するアプリケーション層のプロトコルには、DNS、DHCP、SNMP、NTPなどがあります。

試験問題の例　代表的なプロトコルの役割を覚えておこう

トランスポート層のプロトコルであり、信頼性よりもリアルタイム性が重視される場合に用いられるものはどれか。

ア　HTTP　　イ　IP　　ウ　TCP　　エ　UDP

→UDP (User Datagram Protocol) は、コネクションレスで伝送を行うプロトコル。信頼性よりも速度重視のため、データが届かなかったり、抜け落ちても影響の少ない用途で利用される。時刻合わせに用いるアプリケーション層のNTP(Network Time Protocol)はUDPを利用する代表例。正解はエ。

❹ アプリケーション層のプロトコル

分類	プロトコル	説明
メール関連	SMTP	メールサーバ間のメール転送、クライアントからのメール送信を行うためのプロトコル。
	POP3	メールサーバからメールを取り出すためのプロトコル。
	IMAP4	メールをメールサーバに置いたまま管理するためのプロトコル。
	MIME	メールで文字以外のデータ(画像や音楽)を添付して送るためのプロトコル。
ファイル転送ほか	HTTP	HTMLファイルを転送し、WWWを実現するためのプロトコル。
	FTP	ファイルを転送するためのプロトコル。2つのポート番号がウェルノウンポート番号(あらかじめ割り当てられているポート番号)として割り当てられている。
	NNTP	ネットニュースの交換を行うプロトコル。
	DNS	ドメイン名とIPアドレスを対応させる名前解決のサービスを提供するプロトコル。ホスト名からIPアドレスを割り出すために利用する。ドメイン名とは、インターネット上で相手を特定するためのもので、覚えにくいIPアドレスの代わりにWebサイトやメールアドレス中で使われる。ドメイン名と関連付けるためのネームサーバは階層管理される。
	DHCP	TCP/IPのLANに接続されたコンピュータに、あらかじめ設定された範囲から未使用のIPアドレスを自動的に割り振るサービスを提供するためのプロトコル。
管理用	Telnet	コンピュータを遠隔操作するプロトコル。
	SNMP	TCP/IPネットワーク環境において、ネットワーク上の機器の管理を行うためのプロトコル。
	NTP	ネットワークを介して、コンピュータの時刻を合わせるプロトコル。

まぎらわしい用語を整理！

"ドメイン名"と"FQDN"

インターネット上では、「ドメイン名」によってネットワークを特定し、「ホスト名」によってネットワーク上のコンピュータを特定する。FQDNは、Fully Qualified Domain Nameの頭文字を並べたもので、ホスト名を省略せずに記述したドメイン名のこと。

試験問題の例　プロトコルの大まかな用途ごとに整理しておくとよい

LANに接続されたパソコンに対し、そのIPアドレスをパソコンの起動時などに自動設定するのに用いるプロトコルはどれか。

ア　DHCP　　イ　FTP　　ウ　PPP　　エ　SMTP

→DHCPは、よく出題されているので、しっかり記憶しておこう。正解はア。PPPは、電話回線を使い、2点間を接続するダイヤルアップIP接続に用いるプロトコル。

Chapter 3-9 IPアドレスの特徴とアドレスの割当て

シラバス 大分類：3 技術要素　中分類：10 ネットワーク　小分類：3 通信プロトコル

IPアドレスは、TCP/IPネットワークにおいて、コンピュータやネットワークを識別する数字のこと。インターネット上の住所と考えればよいでしょう。試験では、IPアドレス体系のバージョンによる違い、ルーティング、NAPT機能などが問われます。また、クラスによるアドレス割当て問題は、若干の計算を伴うこともあります。

IPアドレスは、インターネット上の住所のこと……
① 世界共通の書き方ルール
② IPアドレスで世界中どこでも届く

IPアドレス

出題率　低 普通 高

IPアドレスは、インターネットや社内LANなどTCP/IPネットワーク上にあるコンピュータを識別するための2進数の数字列です。ネットワーク上のコンピュータや装置には、それぞれ重複しないIPアドレスが割り当てられます。

じっくり理解　IPアドレスの構成と仕組み

IPアドレスは32ビットのビット列で、**ネットワーク部**と**ホスト部**から構成されます。通常8ビットずつを10進数に変換し、ピリオドで区切って表します。

1つのLANには、1つのネットワークアドレスが割り当てられ、LAN内のそれぞれのコンピュータに、ホスト部の値が異なるIPアドレスを割り振ることで、各コンピュータを識別します。

〔IPアドレスの例〕 **192.168.0.1**
11000000　10101000　00000000　00000001
←―――ネットワーク部―――→←ホスト部→
コンピュータが所属するネットワークを識別する　　個々のコンピュータを識別する

❶ ネットワークアドレスとブロードキャストアドレス

IPアドレスのうち、ホスト部のビットがすべて '0' のものは**ネットワークアドレス**（ネットワーク自体を示すアドレス）、すべて '1' のものは**ブロードキャストアドレス**（同一ネットワーク内のすべてのパソコンを指す）と用途が決められています。

❷ アドレスクラス

IPアドレスは、ネットワークの規模に応じていくつかの**アドレスクラス**に分類されています。先頭8ビットの値により、右表のようなクラス種別になっています。ネットワーク部のビット数は、クラスAが先頭から8ビット、クラスBが16ビット、クラスCが24ビットまでであり、クラスDは特殊用途でのみ使用されます。同一ネットワーク内での接続可能台数は、例えば、ホスト部が8ビットで構成されるクラスCのネットワークでは、$2^8-2=254$台になります。

先頭8ビットの値の範囲	種別
1～127（先頭ビットが '0'）	クラスA
128～191（先頭が '10'）	クラスB
192～223（先頭が '110'）	クラスC
224～239（先頭が '1110'）	クラスD

・アドレスプリフィックスによる表現

アドレスプリフィックスは、IPアドレスのネットワーク部の長さを示すもの。IPアドレスの表記で、255.255.255.0/24のように「/」以降にプリフィックス長を書きます。

この章からの出題数
22問/80問中

ネットワークアドレスとブロードキャストアドレスは必須

IPv4アドレスに関する記述のうち、適切なものはどれか。

ア 192.168.0.0～192.168.255.255は、クラスCアドレスなのでJPNICへの届出が必要である。
→クラスCにおけるプライベートIPアドレスとして届出なしで自由に使える。

イ 192.168.0.0/24のネットワークアドレスは、192.168.0.0である。
→末尾の/24によりネットワーク部が24ビット。ホスト部が0なので、ネットワークアドレス。正解。

ウ 192.168.0.0/24のブロードキャストアドレスは、192.168.0.0である。
→ブロードキャストアドレスは、ホスト部がすべて1の192.168.0.255である。

エ 192.168.0.1は、プログラムなどで自分自身と通信する場合に利用されるループバックアドレスである。
→ループバックアドレスは、そのコンピュータ自身のアドレスを示すもので、プログラムのテストなどで利用する。IPv4では、一般に127.0.0.1が使われる。

3 技術要素・ネットワーク

IPv4とIPv6の違い

IPv6（IP Version 6）は、これまでの**IPv4**（IP version 4）に対する新規格です。インターネットに接続するホストが増え、32ビットのIPアドレスでは不足するようになったため移行が進められています。試験でも違いについてよく出題されています。次のような特徴を持ちます。

- 128ビットのアドレス空間を持つ
- IPアドレスの自動設定機能やIPSecによるセキュリティ機能の実装、効果的なルーティング機構などを追加。
- アドレス表記は、128ビットを16ビットずつに分けて16進数表記にし、「:」で区切って記述。

ルーティングとアドレス変換

出題率 低 普通 高

インターネットに接続しているネットワークはルータで結ばれており、通信相手のIPアドレスを指定すれば、ルータ間でパケット転送を繰り返し、相手先まで届けてくれます。この機能が**ルーティング**で、相手の存在場所を知らなくても、IPアドレスを指定すれば通信することができます。また、**アドレス変換**とは、社内だけで使えるローカルなアドレスをインターネット上で利用できるように変換を行う機能です。

ルーティングの仕組み

ルーティングは、パケット内の**宛先IPアドレス**をもとに経路選択を行います。ルータ内部には、**ルーティングテーブル**（経路を選択するテーブル）があり、ルータに届いたパケット内の宛先IPアドレス（ネットワークアドレス）と照らし合わせて、パケットの中継先を決定します。

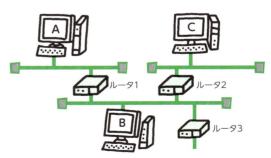

また、中継する/しないの設定（**フィルタリング**）もIPアドレスによりできるので、不正なアクセスを防止することができます。これを**パケットフィルタリング**といいます。

ネットワークアドレス変換機能

社内LANだけで利用するIPアドレスは、全世界で重複しない**グローバルIPアドレス**にする必要はなく、通常は**プライベートIPアドレス**を利用します。ただし、インターネットに接続する場合は、インターネットとの接点になるルータおよび公開サーバにグローバルIPアドレスを割り当て、**ネットワークアドレス変換機能**を用いて変換を行います。

❶ NAT (Network Address Tranlation)

グローバルIPアドレスとプライベートIPアドレスを「1対1」で変換する機能です。インターネットへ同時に接続できる台数は、割り当てられたグローバルIPアドレスの個数までです。

❷ NAPT (Network Address Port Translation)

グローバルIPアドレスとプライベートIPアドレスを「1対n」で対応させる機能です。1つのグローバルIPアドレスで、複数のパソコンが同時にインターネットを利用できます。

サブネットマスク

サブネットマスクは、クラスに依存せずに自由に区切って使える**CIDR方式**において、ネットワーク部を取り出すために用います。各組織に割り当てるグローバルIPアドレスを必要最低限にでき、アドレス不足に対応できます。

サブネットマスクの使い方

サブネットマスクとは、ネットワーク部のビットがすべて'1'、ホスト部のビットがすべて'0'であるデータを使ってネットワークアドレスを取り出すことです。具体的には、IPアドレスとサブネットマスクでビット単位の論理積(AND)を計算することによって、ネットワークアドレスを取り出します。例えば、ネットワーク部が24ビットの場合のサブネットマスクは、「255.255.255.0」となります。

IPアドレス	11000000 10101000 00000011 00000001
	192.168.3.1
サブネットマスク	11111111 11111111 11111111 00000000
	255.255.255.0
ネットワーク部	11000000 10101000 00000011 00000000
	192.168.3.0

AND演算を行うことでこの部分が抜き出される

この用語もチェック！

ブロードキャストアドレス
ホストアドレス部分がすべて"1"のアドレス。同一ネットワークに接続されたすべての機器に、一斉送信するときに使われる。

実例で慣れよう　選択肢をよく見て、違っている部分だけ計算しよう

IPアドレス192.168.57.123/22が属するネットワークのブロードキャストアドレスはどれか。

ア　192.168.55.255　　　イ　192.168.57.255
ウ　192.168.59.255　　　エ　192.168.63.255

アドレスプリフィックスにより、ネットワーク部が22ビットなので、ホスト部は10ビットです。つまり、アドレスの末尾10ビットがすべて"1"のものがブロードキャストアドレスです。
xxxxxxxx xxxxxxxx xxxxxx11 11111111　（x部分の値は問わない）
ここで、選択肢の末尾8ビットは、すべて255（2進数"11111111"）と共通なので、残り2ビットを"11"にすればよいことがわかります。問題文のIPアドレスの3ブロック目の57は、2進数"00011101"であり、この末尾2ビットを"11"にすると、"00011111"＝59です。つまりブロードキャストアドレスは、192.168.59.255です。正解はウ。

Chapter 3-10 ネットワーク管理と応用技術

シラバス 大分類：3 技術要素　中分類：10 ネットワーク　小分類：4、5 ネットワーク管理、ネットワーク応用

シラバスの小分類「ネットワーク管理」と「ネットワーク応用」からの出題は用語問題が中心です。ここ最近出題されているSDNに注意。そのほか、出題実績をもとに、やや広めに用語対策をやっておくとよいでしょう。Webやモバイル関連は要注意です。

SDNとはソフトウェアで構築するネットワーク技術のこと

① 従来は……
ネットワーク構成を変更するにはつなぎ換えや各装置の設定が必要

変更のたびにつなぎ替えるのはたいへん!!

② SDNでは……
ソフトウェアにより、論理的に仮想ネットワークを構築できる

ソフト的に遠隔制御で変更できるのでラクラク!!

ネットワーク管理と応用技術

出題率 低／普通／高

ネットワーク管理とネットワーク応用技術からの出題では、下記のような用語が取り上げられています。

この用語をcheck！ ネットワーク管理

SDN(Software-Defined Networking)	物理的なネットワーク構成や設定を、ソフトウェア制御によって、論理的に変更する技術。資源状態の管理等に利用する。
OpenFlow	SDNを実現するための標準化された実装技術。ハードウェアの制御機能とデータ転送機能を分離して抽象化し、ソフトウェア的にネットワーク制御を一元管理する。
ネットワーク管理ツール	・ping：IPパケットを送り、その応答により通信状態（接続、応答速度）を確かめる。 ・ipconfig：IPネットワークにおいて、設定情報（ホスト名、名前解決方法、ネットワークのDNS、NIC名、MACアドレスなど）を確認できる。 ・arp：IPアドレスによってMACアドレスを知ることができる。 ・netstat：通信状態（TCPコネクション）やルーティング状況などを確認できる。
SNMP(Simple Network Management Protocol)	TCP/IPにおけるネットワーク管理を行うためのプロトコル。サーバやネットワーク機器、サービスの状態や稼働状況、トラフィックを監視することが可能。 ・SNMPマネージャとエージェント：管理対象を管理する側をマネージャ、管理される側をエージェントと呼ぶ。それぞれで専用のアプリケーションソフトを動作させることで、メッセージをやりとりし、監視を行うことができる。障害発生時にはエージェント側から自発的に通知を行う。

この用語をcheck！ ネットワーク応用技術

CGI(Common Gateway Interface)	HTML文書からWebサーバ上のプログラムを起動して、実行結果を返す仕組み。アクセスカウンタやアンケート集計など、HTMLだけでは記述できない複雑な処理や対話的な処理も、CGIによってプログラムと連携させることで実現可能になる。
cookie(クッキー)	Webページを閲覧しているユーザ情報などを、一時的にユーザのパソコンに保存する仕組み。例えばユーザ登録をすると、次に開いたときに自動的にユーザページが表示される仕組みなどに利用される。ただし、悪用目的で利用されることもある。
LTE(Long Term Evolution)	4Gとも呼ばれる高速な携帯電話通信規格。回線はパケット交換網のみのため、音声はVoLTE技術によりパケット化を行う。複数のアンテナを使用して高速化が可能で、これをMIMO(Multiple Input Multiple Output)と呼ぶ。
テザリング	スマートフォンなどのネットワーク接続環境を利用してパソコンやタブレットをインターネットに接続すること。接続にはBluetoothやWi-Fiなどが使われる。
キャリアアグリゲーション	異なる複数の周波数帯の電波を結合して1つの回線として使い、仮想的に帯域幅を広げる技術。通信速度の向上、周波数を分散することで回線を効率的に利用できる。

Chapter 3-11 情報セキュリティと脅威・脆弱性

シラバス 大分類：3 技術要素　中分類：11 セキュリティ　小分類：1 情報セキュリティ

情報セキュリティは、情報資産の**機密性**（情報が守られていること）、**完全性**（常に正確なデータであること）、**可用性**（いつでも使えること）を維持すること。そのためには、まず脅威や脆弱性を知ることです。この範囲は出題数が多いので、関連する用語をグループ分けして、まとめて覚えるとよいでしょう。

人的脅威は、セキュリティの落とし穴……
① パスワードの盗み見　ソーシャルエンジニアリング
② 情報漏洩の危険性　BYOD（シャドーIT）

人的脅威と脆弱性

出題率

人的脅威とは、人が直接原因となる脅威のことです。ミスや故意による情報の漏えいやシステムの破損、ノートパソコンや記録メディアの紛失や盗難などが人的脅威に分類されます。試験に出る用語としては、次のようなものがあります。特にソーシャルエンジニアリングと、BYODはよく出題されているので注意が必要です。

この用語を check!

不正のトライアングル	人は、①**動機**（不正を行いたいと考える原因）、②**機会**（行動を起こせるチャンス）、③**正当化**（これは不正ではないと思う理由）の3要件が揃ったとき、不正を起こしやすくなる。
ソーシャルエンジニアリング	電子的方法を用いずに、パスワードや機密情報等を調べ出す行為。社員になりすまして電話で情報を聞き出したり、廃棄書類から重要機密を盗むなどがある。
BYOD (Bring Your Own Device)	私物のパソコンやスマートフォン、私的なクラウドサービスなどを、業務に使用したり社内ネットワークに接続すること。コスト削減などに寄与する反面、ウイルスに感染したり、データが持ち出されることによる情報漏洩のリスクがある。なお、会社が管理していない私物を使用したり、禁止されているにもかかわらず無許可でBYODを行うことを**シャドーIT**という。
サラミ法	被害者にわからないように、ほんの少額ずつ詐取する手法。会計プログラムに手を加えて、毎月ごく少額ずつ自分の銀行口座に振り込ませる、顧客のクレジットカード番号を悪用して、複数の顧客の口座から少額を引き落とすなどがある。

試験問題の例

コンピュータを使わない不正行為を選べばよい

ソーシャルエンジニアリングに該当する行為はどれか。

ア　OSのセキュリティホールを突いた攻撃を行う。
イ　コンピュータウイルスを作る。
ウ　パスワードを辞書攻撃で破ってコンピュータに侵入する。
エ　本人を装って電話をかけ、パスワードを聞き出す。

→正解はエ。ソーシャルエンジニアリングは、人間の心理の隙を突いて、パスワードなどを盗み、クラッキング（不正侵入）を行うなどさまざま。例えば、ATMを操作している横から、暗証番号を盗み見る行為など。

098

この章からの出題数
22問/80問中

マルウェアと不正プログラム

出題率 低 普通 高

マルウェアとはユーザの意図しない動作を行う「悪意をもった」ソフトウェアの総称です。また、開発やメンテナンスのために使うプログラムツールを、不正プログラムとして悪用する場合もあります。このテーマは用語問題で出ることが多いので、名称と特徴をしっかりと結びつけておきましょう。

マルウェアの種類と不正行為

マルウェアの多くは、メールに添付して送り込まれたり、Webサイトを開くと勝手にダウンロードされることで感染します。動作もバックグラウンドで行われる（動作表示が表に出ない）ことから、ユーザが感染に気付かなかったり、意図せずにやりとりを行う相手に広めてしまうこともあります。

よく出る狙い目

コンピュータウイルス	・システムやファイルの破壊、データの改ざんや盗用、意図しないメッセージ出力や画面表示の不具合などを行う。 ・自己伝染機能、潜伏機能、発病機能の１つ以上を持つ。
ボット（BOT）	・感染したコンピュータをネットワーク経由で操作することを目的とした遠隔操作型ウイルス。 ・ボットネットは、C&Cサーバ（攻撃を指示するサーバ）と、ゾンビコンピュータ（ボットに感染して遠隔操作できる複数のコンピュータ）から成るネットワークのことで、一斉攻撃などに使われる。
ワーム	・ネットワークを介して、他のコンピュータに自分自身を複製し、伝染する。
トロイの木馬	・正規のプログラムに見せかけてコンピュータに入り込み、潜伏後にシステムやデータの改変や破壊などを行う。木馬に人を忍ばせ、敵陣内に運ばせた神話が由来。
マクロウイルス	・ワープロや表計算ソフトなどに備えられたマクロ機能を悪用。 ・ファイルを開くだけで感染する。
スパイウェア	・システム内に潜伏し、個人情報などのデータを特定のサイトに勝手に送信したり、メールを送ったりする。
ランサムウェア	・システムやデータを勝手にロックしたり暗号化するなど、ユーザが使用不能の状態にしたうえで解除と引き替えに金品などを要求する。
ルートキット（rootkit）	・攻撃者が不正侵入した後に利用する、侵入を隠蔽したり、再侵入するときに必要となるツール群。侵入の痕跡を隠すログ改ざんツール、バックドア用ツール、偽システムコマンドなどがある。名前のrootはシステム管理者のユーザ名を指す。
バックドア	・悪意を持った侵入者が、不正アクセス用にシステムに設けた裏口。 ・システムの機能を乗っ取ったり、他のコンピュータを攻撃する踏み台に使われる。 ・一度システムに侵入されてしまうと、知らぬ間に加害者になることもある。
キーロガー	・キーボードのタイピング情報を記録するソフトウェアやハードウェアを使って、入力したIDやパスワードを盗み出す行為。

3 技術要素・セキュリティ

試験問題の例

C&Cは、コマンド（指令）とコントロール（制御）のこと

ボットネットにおいてC&Cサーバが果たす役割はどれか。

ア　遠隔操作が可能なマルウェアに、情報収集及び攻撃活動を指示する。→司令塔の役割を担っている、正解
イ　電子商取引事業者などに、偽のディジタル証明書の発行を命令する。
ウ　不正なWebコンテンツのテキスト、画像及びレイアウト情報を一元的に管理する。
エ　踏み台となる複数のサーバからの通信を制御し遮断する。

099

攻撃の手法

攻撃の手法は種類が多く覚えるのはたいへんですが、セキュリティ対策を行ううえで知っておく必要があります。ここでは出題実績を踏まえて出る順に並べています。学習時間がないときは、上位のものに絞って、用語名称とキーワードを関連づけておくとよいでしょう。

星印は過去10回で出た数　★：主題になったもの　☆：選択肢に含まれたもの

出題実績	用語名称	用語解説	キーワード
★★★ ★★★ ☆	SQLインジェクション	Webアプリケーションの脆弱性を利用した攻撃。データベースに悪意のある問合せや操作を行うSQL文を入力し、データの改ざんや不正取得などを行う。	不正なSQL文を入力してデータを改ざん
★★★ ★ ☆	DNSキャッシュポイズニング／SEOポイズニング	DNSキャッシュポイズニングは、偽のDNS応答をDNSサーバのキャッシュに記憶させる。これにより、ユーザを有害サイトに誘導する。また、SEOポイズニングは、Web検索の際、自サイトが上位に来るようにするSEO（Search Engine Optimization）技術を利用し、悪意のあるサイトを仕込んでおく行為。	有害サイトや悪意のサイトへ誘導
★★ ☆☆☆	ブルートフォース攻撃／レインボー攻撃	ユーザIDに対応するパスワードを手当たり次第に入力して割り出す行為。逆にパスワードを固定してユーザを割り出す行為をリバースブルートフォースという。レインボー攻撃は、パスワードとハッシュ値の組み合わせを大量にテーブル化し、手当たり次第に突き合わせる行為。	総当たりでパスワードを入力して割り出す
★ ☆☆	ディレクトリトラバーサル攻撃	相対パス記法（ ../で親ディレクトリを表す）を悪用し、管理者が意図しないファイルへアクセスする。	ディレクトリ記述を悪用し、意図しないファイルにアクセス
★★	パスワードリスト攻撃／辞書攻撃	パスワードリスト攻撃は、別のシステムから流出したIDとパスワードなどを使って不正ログインを試みる攻撃。辞書攻撃は、他人のIDで不正ログインする目的で、辞書などに載っている言葉を自動的に片っ端から試すことでパスワードを探る行為。	流出したIDとパスワードで不正ログイン
★	ドライブバイダウンロード	Webサイトを閲覧した際、利用者の意図に関わらず、ウイルスなどの不正プログラムをPCにダウンロードさせる行為。	Webサイト閲覧時に、不正プログラムをダウンロードさせる
★	標的型攻撃	標的とする企業等の社員をターゲットにして偽メールを送り、添付ファイルを開かせるなどでウイルスに感染させ、企業情報を入手する方法。	偽メールを送ってウイルスに感染させる
☆☆☆ ☆☆☆ ☆☆☆	クロスサイトスクリプティング	Webサイトの掲示板など、書き込み欄のあるアプリケーションの脆弱性を突き、スクリプト（命令）を埋め込むことで偽ページを表示させ、閲覧者を他のサイトに誘導する方法。これによってフィッシングなどに遭う危険が発生する。	不正スクリプトを埋め込み、不正サイトへ誘導
☆☆☆ ☆	DoS（Denial of Services）攻撃	大量のデータを送りつける攻撃。攻撃対象のシステムのサービスを提供不能にしたり、システムをダウンさせることを目的とする。	大量データを送信してシステムダウン
☆☆	セッションハイジャック	通信におけるセッション（一連のやりとり）を乗っ取り、データを盗んだり、不正操作を行う。	通信のやりとりを乗っ取る
☆☆	クロスサイトリクエストフォージェリ（CSRF）	SNSなどにログイン中、細工されたリンクをクリックすることで、リンク中の悪意ある要求（request）を、本人の要求であるかのように偽って（forgery）実行させる行為。	悪意のある要求を、本人であるかのように偽る
☆☆	バッファオーバフロー攻撃	許容量を超えるデータを送りつけ、プログラムのバッファを故意にオーバフローさせることで、システムを動作不能にする攻撃。	大量データを送って機能停止に追い込む
過去10回以前に出題実績	フィッシング	Webサイトやメールを利用した詐欺行為。金融機関などのWebサイトに見せかけて、クレジットカード番号などの個人情報を入力させて詐取。その結果、架空請求詐欺などの被害を受けることがある。	偽サイトを作って、個人情報を搾取
過去10回以前に出題実績	DDoS攻撃	DDoS（Distributed Dos：分散サービス妨害）は、ウイルスなどによって第三者のマシンに攻撃プログラムを仕掛けて踏み台にし、踏み台とした多数のマシンから標的にパケットを同時に送信する攻撃。	多数のマシンを踏み台に、大量データを送信
過去10回以前に出題実績	ゼロデイ攻撃	発見されたソフトウェアのセキュリティホールに、ソフトウェアベンダからの修正プログラム（パッチ）が提供され、修正されるまでの間を狙って行われる攻撃。	修正プログラムが提供される隙をつく

100

Chapter 3-12 暗号技術と認証技術

シラバス 大分類：3 技術要素　中分類：11 セキュリティ　小分類：1 情報セキュリティ

暗号化、認証技術、利用者認証を含むテーマです。判断問題も多いのですが、特に暗号化手法と代表的な方式、電子署名、アクセス権の設定については、仕組みを十分に理解しておく必要があります。出題数も多いのですが、ある程度パターン化されているため過去問対策が重要といえます。

暗号化とは、送信するデータに鍵をかけること
やりとりを行う相手や目的に応じて暗号化方式を選ぼう

暗号化の手法

暗号化とは、データをある規則のもとに変換することで元の内容がわからないようにする技術です。送信側は**暗号鍵**によって暗号化し、受信側は**復号鍵**で復号します。試験では、共通鍵暗号方式と公開鍵暗号方式について、具体例な仕組みや代表的な方式が問われます。

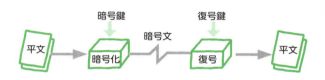

決まった相手とのやりとりに向く"共通鍵（秘密鍵）暗号方式"

通信する当事者間で**共通鍵**を使用して暗号化（平文から暗号を作る）と復号（暗号を平文に戻す）を行います。この方式では、通信する相手ごとに、秘密の鍵をあらかじめ何らかの方法で共有しておく必要があります。そのため、オンラインショップなどの**不特定多数**との通信には、相手の数だけ共通鍵が必要になるため向きません。

この用語も出題実績アリ！

無線LANにおける暗号化
無線LANでは、アクセスポイントと無線LANカード間の電波通信の暗号化が行われる。暗号化プロトコルの規格としては、**WPA3**が主流になっている。

暗号化と復号は同じ鍵　相手によって鍵を変える

○代表的な共通鍵暗号方式
- **AES**：鍵の長さが128ビット、192ビット、256ビットのいずれかが選択できます。それまで主流だったDESに比べると解読されにくいのが特徴です。

不特定多数とのやりとりに向く"公開鍵暗号方式"

受信側が**秘密鍵**と**公開鍵**という2つの異なる鍵をもつ方式です。2つの鍵は一対のもので、ある公開鍵で暗号化したデータは対応する（受信者だけが知っている）秘密鍵でしか復号できないことを利用します。公開鍵は共通であり自由に配布できるので、不特定多数とのやりとりに向いています。

○代表的な公開鍵暗号方式
- **RSA**：業界標準となっている公開鍵暗号方式の1つ。暗号の解読には大きな数の素因数分解が必

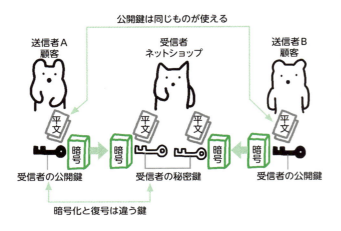

要で、その計算時間が膨大になることで安全性を保っています。

- **DSA**：離散対数問題の困難さを利用したエルガマル暗号を改良した方式です。
- **DH**：離散対数問題の困難さを利用した方式で、共通鍵の受け渡し用として使われています。なりすましに弱いことから、ディジタル署名には利用できません。
- **楕円曲線暗号（ECC）**：楕円曲線による暗号方式の総称。RSA暗号と比べて短い鍵長で同レベルの安全性を実現でき、計算量が少なく処理速度が速い。

認証技術

ディジタル署名（電子署名）とは、公開鍵暗号方式を利用し、送信者が本人で、かつ情報が改ざんされていないことを保証する方法です。試験では、電子署名やメッセージ認証について、その仕組みが出題されています。

改ざんがないことを照明する"メッセージ認証"

メッセージ認証は、メッセージが本物であり改ざんされていないこと（完全性）を証明する技術です。メッセージが本物であることを示すには、MAC（Message Authentication Code：メッセージ認証符号）が用いられます。メッセージ認証は、次のような手順で行います。

〔送信側の処理〕メッセージとともに、メッセージを秘密鍵で暗号化したメッセージ認証符号を作成して受信側へ送信します。

〔受信側の処理〕受信したメッセージを秘密鍵で暗号化してメッセージ認証符号を作成します。作成した認証コードと受信した認証コードを照合します。一致すれば、そのメッセージが本物であり、改ざんがないことを確認できます。なお、秘密鍵は送信側と受信側とで共有します。

改ざんとなりすましの有無を確認できる"ディジタル署名"

ディジタル署名は、公開鍵暗号方式の鍵を逆に使うことで、改ざんの有無（完全性）となりすましの有無（真正性）を同時に確認できる方法で、次のような仕組みで行います。

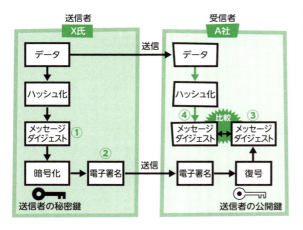

〔手順〕

① まず送信者は、送信する文書（平文）からハッシュ関数を使ってメッセージダイジェストを作成。ハッシュ関数とは、任意の長さのデータから、固定長のデータを作り出す関数で、関数から元のデータへ復元することはできない。また、元のデータの内容が異なっていれば、できるメッセージダイジェストも異なる。

② メッセージダイジェストを送信者の秘密鍵で暗号化したもの（電子署名）を、平文とともに送信する。

③ 受信者は、送信されてきた電子署名を送信者の公開鍵（検証鍵）で復号し、メッセージダイジェストに戻す。これは、送信者の公開鍵でなければ復号できないことから、送信者本人が送っていることが証明される。

④ 一方で受け取った平文は、送信者と同じハッシュ関数を使ってメッセージダイジェストを作成。③のメッセージダイジェストと比較し、両者が一致すれば平文が改ざんされていないことが証明できる。

102

なお、公開鍵の所有者が実在する本人であるかは、認証局（CA；Certificate Authority）により発行されるディジタル証明書によって証明されます。

2つの目的が実現できる仕組みを理解しておこう

電子署名を利用する主な目的は二つある。一つは、受信者がメッセージの発信者を確認することである。もう一つの目的はどれか。

ア　受信者が、発信者のIDを確認すること
イ　受信者が、秘密鍵を返送してよいかどうかを確認すること
ウ　署名が行われた後で、メッセージに変更が加えられていないかどうかを確認すること
エ　送信の途中で、メッセージが不当に解読されていないことを確認すること

→発信者の確認は、受信者が公開鍵を使って復号できれば、秘密鍵をもつ本人が暗号化したことになる。メッセージに変更が加えられていないか（改ざんの有無）は、秘密鍵を持っていない第三者が公開鍵で復号できる暗号を作れない。したがって、送信の途中で改ざんがなかったことが証明される。正解はウ。

ディジタル証明書を発行する"認証局"

ディジタル署名は、公開鍵を所有する発信者から送信されたことを証明できますが、その発信者の身元までは保証できません。例えば、AさんがB商店になりすましてWebショップを開設した場合、Aさんは自分の公開鍵を使い、顧客からの注文をB商店と偽って受けることができてしまいます。これでは、いくらディジタル署名を使っていても不正は防げません。

認証局（CA）は、現実に存在する身元が確認できる組織や個人が作成した公開鍵であることを、ディジタル証明書を発行することによって証明します。具体的には、証書の発行依頼者を事前に調査し、依頼者の身元と依頼内容が正しいことを確認したうえで、証明書を発行します。

○ディジタル証明書

証明書には右のような内容が記載されます。認証を行った認証局が記載されますが、その認証局も証明書を持ち、上位の認証局から認証を受けています。つまり認証局は階層化され、最上位にルート認証局が存在します。ルート認証局は、その信頼を得るために国際的な審査基準に基づく監査を受けています。

- ●バージョン
- ●シリアル番号
- ●証明書の発行者（認証局）
- ●有効期限（開始と終了）
- ●証明書の所有者（証明される人）
- ●所有者の公開鍵情報
- ●発行者ID
- ●所有者ID
- ●ディジタル署名のアルゴリズム
- ●発行者（認証局）のディジタル署名

ディジタル署名と組み合わせる理由を把握しておこう

認証局の役割に関する記述のうち適切なものはどれか。

ア　相手の担保能力を確認する。
イ　公開鍵暗号方式を用いて、データの暗号化を行う。
ウ　公開鍵の正当性を保証する証明書を発行する。　→正解
エ　転送すべきデータのダイジェスト版を作成し、電子署名として提供する。

利用者認証

利用者認証はシステムの正当な利用者であり、本人であるかを識別するために行います。試験で出題されているのは、アクセス権の設定、パスワード認証、ICカードとPIN、生体認証などです。

アクセス権の管理

アクセス権とは、利用者がファイルやデータベースを利用する際、個々のユーザやグループに与える使用権限のことです。権限は、対象者の役務レベルやアカウント、ACL（アクセスコントロールリスト）などをもとに判別を行います。

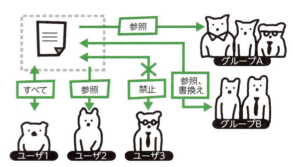

○アクセス権の設定

アクセス権を与える単位は、ディレクトリやファイル、データベースのテーブルなど、機密レベルなども考慮して設定します。さらに、参照のみ、読み書き可能、追加可能、削除可能、すべて可能（管理者権限）などのアクセス権は、必要最低限に与えるようにすることが重要です。また管理対象が多い場合は、権限を個人ごとに設定するのではなく、グループや役職ごとに設定しておき、そこに個人を結び付けていけば煩雑になるのを避けることができます。

パスワードによる管理

個々の利用者認証として、一般的なのがユーザIDとパスワードによる管理です。管理しやすい方法ですが、個々のユーザがパスワードを第三者に知られないように管理すること、システムに保管してあるこれらのデータが盗まれないように対策をとることが重要です。

- パスワードは、類推できない文字列と長さがあり、随時変更を行う。
- 漏洩に備えるため、ハッシュ値に変換して保管し、比較はハッシュ値どうしで行う。
- 再発行は、いったん初期化を行ったうえで利用者自身に新しいパスワードを設定させる。

その他の利用者認証と関連用語

生体認証（バイオメトリクス認証）	人の生体情報を利用する方法で、身体的特徴（指紋、網膜や虹彩、静脈図、声紋など）と、行動的特徴（サイン＝座標や筆圧、まばたきなど）を抽出して認証する方法がある。また、精度を表す値として、本人なのに認証されない確率を本人拒否率、本人ではないのに認証されてしまう確率を他人受入率と呼ぶ。両者は相反する関係にあり、安全性と利便性との兼ね合いで認証方法を選択したうえで、精度の調整を行う。
2要素認証／多要素認証	性質の異なる2つまたは複数の認証を組み合わせる方法。ネットワークからの認証では、通常のIDとパスワードにワンタイムパスワードを加えることが多い。また、入退室では、IDとパスワードに生体認証を組み合わせる。
タイムスタンプ（時刻）認証	文書データが、ある時刻に存在していたこと（存在性）、改ざんされていないこと（完全性）を証明する。TSA（Time Stamp Authority；時刻認証局）によるサービス。
ICカードとPIN	ICカードは、ICチップを搭載したカードのこと。ICチップにはCPUやメモリを内蔵し、外部から電力や入力信号を受け取って内部で計算処理を行う。PIN（Personal Identification Number）は、ICカードなどのデバイスそのものに結びつけられた、システム側と利用者の間でパスワードとして使われる番号のこと。
CAPTCHA	CAPTCHAとは、「人間とコンピュータを判別するためのテスト」の英語の頭文字を略したもの。歪められてノイズが加えられた画像から文字を読み取って入力するようにユーザに求める。

Chapter 3-13 情報セキュリティ管理とセキュリティ対策

情報セキュリティとは、情報資産を価値あるものとして維持することです。そのためには情報資産を最新の状態に保ち、それに対する価値とリスクを把握しなければなりません。具体的には、リスク管理、セキュリティ技術評価、情報漏洩対策、マルウェアや攻撃への対応などを行っていきます。判断問題が多いので、ひととおりの用語の理解が必須です。

情報セキュリティ管理

情報セキュリティ管理では、まず情報資産を把握することから始めます。さらに情報資産に対するリスクを分析したうえで、リスクによる損害と防ぐための手間と費用などを比べつつ、どのように対応するかを決めていきます。

リスク全般を管理する"リスクマネジメント"

リスクマネジメントは、リスクをいかに顕在化させないかという観点で行います。また、特定、分析、評価までの手順を**リスクアセスメント**と呼んでいます(右図)。

具体的な対応を決める"リスク対策"

リスク対策には、リスクを防いだり軽減するための**リスクコントロール**(下表の①~④)と、リスクが起きたときの財政面の損失を抑えるための**リスクファイナンシング**(下表の⑤、⑥)があります。

リスクの特定
企業活動を行ううえで、不利益が発生するリスクが存在するかを検討し、予想できるリスクを特定する。

リスク分析と評価
個々のリスクを分析し、それぞれの起こりうる結果と起こりやすさから、リスクの大きさ(リスクレベル)を評価し、優先順位を付ける。

リスク対応
優先順位によって、リスクを回避したり、リスクを減らすための措置を講じ、不利益が発生する確率を減らす。

①リスク低減(リスク最適化)	予想できるリスクの大きさに応じて、さまざまな措置を講じ、リスクをできるだけ少なくする方法。リスクの少ない機器に入れ替える、バックアップをとる、作業者の教育訓練を充実して作業ミスを減らすといった対策をとる。	
②リスク回避	リスクが発生する可能性のある行動を行わず、リスクを回避する。ただし利便性が低下するなど、回避によるマイナス面が生じることがある。	
③リスク分散(リスク分離)	大きなリスクや同時多発リスクが発生しないように、業務や情報資産を分離する方法。運用をアウトソーシングしたり、システムを分散させるなどの方法がある。ただし、別のリスクを生み出す要因が発生することもある。	
④リスク集中	リスクとなる要因を1か所に集中させ、そこを重点的に管理する方法。管理コストがかかってもかまわない機密情報などはこの対策を選択する。	
⑤リスク移転	保険などをかけて、リスクを他へ移転する方法。万一のときには保険会社が損害額を払うことで損失を避けられる。	
⑥リスク保有	予想リスクが小さく、万一発生しても大きな影響を与えないと判断したときは、あえてリスク対策を行わず、代わりにかかる費用を算入しておく方策。	

105

さまざまなリスク対応を用語に結びつけておこう

リスク共有（リスク移転）に該当するものはどれか。

ア 損失の発生率を低下させること →リスク低減
イ 保険への加入などで、他者との間でリスクを分散すること →リスク移転、正解
ウ リスクの原因を除去すること →リスク回避
エ リスクを扱いやすい単位に分解するか集約すること →リスク分散またはリスク集中

情報セキュリティマネジメントシステム（ISMS）

情報セキュリティマネジメントシステム（ISMS：Information Security Management Systems）は、企業がその組織として守るべきセキュリティレベルを定めることです。さらに、セキュリティ対策計画に基づく資金・人員・設備などの配分を行い、システムを運用する仕組みです。ISMSに関する規格であるJIS Q 27001：2014では、組織が保護すべき情報資産について、次の要素をバランス良く維持し改善することを基本コンセプトとしています。

機密性：正当でない利用者に対して、情報を開示したり使用させたりしない。
完全性：資産の正確さ・完全さを保護する。
可用性：正当な利用者が要求したときに、アクセスおよび使用が可能な状態にある。
その他：システムや発信者などが主張どおりか（真正性）。行動と結果が一貫していて矛盾がない（信頼性）。情報の生成から更新、削除の履歴をたどれる（責任追跡性）。事実と異なる主張をされないよう防止すること（否認防止）。

セキュリティ技術評価

セキュリティ技術評価は、情報システムのセキュリティレベルを評価するもので、次のような方法があります。また、セキュリティ評価基準としては、国際標準のほか、日本では、IPAが運営するJISEC（ITセキュリティ評価及び認証制度）が設けられています。

脆弱性検査	ソフトウェアやシステムにセキュリティ上の弱点（脆弱性）がないかどうかの検査。
CVSS	Common Vulnerability Scoring Systemの略で、共通脆弱性評価システムという意味。情報システムの脆弱性を評価する汎用的な手法で、ハードやソフトに依存しない同一基準を用い、具体的な数値によって結果を評価する。
ペネトレーションテスト	サーバやネットワークシステムに対して、攻撃者が実際に侵入できるかを試みるテスト。侵入テストともいう。
耐タンパ性	システムの内部構造や記憶しているデータの解析の困難度を表す指標。例えば、ICカードに記憶されているデータであれば、盗み出そうとする行為に対する耐性の度合いである。

情報セキュリティ対策

このテーマはマルウェア対策とその手法を中心に、攻撃を防ぐ方法、情報漏洩対策、セキュリティ製品やサービスについて取り上げています。身近に関わる部分もあるので、実際の対応をイメージしながら整理していきましょう。

マルウェア対策

マルウェアとは、コンピュータウイルスを含む悪意のあるプログラム全般を指す言葉です。基本と

なるのがワクチンソフトですが、メールに添付されたファイルをむやみに開かないこと。また、コンピュータに侵入してデータの改ざんや破壊を行う**クラッキング**の対策としては、セキュリティーホールをふさぐほか、バックドアなどの侵入経路を作らせないことです。

❶ ワクチンソフト（ウイルス対策ソフト）の導入

ワクチンソフトは、ウイルスの検出と除去を行うプログラムです。既知のウイルスが登録されている**ウイルス定義ファイル**を参照しながら検出を行います。

〔パターンマッチング方式〕 既知のウイルスの特徴（**シグネチャコード**という）をデータベース化しておき、それと比較することでウイルスの検出を行います。

❷ OSやソフトウェアの更新

OSやソフトウェアには、**セキュリティホール**が見つかることがあります。メーカから提供される**セキュリティパッチ**（修正プログラム）で最新状態にしておくことで対応できます。

その他のセキュリティ対策

ヒューリスティック法	ウイルスそのものの特徴ではなく、ウイルスの行動を登録しておきチェックする方法。ウイルス定義ファイルが作られていない未知のウィルスや亜種のウイルスにも効果がある。
ビヘイビア法	ウイルスが疑われる実行ファイルを、感染しても影響のない別環境で動作させ、ウイルスかどうかを確認する。動的ヒューリスティック法ともいう。
情報漏洩対策	情報漏洩対策に含まれるのは、標的型攻撃（特定の企業や組織、個人を狙った攻撃）や内部不正による情報漏えいを防ぐための人的対策、不正アクセス対策も含む。代表的な方法としては、通信や保存データファイルの暗号化、無線LANのセキュリティ設定、ウイルス対策ソフトの導入なども有効となる。
セキュアブート	PCの起動に先だって、OSやドライバのディジタル署名を確認する機能。許可されていないソフトを実行しないことで、OSの起動前に実行されるマルウェアを防げる。
ディジタルフォレンジクス	犯罪捜査などを行う際、パソコンやスマートフォンなどに残されている電子記録を収集・解析し、証拠とすること。証拠データの証明には**ハッシュ値**を利用する。

セキュリティ製品・サービス

SIEM（シーム）	SIEMは、Security Information and Event Managementの略で、統合的なログ管理システム。ログを一元管理しリアルタイムに分析を行うことで、異常を早期発見して警告を発することができる。
MDM	Mobile Device Managementの略。スマートフォンやタブレット等のモバイル端末用管理ツール。利用状況やバージョン管理、機能やアプリの利用制限、パスワードや紛失時の漏えい対策などを行える。

ビヘイビア法は、ウイルスを動作させて動きを検証する

ウイルス検出におけるビヘイビア法に分類されるものはどれか。

ア　あらかじめ検査対象に付加された、ウイルスに感染していないことを保証する情報と、検査対象から算出した情報とを比較する。

イ　検査対象と安全な場所に保管してあるその原本とを比較する。

ウ　検査対象のハッシュ値と既知のウイルスファイルのハッシュ値とを比較する。

エ　検査対象をメモリ上の仮想環境下で実行して、その挙動を監視する。

→ビヘイビア法は、ウイルスの行動をもとに検出を行うもので、感染しても影響のない環境で実行する必要がある。メモリ上の仮想環境で実行すれば、行動を起こしても他の環境に影響を及ぼさない。正解はエ。

Chapter 3-14 セキュリティ実装技術

シラバス 大分類:3 技術要素 中分類:11 セキュリティ 小分類:4 セキュリティ実装技術

セキュリティ実装技術は、ネットワークやデータベース、個々のアプリケーションへの多種多様な脅威に対する、さまざまな方策を指します。具体的には、セキュアプロトコル、パケットフィルタリング、ポートスキャン、WAFなど。試験では、判断問題として対処法が求められるので、実装技術の仕組みをきちんと理解しておく必要があります。

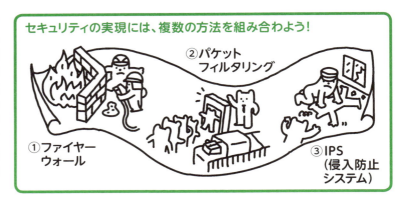

セキュリティの実現には、複数の方法を組み合わせよう！
①ファイヤーウォール
②パケットフィルタリング
③IPS（侵入防止システム）

セキュアプロトコル・認証プロトコル

出題率 低 普通 高

セキュアプロトコルは、通信データの盗聴、不正アクセスを防ぐ目的で使われるものです。また認証プロトコルは、なりすましによる不正アクセスやサービスの不正使用を防ぐために用いられます。

セキュアプロトコル・認証プロトコル

この用語をcheck!

HTTPS (Hypertext Transfer Protocol Secure)	SSL/TLSを利用して、HTTPによる通信に暗号化機能を追加したもの。これによりサーバとWebブラウザ間の通信を安全に行うことができる。やりとりを行っているときにはWebブラウザのアドレス欄には「https://」と、鍵を表すアイコンが表示される。
IPsec (Security Architecture For Internet Protocol)	IP層で安全に通信を行うためのプロトコル。認証、暗号化、トンネリングの機能を持ち、通信データの盗聴や改ざんを防ぐことができる。共通鍵の交換などを行うIKE、IPパケットの認証を行うAH、認証と暗号化を行うESPの3つのプロトコルで構成される。
SPF (Sender Policy Framework)	SMTPを利用したメール送受信で、送信者のドメイン偽装を防ぎ、正当性を検証するための仕組み。電子メールを受信したメールサーバが、送信元メールアドレスのドメインのDNSサーバからメールサーバのIPアドレスを取得し、SMTP接続元のIPアドレスと比較することで、正規サーバからのメールであることを検証する。
SMTP-AUTH (SMTP Authentication)	電子メール送信に使うプロトコルであるSMTPに、ユーザ認証機能を追加したもの。

ネットワークセキュリティ

出題率 低 普通 高

外部のネットワークからの攻撃や不正侵入から、社内のLANを守るための仕組みをファイアウォールと呼びます。代表的な方法には、パケットフィルタリングとアプリケーションゲートウェイがあります。

IPアドレスによって振り分ける"パケットフィルタリング"

図解で攻略！

パケットフィルタリングは、通信データ（パケット）に含まれるIPヘッダ情報を手がかりに、不正なパケットを通過させないようにする方法です。ルータ内のフィルタリングテーブルに、あらかじめルー

108

ルを設定しておき、ルータはそれに基づいてパケットの通過または廃棄を行います。

　手がかりとするIPヘッダ情報は右図のような形式で、これにより、送信元IPアドレスと宛先IPアドレスを特定し、ポート番号（使用するプロトコルでデータを引き渡す先のアプリケーションを特定する）ごとに通信の許可／不許可を判断します。

○フィルタリングテーブルの設定例

　図の例は、社内LAN内部から発信されたパケットのうち、宛先ポート番号が80（Webサーバのサービスであるhttp）の、Webサーバ宛のパケットの通過を許可する設定です。

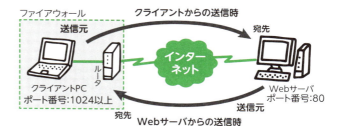

※表中の「1024以上」は、クライアント側に割り振られたポート番号。一時的にポート割り振られる番号で、その範囲は1024以上（1024～49151番）と定義されている。

○ポート番号（ウェルノウンポート番号）

　ポート番号は、クライアント側が特定のサービスを通信相手として指定するために用いられるもので、よく使われるサービスには、あらかじめ右表のような**ウェルノウンポート**が割り当てられています。利用には便利ですが、例えばインターネットからログインしてルータ設定を変更できる機能などは、第三者に悪用されることがあります。そのため、攻撃が懸念される場合は、外部からのログインに使われる受信側のHTTPとTELNETの通信は遮断しておきます。

ポート番号	プロトコルとその働き
20, 21	FTP（ファイル転送）
23	TELNET（仮想端末）
25	SMTP（メール送信）
80	HTTP（WWWの閲覧）
110	POP3（メール受信）
119	NNTP（ネットニュース）

この用語も出題実績アリ！

ポートスキャナ
各ポートにアクセスして調べることで、アクセス可能なポートや稼働中のサービスを調べる管理用のソフト。攻撃を目的として、脆弱性のあるサービスが稼働していないかを調べるために使われることもある。

代理サーバを経由させる"アプリケーションゲートウェイ"

　社内LANとインターネットの間に**プロキシサーバ**（Proxy＝代理）を設置し、インターネットとのやりとりをすべてプロキシサーバを通じて行う方法です。プロキシサーバには、HTTPやFTPといったアプリケーション層のプロトコルごとにゲートウェイプログラムを用意し、LANの内部から接続要求があると、クライアントに代わってプロキシサーバ自身のIPアドレスを使ってインターネット上のサーバへアクセスを行います。反対にサーバから送信されたデータは、いったんプロキシサーバが受け取り、要求元のクライアントに結果を戻します。

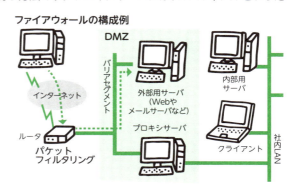

○DMZ（De-Militarized Zone）

　外部とのやりとりが直接発生するサーバを社内LANとは別セグメントに分けることで、システムやデータを外部の攻撃から守る役割をする緩衝領域を指すもので、元の意味は「非武装中立地帯」。実際には、外部からの要求に応える機能を持つWebサーバなどをDMZのセグメントに置き、DMZの内側（内部）にある社内LANへの直接アクセスは原則不許可とします。

その他のネットワークセキュリティ技術

IDS (Intrusion Detection System)	**侵入検知システム**と呼ばれ、ネットワークを流れるパケットやコンピュータ内部の挙動を監視して、不正な侵入を検知する。また、侵入防止システム。侵入検知のIDSに対し、**IPS**（Intrusion Prevention System；**侵入防止システム**）は、検知と同時にそれを防止する（接続を遮断する）。また、攻撃の詳細を定義した検出パターンにより、さまざまな種類の攻撃を防御できる。
ハニーポット	不正アクセスの手口やクラッカーの侵入経路を探るため、意図的に脆弱性を残し、おとりとして設置するサーバやネットワークシステムを指す。
MACアドレスフィルタリング	無線アクセスポイントなどにMACアドレスを登録しておき、ネットワークへの不正接続を防止する機能。MACアドレスの偽装には対応できない。
プライバシセパレーター機能	無線アクセスポイントやルータに接続している端末間のアクセスを禁止する機能。公衆無線アクセスポイントなどで利用者間の不正アクセスを防げる。

アプリケーションセキュリティ

アプリケーションセキュリティは、さまざまなWebサービスを提供するためのWebアプリケーションに対する攻撃（サーバの破壊や乗っ取り、データの盗難や改ざんなど）についての対策です。

WAF (Web Application Firewall)

WAFは、Webアプリケーションの脆弱性を突く攻撃から守るための機器またはソフトウェアを指します。ユーザからWebアプリケーションに渡される入力などの通信内容を、あらかじめ設定した検出パターンに基づいて検査することで、攻撃と見なされるアクセスを遮断することができます。また、ユーザのブラウザとWebサーバの間に設置するため、複数のWebアプリケーションをまとめて、SQLインジェクションやクロスサイトスクリプティングなどから保護することができます。

セキュアプログラミング	脆弱性を作らないプログラミングのこと。具体的には、入力データはすべて検査、出力するデータは問題を起こさないように加工、許可ではなく拒否ベースでアクセスを決める、多層防御を行い被害を限定する、など。
ファジング(fuzzing)	通常の入力ではありえない、予測不可能なデータを入力することで、バグや脆弱性を見つけ出す方法。入力データの作成には、自動的にデータを作り出したり、データの組合せをテストできるファジングツールを利用する。

攻撃方法は、SQLの文字列を勘違いさせる不正操作

SQLインジェクション攻撃を防ぐ方法はどれか。

ア　入力中の文字がデータベースへの問合せや操作において、特別な意味をもつ文字として解釈されないようにする。

イ　入力にHTMLタグが含まれていたら、HTMLタグとして解釈されない他の文字列に置き換える。

ウ　入力に上位ディレクトリを指定する文字列(../)が含まれているときは受け付けない。

エ　入力の全体の長さが制限を超えているときは受け付けない。

→SQLインジェクション攻撃は、Webアプリケーションの不備を突いて、悪意のある問合せや操作を行う命令文をWebサイトに入力し、データベースのデータを不正に取得したり改ざんしたりする攻撃。対策は、入力された文字列を検査し、特別な意味をもつ文字を取り除いたり、受け付けないようにする。正解はア。

Chapter 4
テクノロジ系
開発技術

● **システム開発技術**
- 4-1　システム開発の手順 ……………………………… 112
- 4-2　テストの種類と方法 ……………………………… 117
- 4-3　開発の図式手法 …………………………………… 122
- 4-4　オブジェクト指向設計 …………………………… 127

● **ソフトウェア開発管理技術**
- 4-5　ソフトウェア開発手法 …………………………… 129

Chapter 4-1 システム開発の手順

多くのシステムで採用されてきた開発モデルにウォータフォールモデルがあります。このモデルの特徴は、前工程の作業結果を後工程に引き継ぐといった形で段階的に進めていけること。これにより、規模の大小にかかわらず、組織的かつシステマチックに進めることが可能です。

システム開発は、設計〜テストまで、段階的に進めていく
① ユーザの要件をまとめたら
② 分割して製作
③ できあがったらパーツごとにテスト
④ 組み上げたら全体の動きをテスト
⑤ そして納品

ウォータフォールモデル開発における各工程　（ーーーは対応することを示す）

設計工程（Design）

D-1　システム要件定義
あいまいさの多いユーザの要求を整理・分析しながら、表面化していないシステムに対するユーザの要求を明確にしていく。最後に、要件定義書としてまとめる。定義しておく内容は、(1)システム化の目標と対象範囲、(2)システムの機能と必要となる性能、(3)対象業務の処理手順、対象データ、利用者の操作イメージ(移行・運用、保守、障害対策、教育訓練等を含む)、(4)システムの構成や開発期間、品質、開発環境、など。

D-2　システム方式設計（システム概要設計）
システム要件定義を受けて、システムを具体化していく。具体的には、(1)信頼性、効率性をふまえたハードウェア構成、(2)ソフトウェアパッケージやミドルウェアの選択、(3)集中処理、分散処理、クライアントサーバシステムなど、システムの処理方式の決定、(4)データベースの決定、を順に行う。また、この設計工程に対応するシステム結合テストのテスト計画を作成しておく。

D-3　ソフトウェア要件定義（外部設計）
構築するシステム要件を確立していく。システムの完成時にはユーザが直接関わる部分を、整理しながら決めていくため、開発者とユーザが協力して作業を進める。(1)業務の流れをシステムとして形にする、(2)データの流れをつかむ、(3)画面などのインタフェース、帳票、伝票などの設計、(4)セキュリティ対策、(5)システム保守など。

D-4　ソフトウェア方式設計（内部設計）
全体のシステムを開発者側の観点で、機能単位のコンポーネント（サブシステム）に分割し、それらを連係するコンポーネント間インタフェース仕様、データベースの最上位レベルの仕様を設計する。また、個々のコンポーネントが完成したときのソフトウェア結合テストの仕様を決めておく。

D-5　ソフトウェア詳細設計（プログラム設計）
前工程で分割したソフトウェアコンポーネントおよびインタフェースについて、それぞれの詳細内容を設計する。また、必要に応じて、コーディング単位のソフトウェアモジュール（ユニット、クラス）のレベルに詳細化していく。さらに、データベースの詳細内容、モジュールテスト仕様書も作成しておく。

D-6　ソフトウェア構築（コーディング）
ソフトウェア詳細設計で分割した各モジュールについて、実際にコーディング（プログラミング）を行っていく。コーディングし終わったら、定められたコーディング基準に則っているか、ソフトウェア詳細設計書に基づいているか、効率性、保守性が適切かを確認するコードレビュー（code review）を行う。

システムの開発工程

ウォータフォールモデルの工程は、設計工程（Design：下図ではDで示す）とテスト工程（Test：下図ではTで示す）に分けられます。設計工程では、次第に詳細化していき、テスト工程では次第に統合化しながら完成に至ります。

各工程で行う作業を大まかにつかんでおこう

開発プロセスにおいて、ソフトウェア方式設計で行うべき作業はどれか。

ア　顧客に意見を求めて仕様を決定する。　→顧客に意見＝最上位の工程
イ　ソフトウェア品目に対する要件を、最上位レベルの構造を表現する方式で、かつ、ソフトウェアコンポーネントを識別する方式に変換する。　→難しい言い回しだが、分割するということ、正解
ウ　プログラム1行ごとの処理まで明確になるように詳細化する。　→設計の最終工程
エ　要求内容を図表などの形式でまとめ、段階的に詳細化して分析する。　→要求を具体化する段階

テスト工程（Test）

T-1　システム適格性確認テスト
　システム要件定義の適格性確認要件に従い、システム（ソフトウェア製品）が要求どおりにできているかをテストする。本稼働前のテストであり、導入から運用、保守に引き継ぐためのさまざまな項目を確認する。開発者側やユーザ側のほか、運用部門や監査部門も参画して行う。

T-2　システム結合テスト（システムテスト）
　システム方式設計の仕様に従って行うテスト。複数のシステムやハードウェア、手作業が必要な部分など、すべてを結合したうえで仕様書どおりに動作するかの検証を行う。また必要に応じて、他のシステムとの連携についてもテストする。

T-3　ソフトウェア適格性確認テスト
　ソフトウェア要件定義のソフトウェア適格性要件に従って、要件どおりに機能が実現されているかを確認するテスト。システム開発者側が主体で行う最終テストで、仕様に基づいてシステムの性能やセキュリティ、障害回復などについて検証していく。

T-4　ソフトウェア結合テスト（結合テスト）
　ソフトウェア方式設計のテスト仕様に従って行うテストで、開発者側が主体となって実施する。具体的には、テストの終わったモジュールを結合して、各モジュール間（プログラム間）のインタフェースなどを検証する。テスト方法は、システムの規模などによって、増加テストまたは非増加テストを選択する。

T-5　モジュールテスト（ユニットテスト）
　各モジュールの機能が、ソフトウェア詳細設計の仕様どおりに稼働するかどうかを検証するテスト。テストの実施はモジュールの作成者やモジュールの設計者が担当する。仕様どおりに機能しない（実行エラーが起きた）場合は、ソースコードに戻って修正を行う。

T-6　デバッグ（debug）
　コーディングしたプログラムモジュールからエラー（バグ）を取り除き、正しく動作することを確認する作業。文法的なエラーについてはコンパイラ等にかけて発見し、論理的なエラーについてはテストデータと出力との関係をチェックすることで見つけ出す。

モジュール分割

システム設計の作業は、各工程ごとに機能を分割していくことです。この分割した単位をモジュールと呼びます。一般に最小単位までモジュールを分割した場合、1つのモジュールが1つのプログラムに対応します。

モジュール分割の概念を掴もう

分割した単位は、特定の局面ごとにさまざまな名称で呼ばれることがありますが、最小の単位を「モジュール」と呼ぶ場合、上位の単位は右図のようになります。

❶ コンポーネント
システムやサブシステムを構成する機能単位。座席予約や入金処理といった、関連する一連の作業を1つにまとめた概念です。

❷ モジュール(ユニット)
独立してコンパイルできる単位。1つの機能単位に分割されたプログラムを指します。1つのモジュールをさらに分割して階層化する場合もあります。モジュール分割のメリットは、処理効率の向上、部品化、再利用が可能、保守の効率化と信頼性向上などです。

❸ セグメント
モジュールから呼び出される関数や共通サブルーチンなどの単位。

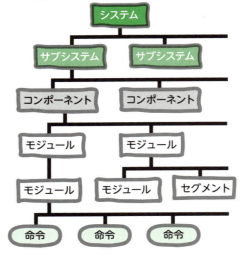

代表的なモジュール分割技法

❶ STS (Source/Transform/Sink) 分割
データ処理の流れに沿って、プログラム構造を入力、処理、出力の3つに分割し、それに基づいてモジュールを作成します。

❷ トランザクション(TR)分割
データに対応する処理(トランザクション)の種類に応じて、処理モジュールを分割し、作成します。

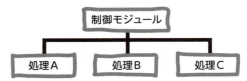

3つのモジュールの処理内容に注目!

基本給の更新、手当の更新、控除の更新に関する伝票を個別に受け付け、給与計算用のファイルを更新するプログラムを、図のようにモジュール分割した。このモジュール分割の方法の名称はどれか。

ア　STS分割法
イ　ジャクソン法
ウ　トランザクション分割法
エ　ワーニエ法

```
           ファイル更新
        ┌──────┼──────┐
    基本給の更新  手当の更新  控除の更新
```

→正解はウ。3つのモジュールは、関連のない独立した処理単位として分割されていることに注目しよう。

モジュールの独立性

プログラムは、後からどんな人が関わってもいいように内部構造もわかりやすくしておく必要があります。**モジュールの独立性**とは、モジュール内部の構造と外部とのつながりについての尺度です。直接的に処理内容に関わることではありませんが、独立性が保たれていると、メンテナンス性や拡張性に優れ、また再利用もしやすくなります。

モジュールの"強度"とは

「強度」とは、分割された1つのモジュール内に、どんな要素が含まれているかによって決まる指標です。例えば、全く関連のない複数の機能が1つのモジュール内に含まれていれば、強度は「弱い」ことになり、1つの機能だけでモジュール内が成り立っていれば、強度は「強い」ものになります。下の表は、さまざまなケースによるモジュール強度の種類を取り上げたものですが、可能な限り、**1モジュール1機能**を実現する**機能的強度**を目標にしましょう。

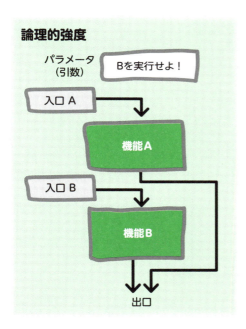

強度	分類	説明
強 ↑	機能的強度	特定の機能を実行するために、モジュール内のすべての命令が関連している。
	情報的強度	特定の情報やデータ構造を扱う複数の機能が1つのモジュールにまとめられている。
	連絡的強度	モジュール内でデータの受け渡し、または参照を行いながら、複数の逐次的機能を実行するもの。
	手順的強度	複数の逐次的機能を実行するモジュール。例えば、流れ図の一部を無作為にモジュール化したような形。
	時間的強度	ある時点に連続して複数の機能を実行するために同一モジュール化されたもの。機能間の関連性は弱い。
	論理的強度	関連したいくつかの機能を含み、機能を指定するパラメータ(引数)によって、1つの機能を選択して実行するもの。
弱	暗合的強度	モジュールを大きさだけで分割し、たまたま重複した部分を共通化したもの。モジュール内の要素どうしには特に関連がない。

モジュールの"結合度"とは

「結合度」は、分割されたモジュールどうしの結びつきを示す指標です。最もすっきりしているのは、互いに必要なデータのみをパラメータとして受け渡す**データ結合**です。

例えば、A+B＝Cのような加算を行うモジュールを呼び出すのなら、A、B、Cの3つを変数をパラメータとして受け渡します。A←1、B←2を入れて呼び出し、返ってきたCには3が入れられているという形です。

もし、呼び出すモジュールに、加減乗除の4つの機能が含まれていたら、4番目のパラメータとして計算の種類を指示する必要があり、**制御結合**となります。さらに、1つのモジュール内に複数の機能が含まれることとなり、モジュール強度は「論理的強度」になります。

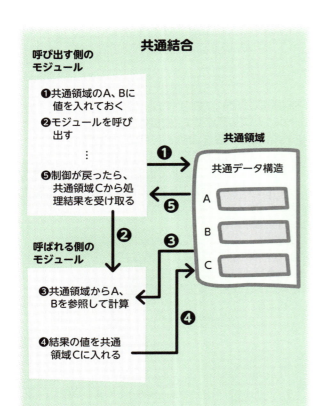
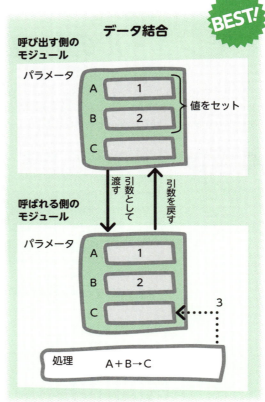

結合度	分類	説明
弱 ↓ 強	データ結合	呼び出す相手モジュールをブラックボックスと見なす形。モジュールの制御論理を変えないパラメータとしてデータを受け渡す。
	スタンプ結合	パラメータとしてデータ構造ごと受け渡す。不必要なデータまでやりとりすることにもなる。
	制御結合	モジュール内の制御を指示するデータをパラメータとして受け渡す。モジュールの強度は、論理的強度となってしまう。
	外部結合	共通のデータを複数モジュールで使用する形。外部宣言したデータ項目（C言語での外部変数など）を使用するもの。
	共通結合	共通データ構造を複数のモジュールで使用する形。共通域のデータに修正が発生すると、参照するすべてのモジュールの再コンパイルが必要となる。
	内部結合	他のモジュールの内部を直接、参照・利用する形。修正時のメンテナンス性が悪い。

試験問題の例　結合度が弱ければ、モジュールが独立しているということ

モジュールの独立性を高めるには、モジュール結合度を弱くする必要がある。モジュール間の情報の受渡しに関する記述のうち、モジュール結合度が最も弱いものはどれか。

ア　共通域に定義したデータを、関係するモジュールが参照する。　→共通結合
イ　制御パラメタを引数として渡し、モジュールの実行順序を制御する。　→制御結合
ウ　データ項目だけをモジュール間の引数として渡す。　→データ結合、正解
エ　必要なデータだけを外部宣言して共有する。　→外部結合

Chapter 4-2 テストの種類と方法

シラバス　大分類：4　開発技術　中分類：12　システム開発技術　小分類：1～7　システム要件定義～システム適格性確認テスト

テストには、モジュール（ユニット）そのもののテストと複数モジュールを組み合わせる結合テストがあります。さらに、すべてのモジュールが完成した後に行うシステムテストへとつながります。テストにはいくつかの手法があるので、それぞれの特徴をつかんでおきましょう。
またレビューは、各工程の最終段階で行う関係者による検査のこと。複数の関係者によって仕様書などの成果物を検査し、問題点を洗い出す作業を行います。

ブラックボックステストとホワイトボックステスト
① ブラックボックステスト：テストとして用意した入力から、想定した結果が出るかをチェック
② ホワイトボックステスト：予定どおりの処理が行われているかをすべてのルートでチェック

モジュールテスト

出題率　低　普通　高

モジュールテストは、プログラムが完成した直後に行うテストです。モジュール内容によっては、単体では実際の動作確認ができないものもあり、下のようなさまざまな手法を用います。また、テストやデバッグを実際に行うには、開発支援ツールを利用します（68ページを参照）。

モジュール（ユニット）テストの手法

まとめて覚えるとラク

デバッグ (debug/debugging)	コーディングしたプログラムモジュールからバグ（エラー）を取り除き、正しく動作することを確認する作業。文法的なエラーについてはコンパイラ等にかけて発見し、論理的なエラーについてはテストデータと出力をチェックして見つける方法がとられる。また、目視だけで行う場合を机上デバッグと呼ぶ。
コードレビュー (code review)	コーディングが終わったプログラムについて、定められたコーディング基準に則っているか、ソフトウェア詳細設計書に基づいているか、効率性、保守性が適切かを確認する。
アサーションチェック	成立すべき論理的な条件をプログラム中に挿入しておき、その条件が満たされていないときにメッセージを出すことで、エラーを発見する方法。
モジュール論理テスト (単にユニットテストともいう)	すべてのプログラムロジックを通るようなテストデータを用意し、ホワイトボックステストの手法で行う（119ページ、ホワイトボックステストを参照）。
テストカバレッジ分析	プログラムの命令や条件が漏れなくテストされているか、そのカバレッジ（網羅率）を測定し、分析する方法。テストそのものの品質を確認できる。

レビュー手法

この用語をcheck！

ウォークスルー	作成された仕様書、ソースコードなどについて、開発担当者を含む複数のメンバ（関係者）で検討し、エラーを早期発見する。
インスペクション	モデレータ（責任者）のもとに行うレビュー（ウォークスルーをより組織化したもの）。第三者がソースコードを1行ずつチェックする手法をコードインスペクションという。

117

結合テスト

出題率 低 普通 高

　モジュールには、「呼び出す側」と「呼び出される側」があり、互いに連係し合って機能します。結合テストは、ある程度まとまりを持つ単位で行うテストで、それぞれの機能はもちろんのこと、モジュール間のインタフェースの確認が重要になります。ただし、構成するモジュールのすべてが完成してからでは問題点の把握がしにくいことから、単体のモジュールが完成した順に仮のテストを実施していきます。これには、次のようなテスト方法があります。

仮の上位モジュール"ドライバ"を使う"ボトムアップテスト"

　ボトムアップテストは、単体テストが終わった下位モジュールから上位モジュールへ順に結合しながらテストを進めます。「呼び出す側」の上位モジュールは未完成のため、インタフェースを確認するには、呼び出す機能のみを持ったドライバを使います。

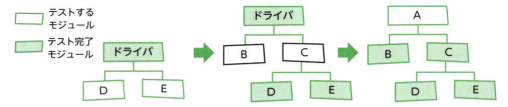

仮の下位モジュール"スタブ"を使う"トップダウンテスト"

　トップダウンテストは、上位モジュールから下位モジュールへ順に結合しながらテストを進めます。「呼び出される側」の下位モジュールは未完成のため、条件に合わせて結果の値を返す機能のみを持ったスタブを使います。

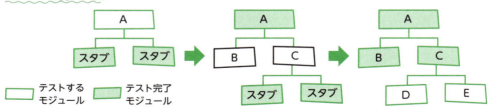

両方から進めていく"サンドイッチ(折衷)テスト"

　最上位に近いモジュールはトップダウンテスト、最下位に近いモジュールはボトムアップテストを用いる方法です。

ドライバとスタブの判別がカギ

　結合テストで用いられるスタブの役割の記述として、適切なものはどれか。

ア　テスト完了のモジュールの代わりに結合される。
イ　テスト対象のモジュールからの呼出し命令の条件に合わせて、値を返す。
ウ　テスト対象のモジュールからの呼出し命令の条件に合わせて、テストデータを自動生成する。
エ　テスト対象のモジュールを呼出し命令で呼び出す。

→スタブは呼ばれる側。値を返す機能のみを持つ。正解はイ。

システムテスト

システムテスト（システム結合テスト、ソフトウェア適格性確認テストを含む）は、機能、性能、操作性などといった要求仕様書の内容がどこまで実現できているかを確認するテストです。なお、システムテストは、プログラムの内部を意識しないブラックボックステストを用いて実施します。

論理構造を確認する"ホワイトボックステスト"

主にプログラマやプログラム設計者が行うことを前提としたテストです。モジュール内のプログラムの論理構造がわかっている前提で、論理構造をくまなくテストできるテストデータを用意します。中が見えているということで「ホワイトボックス」と呼ばれています。

機能の正しさを確認する"ブラックボックステスト"

中がわからないもののことを「ブラックボックス」ということがあります。ブラックボックステストは、モジュール内部の論理構造を問わず、仕様どおりに機能が実現できているかをテストします。主にシステム全体をテストする段階で設計者やユーザが行います。

システムテストの手法

機能テスト	ユーザから求められたシステム要件を満たしているかを検証する。
性能テスト	データの処理速度、画面からのリクエストに対する応答時間（スループット、レスポンスタイム）など、システム全体の性能を評価する。
操作性テスト	ヒューマンインタフェースに関して、使いやすいか、ミスを起こしやすくないかなどを評価。
状態遷移テスト	時間経過などによって、次の状態が変化するシステムを対象としたテスト。
例外処理テスト	イレギュラーなデータの処理やエラー処理について、適切に（安全な方向に）動作するかを評価。
負荷テスト（ストレステスト）	実際の稼働と同様、あるいはより大きな負荷がかかったときのシステムの性能や機能を検証する。
障害回復テスト	障害が発生した際に、発生状況を把握でき、原因を突き止められ、さらに的確な復旧作業の手順を経て迅速に回復できるかを評価。
セキュリティテスト	ネットワークやデータベース、人が介在する部分などを含めたセキュリティを保持する観点からのテスト。必要に応じてさまざまなテストを行う。
リグレッションテスト	修正したことによって、他に影響がないかを確認する。退行テストともいう。

否定的な文面に注意しながら、各選択肢を判断しよう

システムテストに関する記述のうち、適切なものはどれか。

ア　端末応答時間などのシステムの処理効率については、ハードウェアの性能に依存するので、システムテストの範囲には含めない。

イ　ファイル破壊やハードウェア障害からの復旧が容易に行われるかどうかをテストすることは、完成したシステムを損なう可能性があるので避けるべきである。

ウ　ユーザインタフェースやシステムの操作性については、システムが運用される環境によって変化するので、テストすることは無意味である。

エ　要求仕様書の内容がどこまで実現されたかを確認するには、ブラックボックステストが有効である。

→否定的な文面（特にア、ウのような断定）は、ダミー選択肢であることが多い。正解はエ。

テストデータの作成

テストデータ（テストケース）は、テストの目的によって作成方法が異なります。ここで目的とは、プログラムの論理構造を確認するのか、全体としての機能を確認するのかということ。それによってホワイトボックステストを用いるかブラックボックステストを用いるかが決まります。特に、実例問題は、十分な理解が必要です。

ブラックボックステストの方法

ブラックボックステストは、モジュール内部の論理構造は考慮せずに、主にシステムの機能をテストするときに行われます。テストデータについても、システムの機能を確認することを考慮に入れ、入力から出力への正当性を確認します。このとき、正しいデータだけでなく、誤ったデータや例外処理となるデータも用意します。なお、テストの実施は、システム開発者だけで行うのではなく、業務部門や第三者を交えて客観的に行う必要があります。

❶ 同値分割

因果グラフ
入力と出力の関係をグラフ（原因－結果グラフ）で表し、デシジョンテーブル（決定表）へ展開してテスト項目を設計する方法。

実験計画法
大量データをテストする場合に用いる統計的な分析によって、テストケースを設計する方法。

入力データ値について、取りうる範囲（有効同値クラス）とそうでない範囲（無効同値クラス）に分け、その代表値をテストデータとする方法です。いわば、誤ったデータが入力されても、きちんと処理されるかの確認です。

上図でのテストデータ：－3、99、103 ……有効値と無効値の中から選択。

❷ 境界値分析（限界値分析）

取りうる範囲（有効同値クラス）とそうでない範囲の境界に位置するデータをテストデータとする方法です。プログラムの判定のミスなどは、このような境界に位置するデータの処理の誤りが多いことに起因したテストデータです。

上図でのテストデータ：－1、0、100、101 ……それぞれの境界値を選択。

有効同値が2つに分かれていることに注意！

整数1～1,000を有効とする入力値が、1～100の場合は処理Aを、101～1,000の場合は処理Bを実行する入力処理モジュールを、同値分割法と境界値分析によってテストする。次の条件でテストするとき、テストデータの最小個数は幾つか。

〔条件〕
①有効同値クラスの1クラスにつき、一つの値をテストデータとする。ただし、テストする値は境界値でないものとする。
②有効同値クラス、無効同値クラスの全ての境界値をテストデータとする。

ア 5   イ 6   ウ 7   エ 8

→同値分割法と境界値分析を理解していても、問題文をよく読まないと間違えやすい「引っ掛け問題」。①は、有効同値クラスに限定しており、有効同値クラスは2クラスに分かれていると判断する。②は、有効同値クラス、無効同値クラスが2クラスずつ。正解エ。

ホワイトボックステストの方法

モジュールの中身が見えていることを前提に行う**ホワイトボックステスト**では、「分岐」と「処理」の動きを確認する必要があります。次の5つの方法があります。

❶ 命令網羅
すべての処理を少なくとも1回は実行します。

テストデータ	1
条件A	真
条件B	真

❷ 判定条件網羅（分岐網羅）
分岐部分の判定条件で真、偽ともに少なくとも1回は実行します。この例はOR条件のため、条件は4通り「Aが真、Bが真→真」、「Aが真、Bが偽→真」、「Aが偽、Bが真→真」、「Aが偽、Bが偽→偽」です。このうち、真になるのは3通りですが、どれか1つをテストデータにすればOKです。

テストデータ	1	2
条件A	真	偽
条件B	真	偽

❸ 条件網羅
個々の条件（ここでは条件Aと条件B）について、真と偽を含むテストデータを用意します。

テストデータ	1	2
条件A	真	偽
条件B	偽	真

❹ 判定条件／条件網羅
❷と❸を組み合わせたものです。判定条件で真、偽ともに少なくとも1回は実行し、かつ判定条件の中の個別の条件が少なくとも1回の真と偽の結果を持つテストデータを用意します。

テストデータ	1	2	3
条件A	真	偽	偽
条件B	偽	真	偽

❺ 複数条件網羅
❹の完全版です。個々の条件の真と偽のすべての組み合わせを網羅し、さらに判定条件（分岐）を網羅するようにテストデータを作成します。

テストデータ	1	2	3	4
条件A	真	真	偽	偽
条件B	真	偽	真	偽

すべての組合せを確認するのが"複数条件網羅"

プログラムの流れ図で示される部分に関するテストデータを、判定条件網羅によって設定した。このテストデータを複数条件網羅による設定に変更するとき、加えるべきテストデータのうち、適切なものはどれか。ここで、（　）で囲んだ部分は、一組のテストデータを表すものとする。

- 判定条件網羅によるテストデータ
  (A=4, B=1)、(A=5, B=0)

ア　(A=3, B=0)、(A=7, B=2)　　イ　(A=3, B=2)、(A=8, B=0)
ウ　(A=4, B=0)、(A=8, B=0)　　エ　(A=7, B=0)、(A=8, B=2)

→問題文に示された判定条件網羅のテストデータは、個々の条件が（偽, 偽）と（偽, 真）になっている。そこで、複数条件網羅のとき足りない、（真, 真）と（真, 偽）となるテストデータを見つければよい。選択肢の中で該当するのはエのテストデータだ。

Chapter 4-3 開発の図式手法

シラバス 大分類：4 開発技術 / 中分類：12 システム開発技術 / 小分類：3 ソフトウェア要件定義

システム設計では、さまざまな図式手法が用いられますが、決定表、DFD、E-R図、そしてUMLの書き方を押さえておけばよいでしょう。出題の中心になっているUMLは、オブジェクト指向開発に関わる用語問題と、データベース設計に関わる実践的な問題が出ています。

図式手法は、システムの内容によって使い分けよう！
① STD（状態遷移図） 画面の設計に向く手法
② DFD 業務処理の設計に向く手法
③ E-R図 データベースの設計に向く手法

さまざまな図式手法

出題率 低 普通 高

図式手法は、対象業務や分析用途などによって使い分けます。書き方や記号を覚えるだけではピンとこないので、実際の記述例と照らし合わせるとマスターしやすくなります。ここで取り上げた、決定表、DFD、E-R図は、いずれも午後問題のソフトウェア開発などの問題中に登場しているので、過去問を利用して慣れておくとよいでしょう。

複数の条件を整理するときに役立つ"決定表"

決定表は、システム化を行う対象業務を整理するときに用いると便利な表形式の手法で、午後問題でもたびたび登場します。図の書き方は、左半分に条件とそれに対する行動を整理します。次に右半分に各条件の組合せによってどのような行動をとるべきかを明らかにし、条件に応じた結果を評価していきます。システムの詳細が対象なら、そのまま流れ図に落とし込むことも可能です。

書き方

見出し部	
条件表題部	条件記入部
行動表題部	行動記入部

条件表題部
　条件を記入
条件記入部
　Y：条件が満たされるとき
　N：条件が満たされないとき
　－：行動に影響を与えない
行動表題部
　行動を記入
行動記入部
　X：実行するとき
　－：実行しないとき

次の例では、テスト的に導入するキャンペーン商品についての決定表です。テスト的に限定品を販売してみて、販売戦略または価格戦略を検討するというものです。このように、複数の要素が絡み合っている場合に、決定表を使うと整理することができます。

記述例

条件表題部	条件記入部			
限定品売上合計が300セット以上	Y	Y	Y	N
限定品Aの売上が120セット以上	Y	Y	N	－
限定品Bの売上が120セット以上	Y	N	Y	－
適正価格と判断	X	－	－	－
販売方法を見直し	－	X	X	－
価格を見直し	－	－	－	X
行動表題部	行動記入部			

・限定品A、Bの売上が、ともに120セット以上であり、かつ合計が300セット以上なら価格はそのままで販売開始する。
・どちらかの売上が120セットを下回った場合は販売方法を見直す。
・ともに120セットを下回った場合は価格を見直す。

状態遷移図 (STD；State Transition Diagram)

行動によって変化する画面設計、時間経過で変化するリアルタイム処理など、状態や情報が移り変わる様子を表現するための手法です。動きのイメージがつかみやすいのが特徴です。

記号

○　システムがとりうる状態。○の中に状態名を記述する。

→　状態の遷移を示す。→の上または下に状態を遷移させる事象を記述する。／で区切って、事象と出力を書く場合もある。→で元の状態に戻ることも許される。

記述例

- **状態遷移表**

実際に画面の動きなどを設計する際、動きを整理するために用いる表。状態遷移図と併用することで、動作の漏れもチェックできます。

事象 状態	入力	印刷	検索	削除	中止	メニュー	番号入力
メニュー画面	入力画面		検索画面				
入力画面					メニュー画面		
検索画面		印刷画面		削除画面	メニュー画面		検索画面
印刷画面					検索画面	メニュー画面	
削除画面					検索画面	メニュー画面	

消去法で、正解以外の図式手法を消していこう！

システム開発で用いる設計技法のうち、決定表を説明したものはどれか。

ア　エンティティを長方形で表し、その関係を線で結んで表現したものである。
イ　外部インタフェース、プロセス、データストア間でのデータの流れを表現したものである。
ウ　条件の組合せとそれに対する動作とを表現したものである。
エ　処理や選択などの制御の流れを、直線または矢印で表現したものである。

→正解はウ。下線は選択のキーワードだが、図を文章で表現しているため迷いやすい。覚えているものを消去法で消していくと確実。ア：E-R図、イ：DFD、エ：流れ図（フローチャート）の説明。

図法の用途から判断する問題は、想像力を働かせよう

設計するときに、状態遷移図を用いることが最も適切なシステムはどれか。

ア　月末及び決算時の棚卸資産を集計処理する在庫棚卸システム　→資産の更新＝ファイル
イ　システム資源の日次の稼働状況を、レポートとして出力するシステム資源稼働状況報告システム
　　→日次の稼働状況を入力として、蓄積（ファイル）し、まとまったら出力する＝入力、ファイル、出力
ウ　水道の検針データを入力として、料金を計算する水道料金計算システム
　　→従量制による料金計算＝場合分け（条件）による整理が必要
エ　設置したセンサの情報から、温室内の環境を最適に保つ温室制御システム
　　→センサの情報＝時間経過により常時変化する

→時間経過を表現することから正解はエ。ア：DFD、イ：DFDやE-R図（データベースを構築するなら）、ウ：決定表、が適している。

データの流れを表現できる "DFD"

　DFD (Data Flow Diagram) は、データの流れに注目して、システムの処理を表現する手法です。使用する記号は、**入力**、**処理**、**ファイル**、**出力**と**データフロー**というシンプルなもので、システムへの入出力のほか、各モジュールとファイル間における、データのやりとりが明確にわかります。

記号と意味

記号	名称	意味
□	入力/出力 (源泉/吸収)	業務におけるデータの発生源、または最終的な受渡し先を示す。
─	ファイル (データストア)	データを蓄積するファイルや台帳などのデータの集合体を示す。
○	処理 (プロセス)	処理の内容を示す。
→	データフロー	データの流れを示す。

記述例

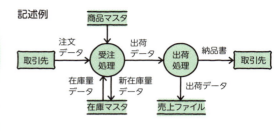

データベースの設計に役立つ "E-R図"

　E-R図 (Entity-Relationship Diagram) は、対象となる事象をモデル化するための図式手法で、データベース設計などで利用します。方法は、物や人、概念などに相当する**エンティティ** (Entity；実体) と、エンティティどうしの関連を示す**リレーションシップ** (Relationship；関係) を線で結び、関係を整理していきます。また、エンティティの詳細を示す**アトリビュート**を記述することもあります。

　エンティティ「出荷先」と「部品」の間には、「出荷する」というリレーションシップが存在する。また、各エンティティには、アトリビュート (属性、データの性質を表す項目) がある。なお、主キーとなるアトリビュートには下線を引く。

「社員」、「部門」、「所属」の位置づけを考えてみよう！

　社員がどの部門に所属しているかを表すE-R図として、適切なものはどれか。ここで、図の＊は関連における多を表す。

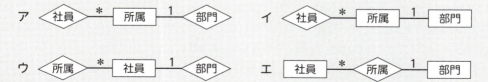

→問題を読み取ると、「社員」と「部門」が実体であり、「所属」が社員と部門の関連となる。ここで1人の社員は1つの部門に所属し、また1つの部門には複数の社員が所属していると考えられるので、「社員」対「部門」は、多対1の関係になる。これをE-R図で表すと、「エ」になる。

テクノロジ系

この章からの出題数
6問/80問中

UML

出題率 低 普通 高

　UML（Unified Modeling Language：統一モデリング言語）は、オブジェクト指向技術の標準化を行うための国際的な統一表記法です。複数の図法によって構成され、システム開発における業務の流れの分析やシステムに要求される機能、構造を図示できます。このような図式手法の標準化によって、開発プロジェクトに関わる開発者どうしの意思疎通をスムーズに図ることができるほか、利用者側との認識の違いを解消する効果が期待できます。

UMLの図とその使い方

　UMLには多くの図法がありますが、試験によく出るのは次の5つです。また、具体例で出題される場合は、クラスが中心です。

❶ アクティビティ図　キーワード…処理内容と流れを表現
　対象システム全体の処理内容とその流れを表すためのもので、業務フロー図として整理するために用います。

❷ ユースケース図　キーワード…利用者の視点でシステムの機能を表現
　システムとその利用者とのやりとりを整理し、利用者の視点でシステムの機能を表す図です。

❸ クラス図　キーワード…クラスの型やクラス間の関係を表現
　システムの構成要素となるクラス（データとその処理手順を一体化した概念）の型や属性、クラス間の関係などを表現します。クラス図は、データベース分野の問題では、E-R図に代わるものとして「多重度」が問われます。また、システム開発分野の問題としては、オブジェクト指向設計の概念を問う図としてクラス間の「関係」が問われます（次項参照）。

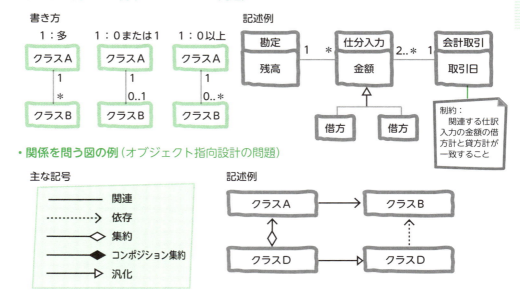

❹ オブジェクト図　キーワード…インスタンス間の関係を表現
　概念であるクラスを具体化したインスタンス（例：クラス＝社員、インスタンス＝山田太郎）どうしのつながりを表現する図です。

❺ シーケンス図　キーワード…オブジェクト間の動作を時系列に表現
　オブジェクト（処理対象となるもの）の間に生じるメッセージのやりとり（システムの動作）を表現します。

キーワードで判断しよう！

UML2.0において、オブジェクト間の相互作用を時系列に表す図はどれか。

ア　アクティビティ図　　イ　コンポーネント図
ウ　シーケンス図　　　　エ　オブジェクト図

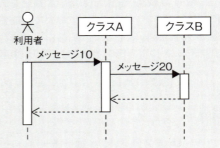

→時系列というキーワードから、正解はウ。右のような図で、縦軸が時間の流れとなる。

まずは、多重度からクラスの関係を読み取ろう

UMLを用いて表した図のデータモデルの解釈のうち、適切なものはどれか。

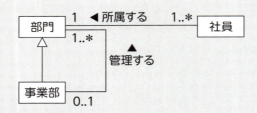

ア　事業部以外の部門が、部門を管理できる。
イ　社員は事業部に所属できる。
ウ　所属する社員がいない部門が存在する。
エ　部門は、いずれかの事業部が管理している。

→多重度を見ながら、わかりやすい選択肢から消していこう。まず、「部門」と「社員」には1対1以上の関連があり、1部門には1人以上の社員が所属していることがわかる（ウは消去）。ここで黒三角は関連名であり、関連の意味を示すものである。次に、「部門」と「事業部」には、1以上対0または1の関係があり、事業部に属さない部門も存在する（エは消去）。さらに、「事業部」と「部門」に関連があり、関連名「管理する」が付いていることから、事業部が部門を管理している（アは消去）。最後に、汎化の矢印より、「部門（上位クラス）」と「事業部（下位クラス）」の関係があることから、事業部は部門の一種であり、「社員」は「部門」に所属しているので「事業部」にも所属できる（イは正しい）。

Chapter 4-4 オブジェクト指向設計

シラバス 大分類：4 開発技術 / 中分類：12 システム開発技術 / 小分類：4 ソフトウェア方式設計・ソフトウェア詳細設計

オブジェクト指向設計は、処理（プロセス）とデータが一体になったオブジェクトとして扱う考え方です。オブジェクトの利用者は内部構造を知らなくても利用でき、内部構造を変更しても利用者に影響を与えません。試験では、オブジェクト指向の概念についての用語が問われます。

オブジェクト指向の概念

オブジェクト指向からの出題は、基本的な概念とオブジェクトどうしの関係についての用語問題が中心です。

カプセル化	属性とメソッドを一体化すること。ここで、属性はオブジェクトが持つデータのこと。メソッドは振舞い（機能のこと）を指す。会員というオブジェクトなら、「氏名」や「住所」が属性であり、「登録する」や「検索する」がメソッドになる。
情報隠蔽	カプセル化した属性やメソッドを外から見えないようにすること。データやメソッドへ直接アクセスするのを禁止できるので、オブジェクトの独立性が高くなる。
メッセージ	あるオブジェクトが別のオブジェクトに対して処理を要求する単位。オブジェクトに対して指示できる唯一の手段となる。オブジェクトどうしがメッセージをやりとりしながら処理を行うことをメッセージパッシングという。

オブジェクト指向の考え方

❶ クラスとインスタンス

ひな形が「クラス」、具体的な値が「インスタンス」

クラスは、複数のオブジェクトに共通する性質を1つにまとめ、それに名前を付けたもので、オブジェクトのひな形（テンプレート）のような存在。インスタンスは、クラスから生成された具体的な値をもつオブジェクトを指します。

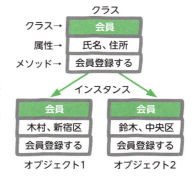

❷ スーパクラスとサブクラス

上位が「スーパクラス」、下位が「サブクラス」

スーパクラスは、サブクラスの共通する性質をまとめて定義したもの。サブクラスは、スーパクラスの性質を具体化してそれぞれ定義したものです。

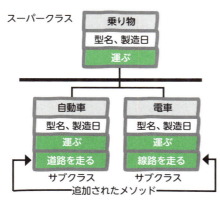

❸ インヘリタンス（継承）と差分プログラミング
「インヘリタンス」は性質を引き継ぐこと、「差分プログラミング」で効率化

インヘリタンス（継承） は、クラスの持つ性質がインスタンスに受け継がれること。**差分プログラミング** は、共通の性質以外(差分)を定義することです。これにより、開発効率を上げられます。

❹ ポリモーフィズム（多相性、多態性、多様性）
同じメッセージを出しても、オブジェクトごとに異なる振舞いを実行

オブジェクト間のメッセージのやりとりで、サブクラスのオブジェクトに対して同一のメッセージを送信しても、それぞれのオブジェクトが異なるメソッド（振舞い）を実行できる性質。これは、あるクラスを継承する際、スーパクラスのメソッドをサブクラスで置き換える（**オーバライド** する）ことで、異なる動作をさせることができます。

❺ 委譲
メッセージに対するメソッド（機能）を、そのオブジェクト内で他のオブジェクトに依頼すること。継承がクラス単位(属性、メソッドを含む)に対し、委譲はメソッドのみを利用できます。

オブジェクトどうしの関係

❶ is-a関係（特化／汎化）
「サブクラス」は、「スーパクラス」の一種

「サブクラスがスーパクラスの一種である」という関係を表します。スーパクラスを具現化することを **特化**、サブクラスに共通する性質をまとめて抽象化することを **汎化** といいます。

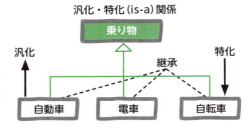

❷ part-of関係（分解／集約）
自動車とパーツがpart-of関係

「あるオブジェクトが複数のオブジェクトによって構成される」という関係。構成するオブジェクトへ展開することを **分解**、構成オブジェクトを1つのオブジェクトにまとめることを **集約** といいます。

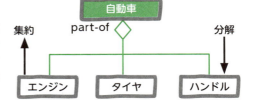

 カタカナ語と日本語の置き換えに注意！

オブジェクト指向において、あるクラスの属性や機能がサブクラスで利用できることを何というか。

ア　オーバーライド　　　イ　カプセル化　　　ウ　継承　　　エ　多相性

→正解はウ。単純な用語問題だが、「インヘリタンス＝継承」を結びつけておきたい。

 オブジェクトの関係を整理しておこう

オブジェクト指向の考え方に基づくとき、一般に"自動車"のサブクラスといえるものはどれか。

ア　エンジン　　　イ　製造番号　　　ウ　タイヤ　　　エ　トラック

→正解はエ。is-a関係は、「サブクラスがスーパクラスの一種である」という関係。

Chapter 4-5 ソフトウェア開発手法

シラバス 大分類:4 開発技術　中分類:13 ソフトウェア開発管理技術　小分類:1 開発プロセス・手法

どんな開発手法も、すべてのシステム開発において万能ではありません。開発手法を理解するときは、どんな開発内容や規模に向いているかを意識しておくとよいでしょう。最近の出題傾向は、アジャイルの1つである、XP（エクストリームプログラミング）が中心です。

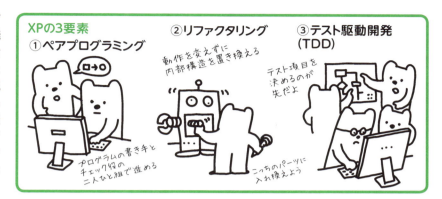

ウォータフォールモデルによる開発

開発手法を理解するための基本は、**ウォータフォールモデル**です。このモデルは、開発作業の全体をいくつかのフェーズ（工程）に分け、各工程は、前工程の結果（仕様書など）を引き継ぎながら、全体（上流）から細部（下流）へと進めていきます。工程の後戻りが難しいことから、滝の流れに喩えてウォータフォール（滝）と呼ばれます。

段階的に進められる"ウォータフォールモデル"

ウォータフォールモデルは、下図のように上流から下流へと開発を進めていきます。ここで上流とはユーザの視点、一方の下流はシステム開発者側の視点です。つまり、ユーザから出された要件を、段階的に細分化しながら、プログラミング工程まで落とし込んでいくイメージです。またテスト工程に入ると、滝を遡るように詳細から全体へと各開発工程に対応させながらテストを行い、完成に至ります。

○ウォータフォールモデルの特徴

- **工程管理や進捗管理がしやすい** 段階を踏んで進められるので、大規模な開発にも向く。
- **全体像をつかみにくい** 完成時までは、仕様書のみなので、使い勝手や不具合を確認しにくい。
- **仕様変更に対応しにくい** 工程の後戻りが発生すると、多大な時間と費用がかかる。

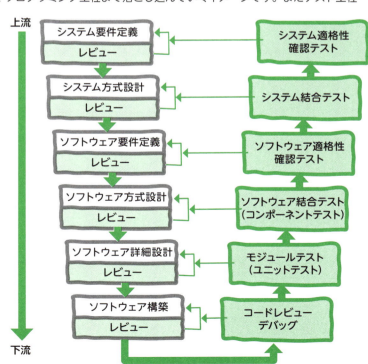

129

その他の開発手法

ウォータフォールモデルによる開発は、組織的に動きやすく大規模なシステム開発にも対応できます。半面、大がかりになりがちで、小規模の開発では柔軟に対応できず、システムの完成形が最終段階まで掴みにくいという部分もあります。これらのを補うように考え出されたのが下記の開発モデルです。

完成イメージを見せながら進める"プロトタイピングモデル"

開発の早い段階で試作品(プロトタイプ)を作成し、ユーザに完成イメージを伝えながら開発を進める手法です。使い捨て型と進展型(試作品を改良して本来のシステムを完成させる)の2つがあります。

○**プロトタイピングモデルの特徴**
- **設計の誤解を減らせる** プロトタイプによって、開発者とユーザとの誤解が減り、不具合の発見やニーズ発掘にも繋がる。
- **工程管理が難しい** 仕様変更に対応しやすいが、プロトタイピングが繰り返されると、先に進めない場合もある。

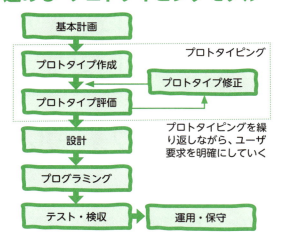

部分ごとに完成させていく"スパイラルモデル"

スパイラルモデルは、短期間のうちに「要件定義、設計からコーディング、テスト、評価」を繰り返しながら、段階的に完成させていく方法です。コア部分を完成させた後、独立した部分ごとに追加していく形態(インクリメンタルモデル=段階的モデル)と、いったん完成させたものを徐々に進化させていく形態(エボリューションモデル=進展的モデル)があります。

○**スパイラルモデルの特徴**
- **短期間に完成品を確認できる** 部分的または全体像を早期に確認でき、問題点を把握しやすい。
- **工程管理が難しい** 大規模な開発では、日程と費用がつかみにくい。1回の繰り返しでどこまで行うかといった切り分けが難しく、繰り返しが増えることもある。

ユーザと開発者のチームで、短期に完成させる"アジャイル"

アジャイル(agile)とは、システム開発を進めるうえでの定義で、その概念を示す「アジャイルソフトウェア開発宣言」によって誕生したものです。その中には、ユーザ(顧客)と開発者が相互理解を深めながら短期間でソフトウェアのリリースを行い、動作の検証をフィードバックしながら、ユーザの要望や市場変化へ柔軟に対応できる、より良い成果を目指すという趣旨のことが書かれています。

○**アジャイルの特徴**
- **理想と完成品とのギャップが少ない** 常にユーザの意見が聞け、仕様の変更要求に対して柔軟な対応が可能になる。

・**小規模開発に向く** 単位ごとに短期間のうちに完成させていくため、小規模な開発には向くが、大規模には対応しにくい。

XPの特徴

アジャイルにはいくつかの開発手法がありますが、その中でも**XP**（**エクストリームプログラミング**）が代表的です。試験では、XPとその技術的な手法（**プラクティス**）について出題されています。

XP（エクストリームプログラミング）

XPはケント・ベック氏らが考案したアジャイルタイプの開発手法で、ユーザ（顧客）側と開発者側が共有すべき価値に基づく、**プラクティス**（実践すべき手法）によって作業を進めていきます。具体的には、顧客側と開発者側が少人数のチームを組み、密接にコミュニケーションをとりながら進め、ごく短期間の単位で「要件定義、設計、開発、テスト、評価、リリース」を繰り返していきます。これにより、顧客の意見を反映させながら、使いやすい理想型に近づけていくことができます。

XPには、現時点で20近くの手法がありますが、試験でよく問われるのは次の3つ。用語とその内容をしっかり結びつけておきましょう。

❶ ペアプログラミング（Pair Programming）
作業を二人一組にして、プログラム（ソースコード）の書き手とチェック役を担当する方法。また、随時役割の交代とメンバーの入れ替えを行います。これにより、バグを減らし、プログラムの品質を向上できます。

❷ リファクタリング（Refactoring）
外部から見えるソフトウェアが行う動作を変えないように、プログラム（内部構造）を置き換えること。機能追加にも対応しやすく、メンテナンス性も向上できる洗練されたものになります。

❸ テスト駆動開発（TDD：Test Driven Development）
先にテストをケースを作成してから、プログラム（ソースコード）を書く手法。具体的には、まずテストをケースを作成し、そのテストをパスさせるために必要最低限のプログラムを書きます。さらに、その状態を維持するようにリファクタリングを行い、これを繰り返すことで完成形へ近づけていきます。これにより、実装すべき機能が明確になり、テストを効率的に行うことができます。

3つの手法の判別がカギ！

ソフトウェア開発の活動のうち、アジャイル開発において重視されているリファクタリングはどれか。

ア　ソフトウェアの品質を高めるために、2人のプログラマが協力して、一つのプログラムをコーディングする。
　　→ペアプログラミング

イ　ソフトウェアの保守性を高めるために、外部仕様を変更することなく、プログラムの内部構造を変更する。
　　→リファクタリング

ウ　動作するソフトウェアを迅速に開発するために、テストケースを先に設定してから、プログラムをコーディングする。　→テスト駆動開発

エ　利用者からのフィードバックを得るために、提供予定のソフトウェアの試作品を早期に作成する。
　　→ダミー選択肢（プロトタイピングモデル）

→XPには多くのプラクティスがあるが、この問題以外の過去問題や上位試験の過去問題でも、この3つを判別する問題が多い。しっかり押さえておこう。

開発の効率化

ソフトウェア開発の効率化に関する出題は、ここ数年、まんべんなく出題されています。用語または用語に該当する記述を選ぶ判断問題が主なので、頻出用語をしっかりと押さえて、ダミー選択肢に惑わされないようにしましょう。

部品化による再利用

部品化による再利用は、まず、ソフトウェアを構造的にとらえ、その構成要素を標準（部品）化しておきます。新システムの構築時には、それらの部品を組み立てることで、高品質なシステムを短期間で完成させることができます。再利用を前提として部品を開発するためには、汎用性を持たせる設計が必要です。テストも十分に行わなくてはならず、通常よりも工数がかかることになります。

リエンジニアリング (re-engineering)

リエンジニアリングは、既存のソフトウェアから新規ソフトウェアを作成すること。開発の流れは、まず設計仕様を導き出す**リバースエンジニアリング**を行い、解析した仕様をもとに改良を加え、再開発（**フォワードエンジニアリング**）を行っていきます。

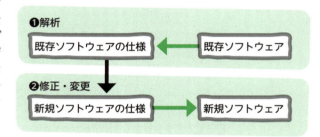

- **リバースエンジニアリング**
既存ソフトウェアからシステム仕様を導き出す方法。具体的には、プログラムソースをもとにプログラム仕様書を導き出し、さらに上流工程に解析を進めながら各種設計仕様や要求仕様まで生成し、既存ソフトウェア全体の仕様を導き出します。

マッシュアップ (Mashup)

公開されている提供元からの**API**（Application Programming Interface）を組み合わせて、短時間で新たなサービスを作り出す方法です。APIとは、あるプログラムからOSの機能や別プログラムの機能を呼び出して利用するためのインタフェースのこと。またWebサイトの開発では、**Web-API**（Webサービスの1つ）を使って、Web上に公開されている別の機能を組み込んで利用する方法をとることもあります。

まぎらわしいダミー選択肢に注意！

マッシュアップに該当するものはどれか。

- ア　既存のプログラムから、そのプログラムの仕様を導き出す。　→リバースエンジニアリング
- イ　既存のプログラムを部品化し、それらの部品を組み合わせて、新規のプログラムを開発する。　→部品化
- ウ　クラスライブラリを利用して、新規プログラムを開発する。　→オブジェクト指向開発における部品化
- エ　公開されている複数のサービスを利用して、新たなサービスを提供する。　→正解

Chapter 5

マネジメント系

プロジェクトマネジメント

●プロジェクトマネジメント

5-1	プロジェクトマネジメントの全体像	134
5-2	プロジェクトのスコープ	137
5-3	プロジェクトの時間	139
5-4	プロジェクトのコスト	144
5-5	その他のマネジメント活動	147

Chapter 5-1 プロジェクトマネジメントの全体像

シラバス 大分類：5 プロジェクトマネジメント　中分類：14 プロジェクトマネジメント　小分類：1、2 プロジェクトマネジメント、プロジェクトの統合

プロジェクトマネジメントは、Chapter4のシステム開発に付随するもので、開発の実作業に対して環境作りや作業管理を行う活動です。ここでは、プロジェクトマネジメントとして、どんな種類があるかを大まかにつかんでおくとよいでしょう。

プロジェクトマネジメントの基本

出題率：低 普通 高

プロジェクトマネジメントで行う作業は、マネジメント業務の標準化を目的とする「プロジェクトマネジメントの手引き（JIS Q 21500：2018）」で定義されており、図のように大きく5つのプロセスに分けられています。

立上げ：これから行うフェーズを定義し、フェーズを開始する許可を得る

計画：フェーズで行うべき範囲と目標を定義し、作業の流れを計画する

実行：計画に基づき、作業を行っていく

終結：作業結果を検証・報告し、終了の了承を得る。ドキュメント類を整理・保管する

管理（監視・コントロール）：実行の結果と計画の差異を監視し、必要があれば日程・予算そのほかの項目の変更など、調整を行う

さらに、プロセスごとに、右ページの表のような10項目の知識エリアに分けられています。試験は、プロジェクトマネジメントの全般を問う出題と、各知識エリアからの出題があり、前者は頻出する用語を含めて、概要を理解しておけば解くことが可能です。

プロジェクトマネジメントの基本用語

用語	説明
PDCAサイクル (Plan-Do-Check-Act cycle)	開発プロジェクトや品質管理など、広く用いられる考え方。1つのフェーズを「計画（Plan）→実行（Do）→点検（Check）→処置（Act）」というサイクルで進め、このサイクルを繰り返していく。
ステークホルダ	利害関係者のこと。開発プロジェクトでは、システムの発注者（スポンサ）、システムのユーザ、プロジェクトマネージャ、プロジェクトのメンバなどがステークホルダとなる。
スコープ	プロジェクトの達成すべき目標、作業範囲、成果物などのこと。最初にどんな項目（作業範囲）をどこまでやるのか（達成目標）をきちんと明確にしておくことが、プロジェクトを成功に導く。
独自性、有期性	独自性は、他にはない特徴や内容を持つこと、有期性は期間が限られていること。プロジェクトは、独自の目的を持って立ち上げられ（独自性がある）、目標達成によって活動が終了する（有期性がある）。

この章からの出題数

4問/**80**問中

　下表は、JIS Q 21500：2018で定義されている10の対象群と5つのプロセスをわかりやすくまとめたものです。覚える必要はありませんが、作業全体を把握しておきましょう。

対象群＼プロセス群	立上げ	計画	実行	管理	終結	過去10回の出題実績
プロジェクトの統合	プロジェクト憲章の策定	・プロジェクトの全体計画の策定 ・プロジェクト計画、プロジェクトマネジメント計画の作成	プロジェクト作業の指揮	・プロジェクト計画に基づく作業管理 ・変更の管理（要求事項の登録、評価、承認）	・成果物の確認 ・報告書、教訓文書の作成と資源の解放	2
プロジェクトのステークホルダ	ステークホルダの特定とステークホルダ登録簿作成	―	ステークホルダ間の調整と情報共有、変更要求の作成	―	―	1
プロジェクトのスコープ	―	・スコープ（実行範囲）の定義 ・WBSの作成（作業の分割と体系化） ・必要となるすべての活動を特定し、活動リスト（スコープ記述書）として文書化	―	スコープの管理…スコープの変更による影響を調べ、脅威を最小化する	―	4
プロジェクトの資源	プロジェクトチームの編成	・プロジェクトの資源の見積もり ・プロジェクト組織の定義	プロジェクトチームの編成と管理、人員の育成	・資源の管理 ・プロジェクトチームのマネジメント	―	4
プロジェクトの時間	―	活動（アクティビティ）の定義 ・活動の順序づけ ・期間の見積り ・スケジュールの作成とスケジュール計画書の作成	―	スケジュール管理	―	14
プロジェクトのコスト	―	・コスト（総コスト）の見積り ・予算の作成（予算配分）、コスト計画書の作成	―	コストの管理（予実績管理、変更要求など）	―	8
プロジェクトのリスク	―	・リスクの特定とリスク登録簿の作成 ・リスクの評価と順位づけ	リスクへの対応（回避、軽減、移転、緊急時対応計画）	リスクの管理（リスク要因の分析、新リスクの分析、対応の進捗と評価）	―	1
プロジェクトの品質	―	品質の計画（品質の方針と目標の作成、品質管理ツール、手順。技法および資源の確定、品質計画書の作成）	品質保証の遂行および監査	品質管理の遂行（欠陥の発見と原因分析、予防・是正措置、変更要求の決定）	―	3
プロジェクトの調達	―	調達の計画（調達方針、調達仕様書の作成、要求事項の作成）、推奨供給者リスト、内製または購買リスト	供給者(調達先)の選定、調達先の選定〜契約までの文書	調達先の運営管理（品質、遂行状況など）	―	0
プロジェクトのコミュニケーション	―	コミュニケーションの計画（プロジェクトメンバとステークホルダとの間で行う伝達。プロジェクトに関する情報の生成、収集、配布、保管、検索、廃棄など）	情報の配布	コミュニケーションのマネジメント（情報の管理、課題が発生したときの解決など）	―	2

5

プロジェクトマネジメント

2つのプロセスを含む対象群

プロジェクトマネジメントにおいて、目的1をもつプロセスと目的2をもつプロセスとが含まれる対象群はどれか。

〔目的〕
　目的1：プロジェクトの目標、成果物、要求事項及び境界を明確にする。
　目的2：プロジェクトの目標や成果物などの変更によって生じる、プロジェクトの機会となる影響を最大化し、脅威となる影響を最小化する。

ア　コミュニケーション　　イ　スコープ　　ウ　調達　　エ　リスク

→プロジェクトのスコープは、そのプロジェクトで行う活動の範囲や、達成すべき成果物の仕様を指す。目的1は対象群スコープの「計画プロセス」、目的2はスコープの「管理プロセス」で行われる活動に該当する。目的2に含まれる「機会」、「脅威」は、対象群「リスク」の「リスクの特定」にも関連するキーワードなので、惑わされて誤答しないよう注意しよう。正解はイ。

 ## ステークホルダの範囲を再確認！

プロジェクトに関わるステークホルダの説明のうち、適切なものはどれか。

ア　組織の内部に属しており、組織の外部にいることはない。
イ　プロジェクトに直接参加し、間接的な関与にとどまることはない。
ウ　プロジェクトの成果が、自らの利益になる者と不利益になる者がいる。
エ　プロジェクトマネージャのように、個人として特定できることが必要である。

→ステークホルダ＝利害関係者は、例外なく当てはまる。正解はウ。

 ## 5つの分類に当てはめてみよう！

プロジェクトマネジメントのプロセスのうち、計画プロセスグループ内で実施するプロセスはどれか。

ア　スコープの定義　　　　イ　ステークホルダの特定
ウ　品質保証の実施　　　　エ　プロジェクト憲章の作成

→5つのプロセスとは、立上げ、計画、実行、管理、終結のこと。計画プロセスでは、プロジェクトの範囲と達成目標を定義し、作業の流れを計画する。スコープが開発の目標や範囲であることを知っていれば解ける問題。正解はア。

Chapter 5-2 プロジェクトのスコープ

スコープは、数ある要求事項の中から、当該プロジェクトとして実現すべき目標、成果物、要求事項および境界を明確にすること。つまり、プロジェクトで実行する範囲を決めるということです。出題実績は、WBSが中心。そこで試験対策は、WBSと関連用語を押さえておけば万全といえます。

WBS (Work Breakdown Structure)

WBSは、スコープの遂行に当たって、必要となるすべての作業項目を洗い出すための手法です。作業を階層化して捉え、大まかな分類から細かな分類へと順次分割していくことで、管理可能な大きさまで落とし込みます。

必要な作業を洗い出す"WBS"

❶ ワークパッケージ
WBSを用いて作業を分解したときに最下層となる作業管理の最小単位のことです。

❷ アクティビティ
ワークパッケージに含まれる作業項目のことです。

実際に行う作業としては、まずワークパッケージごとに、プロジェクトの遂行に必要な人員や工数、費用などを検討し、さらにすべてのワークパッケージを総合的に見据えて、課せられた制約条件の中に収まるように再調整していきます。なお、ワークパッケージの定義はWBSの定義で行いますが、アクティビティの内容 (アクティビティリスト) の作成は、プロジェクトの時間 (次項) で行います。

WBS辞書	WBSの内容をより詳しく定義したもの。WBSの枝となる各作業の階層を示して識別するWBSコードや、枝分かれする部分の各枝の定義、それぞれの作業内容、作業担当者などが記載されている。
ベースライン	正式に承認された計画書のことで、プロジェクト進行中に現状と計画を比較するための基準となるものを指す。スコープ・ベースラインでは、「プロジェクトスコープ記述書」、「WBS」、「WBS辞書」の3つをベースラインとして用いる。
スコープクリープ	プロジェクト当初に定義したスコープの範囲を超える作業が、気がつかないままに発生すること。日程・予算・人員などの変更追加がきちんと検討されないままに、次々と追加されてしまっている状態を表す。

137

WBSのキーワードは階層化!

プロジェクトマネジメントで使用するWBSで定義するものはどれか。

ア　プロジェクトで行う作業を階層的に要素分解したワークパッケージ
イ　プロジェクトの実行、監視・コントロール、及び終結の方法
ウ　プロジェクトの要素成果物、除外事項及び制約条件
エ　ワークパッケージを完了するために必要な作業

→WBSで定義するのは、行うべき作業を階層的に分割したとき、その最下層となるワークパッケージである。正解はア。イ：プロジェクト統合マネジメントの計画プロセスで定義する。ウ：プロジェクトスコープマネジメントで策定するプロジェクトスコープ記述書。エ：アクティビティを指していると考えられる。アクティビティは、プロジェクトタイムマネジメントで、アクティビティリストとして作成する。

　　　　　　プロジェクトのスコープからの問題は、出題実績が少ないため、上位試験の問題も参考になります。問われている内容はほぼ変わりませんが、選択肢の中に耳慣れない用語が出てくるので惑わされないように。知らない用語は無視して考えるのも手です。

ワークパッケージとアクティビティの関係がポイント

WBSの構成要素であるワークパッケージに関する記述のうち、適切なものはどれか。

ア　ワークパッケージは、OBSのチームに、担当する人員を割り当てたものである。
イ　ワークパッケージは、関連のある要素成果物をまとめたものである。
ウ　ワークパッケージは、更にアクティビティに分解される。
エ　ワークパッケージは、一つ上位の要素成果物と1対1に対応する。

→ワークパッケージは最小単位に分割したもので、アクティビティはワークパッケージに含まれる具体的な作業項目。したがって正解はウ。ア：OBS（Organization Breakdown Structure）は、プロジェクトの組織構成図。ワークパッケージを主体として、担当する人員配置を明らかにするために作成される。イ：「関連のある要素成果物」をまとめたものは、プロジェクトスコープ記述書。エ：最下層なので1対多となる。

Chapter 5-3 プロジェクトの時間

シラバス 大分類:5 プロジェクトマネジメント 中分類:14 プロジェクトマネジメント 小分類:6 プロジェクトの時間

プロジェクトの時間では、プロジェクト活動のスケジューリングを行い、進捗状況を監視しながら、スケジュールを管理していきます。出題のほとんどがPERTによる計算問題です。そのほかのチャートについての用語問題も出ています。どんな特徴があるかをつかんでおくとよいでしょう。

PERTによる日程計画

出題率 低 普通 高

　PERT（Program Evaluation and Review Technique；パート）はプロジェクトの日数を知るための図式手法で、アローダイヤグラムによって表現します。プロジェクトを構成する各アクティビティの関連に注目しながら、複数の経路のうちの最長経路を求めます。さらに、その経路のアクティビティ日数を積算して全体日数を求めます。言葉ではわかりにくいので、具体例で見ていきましょう。

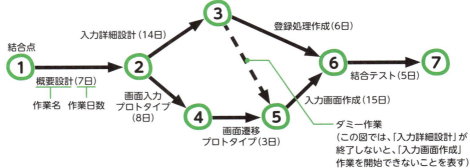

PERTの読み方

PERTは次の要素から構成されます。

❶ **結合点** …作業の着手点および完了点を表します。
❷ **作業** …矢線のそばに、作業名と作業時間・日数を（ ）の中に入れて記述します。
❸ **ダミー作業** …作業順序を表すだけの形式上の作業です。実際には作業を行わないので、作業時間・日数はゼロです。

　全体日数は、単純に作業を順に行うのなら、作業日数を積み重ねていけば求められますが、並行作業がある場合には、最も長くかかる経路が全体の作業日数になります。上の例では、①→②→③→⑥→⑦＝32日、①→②→④→⑤→⑥→⑦＝38日です。ただし、③→⑤へのダミー作業を考慮する必要があります。ダミー作業は、作業順序のみを表すもの（日数は0で計算）で、⑤の開始は④だけでなく③の終了を待たなくてはならないことを表しています。つまり①→②→③→⑤→⑥→⑦＝41日という経路が最も長く、全体日数は41日ということになります。このような経路を**クリティカルパス**と呼んでいます。

139

クリティカルパスの求め方

一目でわかるようなクリティカルパスを求めるのは容易ですが、複雑なPERTではシステマチックな求め方が要求されます。これには、次の2つの計算が必要です。

❶ 最早結合点時刻
開始点から計算した各結合点の日数。開始点をゼロとして、順に作業日数を加えていきます。ただし、複数の作業が到着する結合点では、その中で「1番大きな値」とします。

❷ 最遅結合点時刻
終了点から計算した各結合点の日数。終了点の日数から、順に作業日数を引いていきます。ただし、複数の作業が開始される結合点では、その中で「1番小さな値」とします。

❸ クリティカルパス
最早結合点時刻と最遅結合点時刻に差がない結合点を結んだ経路。つまり「日数に余裕のない経路」ということになります。

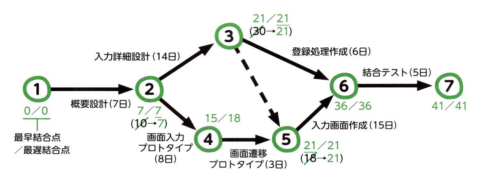

それでは、最早結合点時刻と最遅結合点時刻を求めてみましょう。上の図は、各結合点において順に求めていった結果です。いったん求めた値も結合点時刻のルールを適用すると変わることがあります。ここで、結合点④のみ、2つの時刻に差があります。これを**余裕時間**といい、④の作業開始は3日間の余裕があることを示しています。つまりクリティカルパスは、作業1→2→3→5→6→7であり、「日数に余裕のない経路」ということがいえます。

ルールに従って計算しよう

図のアローダイアグラムで表されるプロジェクトは、完了までに最短で何日を要するか。

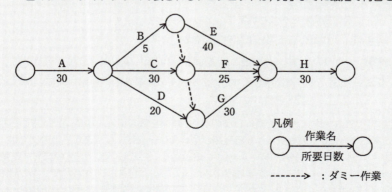

ア 105　　イ 115　　ウ 120　　エ 125

→クリティカルパスの日数を求めればよい。素早く解くには、問題の図に書き入れていこう。

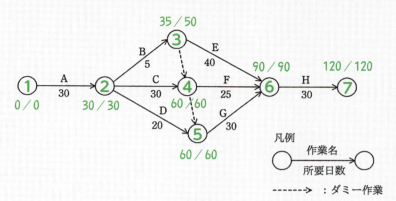

余裕時間が0の経路を結んでいくと、クリティカルパスは、作業1→2→4→5→6→7であり、所要日数は120日となる。なお、2→5の経路をたどると、結合点5に余裕時間10が発生してしまう。

 日数の短縮問題

単純に日数を求める問題のほか、全体日数を短縮する問題があります。日数を短縮するには、クリティカルパス上のいずれかの作業日数を短縮すればよいのですが、ある作業の短縮によってクリティカルパスが変わってしまうことがあるため、注意が必要です。

 クリティカルパス以外の経路に注目する

図のアローダイヤグラムにおいて、プロジェクト全体の期間を短縮するために、作業A～Eの幾つかを1日ずつ短縮する。プロジェクト全体を2日短縮できる作業の組みはどれか。

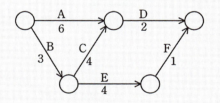

ア A、B、E　　イ A、D　　ウ B、C、E　　エ B、D

→クリティカルパスを求めると、作業B→C→Dであり、9日間であることがわかる。そこで、結合点に複数の矢線のある経路に目を付けながら、クリティカルパス上の作業を短縮していく。
・作業B→Cは、1日ずつ短縮すると作業Aがクリティカルパスに変わるため、どちらか一方を短縮する。
・作業C→Dの経路も作業E→Fの経路とは1日しか差がないため、ともに短縮しても全体の短縮にはならない。
両者を照らし合わせると、作業BとDを1日ずつ短縮すればいいことがわかる。もちろん各選択肢を順に確かめて解いてもよい。正解はエ。

そのほかのチャート

プロジェクトの時間からの出題には、PERTのほか、いくつかのチャートについて用語問題として問われます。代表的なものをつかんでおきましょう。

トレンドチャート……作業の進捗と予算消費の推移がわかる折れ線グラフ

時間経過と予算消化を軸にして、予定と実績の差異を確認する目的で使用する折れ線グラフです。作業進行上の区切りや重要なチェックポイントとなるマイルストーンを設定し、日程と予算消化が予定どおりに到達しているかを表現します。

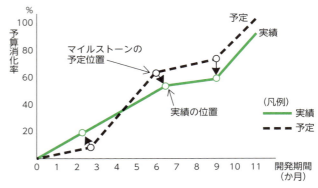

ガントチャート……作業日程を計画と実績で示した帯グラフ

縦軸に作業項目、横軸に日付や時刻などの時間軸をとった図法で、作業項目を開始してから終了するまでの予定期間を線の長さで表現します。作業どうしの時間的な関連が一覧できるほか、実績を書き込むことで、計画と実績を対比しながら進捗管理を行うことが可能になります。

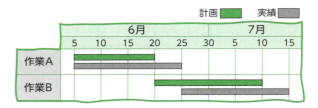

EVM……コストに注目して進捗管理を行う

EVM（Earned Value Management：アーンド・バリュー管理）は、予算に対する出来高を見ていくことで、現時点の状況を把握する手法です。

❶ コスト差異（CV）

CV（Cost Variance）は、プラスの場合は予算に対して実コストが少ないことを、マイナスの場合は実コストがオーバしていることを示します。

❷ スケジュール差異（SV）

SV(ScheduleVariance)は、プラスなら作業が予定より進んでいることを、マイナスなら作業が遅延していることを示します。

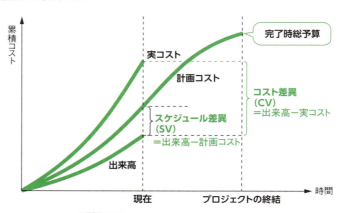

CVもSVも プラスは良、マイナスは悪

プロジェクトの時間に関する用語

用語	説明
クリティカルチェーン	クリティカルパスの算出に際し、作業の優先順位（作業に必要な資源量および資源の競合による）を加味した経路。例えば、作業を行う人員や機材が限られている場合は、優先順位にしたがって利用することになる。一般にクリティカルチェーンはクリティカルパスより日数が伸びる。
クラッシング	コスト増を最小限に抑えながら、資源（人材や資材など）を追加投入することで、作業の所要期間を短縮すること。
ファストトラッキング	通常は順番に行う作業を、並行作業とすることで期間短縮を図ること。設計工程の完了前にシステムの一部を作り始めるケースなどがある。ただし、手戻りが発生して、かえって作業期間が延びるリスクもある。
PDM (Precedence Diagramming Method：プレシデンスダイアグラム法)	連続する作業の関係（開始と終了のタイミング）を4つの方法で表現する手法。PERT図における「FS（前作業が終了したら、後作業が開始できる）」のほかに、SS（前作業が開始したら、後作業が開始できる）、SF（前作業が開始したら、後作業が終了できる）、FF（前作業が終了したら、後作業が終了できる）がある。上記の関係に加えて、ラグ（後作業開始までの待ち時間）やリード（前作業終了までの余裕時間であり、後作業を先に開始できる）を盛り込むことが可能。

試験問題の例　CVとSVの正負から読み取ろう

システム開発のプロジェクトにおいて、EVMを活用したパフォーマンス管理をしている。開発途中のある時点でCV（コスト差異）の値が正、SV（スケジュール差異）の値が負であるとき、プロジェクトはどのような状況か。

ア　開発コストが超過し、さらに進捗も遅れているので、双方について改善するための対策が必要である。
イ　開発コストと進捗がともに良好なので、今のパフォーマンスを維持すればよい。
ウ　開発コストは問題ないが、進捗に遅れが出ているので、遅れを改善するための対策が必要である。
エ　進捗は問題ないが、開発コストが超過しているので、コスト効率を改善するための対策が必要である。

→問題文の条件に正と負があることから、「双方」や「ともに」は除外（アとイ）。負はスケジュール差異なので、「進捗に遅れ」のウが正解。

試験問題の例　スケジュール短縮の手立てを考えよう

プロジェクト全体のスケジュールを短縮する技法の一つである"クラッシング"では、メンバの時間外勤務を増やしたり、業務内容に精通したメンバを新たに増員したりする。"クラッシング"を行う際に、優先的に資源を投入すべきスケジュールアクティビティはどれか。

ア　業務の難易度が最も高いスケジュールアクティビティ
イ　クリティカルパス上のスケジュールアクティビティ
ウ　資源が確保できる時期に開始するスケジュールアクティビティ
エ　所要期間を最も長く必要とするスケジュールアクティビティ

→クラッシングの目的は、所要期間の短縮。全体のスケジュールを短縮する場合は、クリティカルパス上の作業を詰めればよい。イが正解。

Chapter 5-4 プロジェクトのコスト

シラバス 大分類:5 プロジェクトマネジメント 中分類:14 プロジェクトマネジメント 小分類:7 プロジェクトのコスト

プロジェクトのコストは、定められた予算内でプロジェクトを完了させることが目的です。作業としては、初期段階で行うプロジェクト活動に必要なコストの見積もりと、プロジェクト活動中のコスト管理があります。見積もりの際には、人件費などの計算の基となる「工数」を、どれだけ正確に算出できるかが、鍵を握ります。

人月とは…… 作業量を、ひと月あたりに必要な作業者の人数で換算した単位

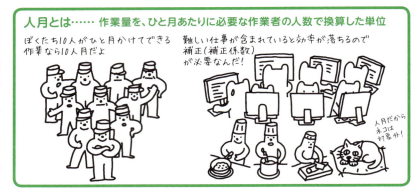

ファンションポイント法

コストを見積もる手法には、さまざまなものがありますが、最も出題されるのが**ファンションポイント**（FP）**法**です。ソフトウェアに含まれる機能ごとに、その数と複雑度から、FP数を算出し、システムの規模を見積もります。

機能を分割したものが"ユーザファンションタイプ"

ファンションとは「機能」のこと。FP法では、プログラムに含まれる機能の数や、その複雑度などから、工数やコストを見積もります。機能に注目するため専門のエンジニアでなくてもわかりやすく、ユーザ自身が見積もることも可能です。機能分類（**ユーザファンションタイプ**）は表のとおりです。

外部入力	外部インタフェースファイルを受け取り、これによって内部論理ファイルの作成・更新・削除などを行う機能。
外部出力	プログラムが内部論理ファイルの作成・更新・削除などを行い、他のプログラムや装置などに出力する機能。
内部論理ファイル	プログラムが扱うデータや制御情報のまとまりのこと。作成・更新・削除を、このプログラム自身が行う。
外部インタフェースファイル	他のプログラムやユーザから入力されたデータや制御情報のまとまりのこと。
外部照会	外部インタフェースファイルを参照する機能。参照情報を単に画面に出力したり、他のプログラムへ渡すための機能で、内部論理ファイルの書き換えは行わない。

FP法は、計算方法を覚えてしまえばラク

右の例が最も単純なパターンです。計算方法は次のようになります。
①外部入力　　　　1×4=4
②外部出力　　　　2×5=10
③内部論理ファイル　1×10=10
①+②+③=24

④補正係数を掛ける　24×0.75=18

ユーザファンションタイプ	個数	重み付け係数
外部入力	1	4
外部出力	2	5
内部論理ファイル	1	10

複雑さの補正係数0.75

したがってFP数は18となります。
出題バリエーションとして、若干ひねった次のような問題もあります。

この章からの出題数
4問/80問中

 問題文をよく読んで、式を立てよう

ある新規システムの開発規模を見積もったところ、500FP（ファンクションポイント）であった。このシステムを構築するプロジェクトには、開発工数の他にシステムの導入や開発者教育の工数が10人月必要である。また、プロジェクト管理に、開発と導入・教育を合わせた工数の10%を要する。このプロジェクトに要する全工数は何人月か。ここで、開発の生産性は1人月当たり10FPとする。

ア 51　　イ 60　　ウ 65　　エ 66

→単純な計算問題だが、条件が多く、よく読まないと見落としてしまう。まず、「開発規模は500FP」、「生産性は1人月当たり10FP」より、500FP÷10FP（1人月）＝50人月かかる。これに、他システムの導入および開発者教育の工数10人月を加算すると60人月。
さらに管理のための作業10%（1.1倍）を掛け合わせると、60人月×1.1＝66人月。

標準タスク法

標準タスク法（積算法）は、WBSによって個々の作業を洗い出して最小単位にしておき、これに単位作業ごとに決めておいた標準的な工数やコストに複雑さの係数を掛け合わせます。それらを合算することで新システム全体の工数やコストを計算します。「細部→全体」方式で算出を行うボトムアップ見積りの代表的な手法です。

 "工数"は、ある作業を完了させるために必要な時間数のこと

工数を表す単位としては、人日や人月を用います。人日は「1人の担当者がその作業を終えるのに何日必要か」ということ。例えば、ある作業に5人日必要なら、1人のエンジニアが作業すれば作業期間は5日間になります。また、同じ作業を5人のエンジニアを投入して行えば、1日で完了する計算です。

 条件が複雑なので間違えないように計算しよう

全部で100画面から構成されるシステムの画面作成作業において、規模が小かつ複雑度が単純な画面が30、中規模かつ普通の画面が40、大規模かつ普通の画面が20、大規模かつ複雑な画面が10である場合の工数を、表の標準作業日数を用いて標準タスク法で見積もると何人日になるか。ここで、全部の画面のレビューに5人日を要し、作業の管理にレビューを含めた作業工数の20%を要するものとする。

ア 80　　イ 85
ウ 101　　エ 102

〔画面当たりの標準作業日数〕 単位 人日

規模＼複雑度	単純	普通	複雑
小	0.4	0.6	0.8
中	0.6	0.9	1.0
大	0.8	1.0	1.2

→標準タスク法は、細かく分解した作業について、標準時間をもとに作業工数を計算する方法。
小規模・単純：0.4人日 × 30画面＝12人日　　中規模・普通：0.9人日 × 40画面＝36人日
大規模・普通：1.0人日 × 20画面＝20人日　　大規模・複雑：1.2人日 × 10画面＝12人日
それぞれを合計すると80人日になる。さらに、レビューの工数（5人日）を加え、管理工数の20%を加味して作業工数を計算する。(80人日＋5人日)×1.2＝102人日

その他の見積手法

ファンクションポイント法や標準タスク法のほかにも、多くの見積もり手法が存在します。これらはファンクションポイント法を含めて用語問題として出されるのでおおまかに押さえておきましょう。

選択肢になることもあるので、ひととおり覚えておこう

類推見積法（類推法）	過去に行った類似するシステムの開発をもとに、新システムとの相違点などを分析して、必要な工数やコストを見積もる手法。「全体→細部」へと見積もりを進める**トップダウン見積り**の1つ。
プログラムステップ法 (LOC: Lines Of Code)	システム全体の機能をプログラムレベルまで分割・詳細化し、プログラムのソースコードの行数（**ステップ数**）に基づいて開発工数を見積もる方法。ただし、開発環境や使用するプログラム言語が同一でないと、正確に見積もることができない。
三点見積法	項目ごとに3通りの値を予測し、それぞれに決めた重みを掛けて見積値を算出する手法。「**楽観値**」、「**最頻値**（通常値）」、「**悲観値**」という幅のある3つの想定値で工数を予測することで、より正確な見積値になる。
COCOMO (COnstructive COst MOdel)	予測されるソースコードの総行数に、「プログラムの特性、ハードウェア特性、エンジニアのスキル…」などによる補正係数を掛け、工数やコストを見積もる手法。改良版のCOCOMO IIでは、企画・設計や成果物の検証工程など、開発の全工程の見積りに適用可能。

見積手法の特徴をあてはめてみよう

システム開発の見積方法の一つであるファンクションポイント法の説明として、適切なものはどれか。

ア　開発規模が分かっていることを前提として、工数と工期を見積もる方法である。ビジネス分野に限らず、全分野に適用可能である。

イ　過去に経験した類似のシステムについてのデータをもとにして、システムの相違点を調べ、同じ部分については過去のデータを使い、異なった部分は経験から規模と工数を見積もる方法である。

ウ　システムの機能を入出力データ数やファイル数などによって定量的に計測し、複雑さとアプリケーションの特性による調整を行って、システム規模を見積もる方法である。

エ　単位作業量の基準値を決めておき、作業項目を単位作業項目まで分解し、その積算で全体の作業量を見積もる方法である。

→正解はウ。ア：COCOMO、イ：類推見積法（類数法）、エ：標準タスク法（積算法）の説明。どの手法も問題となり得るので準備しておこう。

Chapter 5-5 その他のマネジメント活動

ここまで取り上げたプロジェクトマネジメントの管理活動のほかには、プロジェクトの資源、プロジェクトのリスク、プロジェクトの品質、プロジェクトのコミュニケーションなどがあります。ここでは、試験での出題実績のあるものの中から、再度出題される可能性のある用語や問題を取り上げていきます。

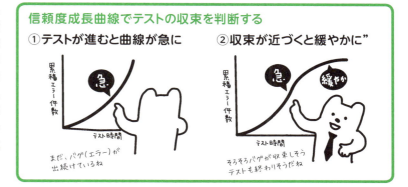

信頼度成長曲線でテストの収束を判断する
① テストが進むと曲線が急に
② 収束が近づくと緩やかに

プロジェクトの資源

プロジェクトの資源とは、プロジェクトに関わる人員（マネージャやプロジェクトメンバなど）、施設、機器、材料、インフラストラクチャ、ツールなどを指します。中心は人員であり、プロジェクト活動に必要な人材を、過不足なく、適切なタイミングで確保し管理する活動が求められます。

じっくり理解　プロジェクトの資源に関する計算問題

このテーマからは、次のような計算問題が出されますが、「プロジェクトのコスト」でも出た工数の概念が登場しています。

試験問題の例　配分（％）を実際の値に換算してから割合を求める

開発期間10か月、開発工数200人月のプロジェクトを計画する。次の配分表を前提とすると、ピーク時の要員は何人か。ここで、各工程では開始から終了までの要員数は一定とする。

項目＼工程名	要件定義	設計	開発・テスト	システムテスト
工数配分（％）	16	33	42	9
期間配分（％）	20	30	40	10

ア　18　　　イ　20　　　ウ　21　　　エ　22

→開発工数200人月ということから、工数はそれぞれ32、66、84、18〔人月〕。また、開発期間が10か月なので、期間は2、3、4、1〔か月〕となる。各工程の要員数は期間中一定ということから、工数を期間で割れば1か月間に必要な要員が求まる。計算すると、それぞれ、16、22、21、18〔人月〕。最も要員が必要なのは設計工程で、22人必要となる。

次の問題は、延べ人数ではなく、同時に投入できる人数です。例えば、ある作業に5人日必要なら、1人で作業すれば作業期間は5日間ですが、同じ作業に5人を投入して行えば、1日で完了する計算です。

まぎらわしい問題条件を整理しながら解こう

10人が0.5kステップ／人日の生産性で作業するとき、30日間を要するプログラミング作業がある。10日目が終了した時点で作業が終了したステップ数は、10人の合計で30kステップであった。予定の30日間でプログラミングを完了するためには、少なくとも何名の要員を追加すればよいか。ここで、追加する要員の生産性は、現在の要員と同じとする。

ア 2　　　　イ 7　　　　ウ 10　　　　エ 20

→大まかな計算手順としては、①予定の生産性から全体の作業量を計算、②実績から実際の生産性を計算、③残りの作業量と生産性から必要な人数を計算、となる。
　①全体作業量＝10人×0.5k〔ステップ／人日〕×30日＝150k〔ステップ〕
　②実際の生産性＝30k〔ステップ〕÷10人×10日＝0.3k〔ステップ／人日〕
　③残りの作業量＝150k－30k＝120k〔ステップ〕　これを実際の生産性で行うと、
　　120k〔ステップ〕÷(0.3k〔ステップ／人日〕×20日)＝20人分の作業量
　　現在は10人で行っているので、10人の追加要員が必要となる。

プロジェクトのリスク

プロジェクトのリスクでは、図のようなプロジェクトリスクマネジメントの手順に従って対応していきます。

リスクの特定
プロジェクトメンバだけに加え、専門家や類似プロジェクトの経験者などからもヒアリングを行い、発生が予測できるリスクを洗い出す（下記「リスクの特定」）。

→

リスクの評価
洗い出したそれぞれのリスクの発生確率や、発生した場合の影響の大きさなどを分析（下記「定性的リスク分析と定量的リスク分析」）し、対応の優先順序を付ける。

→

リスクへの対応
リスク評価の優先度の高いリスクについて、適用する対応戦略（次ページ「リスクへの対応戦略」）と具体的な対応策を検討し、リスク対応計画※を作成する。

→

リスクの管理
発生したリスクへのリスク対応計画に基づく対応や追跡、新たなリスク発生の監視や特定など、継続的にコントロール活動を行う。

※緊急時の対応計画を含む。

リスクの特定　……マイナス面だけではないことに注意

プロジェクトマネジメントにおけるリスクには、**脅威**（マイナスの影響を与えるもの）と、**好機**（プラスの影響を与えるもの）に分類できます。また、リスクが変化することもあるので継続的に行います。

〔脅威の例〕
・災害発生による開発作業の中断。
・税率の変更など、関連する法律の改正によるプログラムの処理内容の変更。
・プロジェクトメンバの疾病による要員交代。

〔好機の例〕
・通貨レートの変動で、海外から輸入する機材を予算より安く購入。
・他プロジェクトの早期完了で、不足がちの専門技術者がプロジェクトメンバとして参加。
・先行プロジェクトの成功でシステムの同じ機能部分が流用可能に。

○定性的リスク分析と定量的リスク分析

〔定性的リスク分析〕
リスク特定で洗い出されたリスクが、日程やコストなど他の管理項目にどの程度影響を及ぼすか

を調査。発生確率や発生時の影響度によって対応の優先順位を定め、リスク登録簿へ記載。

〔定量的リスク分析〕
　優先度が高いリスクを、モデル化やシミュレーションなどの手法を用いてより詳しい分析を行い、リスク登録簿へ追記する。

リスクへの対応戦略　……4つの戦略の違いを掴んでおこう

対応戦略には、好機と脅威それぞれに4種類ずつ、計8種類の対応戦略があります。

		対応戦略	事例
脅威	回避	リスクを避けるための対策を行う戦略	・プロジェクトそのものを中止 ・リスクを避けられるようプロジェクト計画を変更
	転嫁	リスクの発生時に被るマイナスの影響を第三者に移転する戦略	・地震や火災など災害の発生に備え、保険に加入しておく ・開発用機材はメーカ保証のあるものを用意する
	軽減	リスクの発生確率や、発生した場合のマイナスの影響を、許容できるレベルに抑える戦略	・故障の発生を避けるため、古い機材は使用しない ・作業の手戻りを防ぐため、レビューやテストを念入りに実施
	受容	リスクの発生や、そこから受ける影響を容認する	積極的な対応は行わない
好機	活用	好機が確実にくるように対策を行う戦略	・類似プロジェクトの経験者をプロジェクトマネージャに迎える ・開発に必要な技術のスペシャリストをプロジェクトメンバに加える
	共有	好機を得やすいように、第三者にプロジェクト活動の一部（またはすべて）を割り当てる戦略	・開発を、類似例の実績が豊富なインテグレータに委託 ・外部の専門家にアドバイザーを依頼
	強化	好機の発生確率を高める要因や、プラスの影響を増大させる要因を最大化させる戦略	・より高速処理が可能なサーバを開発用に準備 ・品質向上のため通常よりもプロジェクト期間を長めに設定
	受容	リスクの発生や、そこから受ける影響を容認する	積極的な対応は行わない

"対応戦略"に加えて、"事例"も覚えておこう！

　プロジェクトのリスクに対応する戦略として、損害発生時のリスクに備え、損害賠償保険に加入することにした。PMBOKによれば、該当する戦略はどれか。

ア　回避　　　　イ　軽減　　　　ウ　受容　　　　エ　転嫁

→損害発生時のリスクということから脅威に該当する対応戦略となる。「回避、転嫁、軽減、受容」の4つのうち、保険の加入は自らリスクを負わないことから、転嫁が該当する。

プロジェクトの品質

　プロジェクトの品質については、具体的な品質管理手法としてQC七つ道具に関する出題が中心です。なかでもパレート図、管理図、散布図、特性要因図の用途と図の形状などの出題実績が多いので、整理しておけば加点できるでしょう。そのほかでは、次の信頼度成長曲線が要注意です。なお、QC七つ道具については、大分類9「品質管理とQC七つ道具」（210ページ）で取り上げます。

149

信頼度成長曲線（バグ曲線）…バグ発見の件数の推移を示す

信頼度成長曲線は、テスト時間を横軸、検出したエラー（バグ）の累積件数を縦軸にとって記録し、テストの時間経過とともに変化するバグの累積件数の傾きを見るためのグラフです。標準的な曲線形状は、テストの開始直後は緩やかな曲線（エラーの検出数が少ない）を描き、テストが進むに従って検出されるエラー数が急増し、終了段階まで進むと、傾きは緩やかに（新たなエラーの検出が減少）なり、全体としてS字のカーブを描くことが知られています。

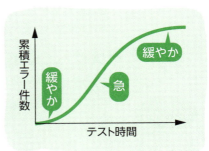

プロジェクトのコミュニケーション

プロジェクトのコミュニケーションは、ステークホルダ間の適切な情報共有によって、プロジェクトを円滑に進めることを目的としています。試験ではあまり出題されないテーマですが、ズバリ！覚えるならこの一点。

情報配信の違いは、「個別に送るか」、「取りに来てもらうか」

❶ **プッシュ型コミュニケーション**
特定の受け手に限定して情報を送る、1対1の伝達手段で、電子メールやFAXなどがこれに分類されます。送り手はそれぞれの受け手へ個別に情報を送るため、受け手の数が多いと、手間がかかります。

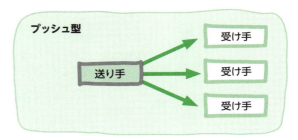

❷ **プル型コミュニケーション**
受け手自身が、蓄積された情報の中から必要なものを選んで取り出す1対多の伝達手段。送り手は蓄積場所に情報を置くだけなので、手間がかかりません。反面、受け手は能動的に蓄積場所にアプローチしないと情報が入手できません。イントラネットにアップされた情報などがこの型に分類されます。

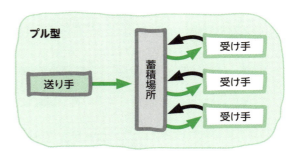

配信の仕組みを覚えておけば選択肢が変わってもOK！

プロジェクトにおけるコミュニケーション手段のうち、プル型コミュニケーションはどれか。

ア　イントラネットサイト　　イ　テレビ会議　　ウ　電子メール　　エ　ファックス

→自ら情報の蓄積場所へ取りに行くプル型は、組織内でのみ閲覧できるイントラネットサイトが該当する。プッシュ型は、電子メールとファックス。なお、テレビ会議や実際の会議、電話などは、相互型に分類される。

Chapter 6
マネジメント系
サービスマネジメント

●サービスマネジメント
- 6-1 サービスマネジメントの全体像 ……………… 152
- 6-2 サービスの運用とファシリティマネジメント …… 157

●システム監査
- 6-3 システム監査の手順 ……………………………… 161
- 6-4 システム監査の実施と内部統制 ………………… 164

Chapter 6-1 サービスマネジメントの全体像

システムの開発時の管理やサポートを行うのがプロジェクトマネジメントとすると、完成したシステムを運用する際の管理、サポートを行うのがサービスマネジメントです。この分野は、出題数が少ないため、毎回必ず出る問題は期待できません。ただ、何回かに一度、類題が繰り返されていることから、過去問を広めに学習しておくのが効果的です。

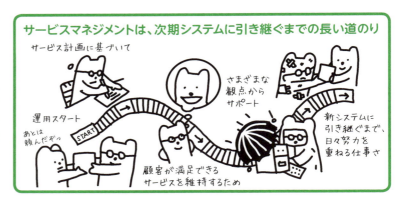

サービスマネジメントの概要

サービスマネジメントの概念が取り入れられる以前はシステム運用として、開発部門から引き継いだ運用部門が行ってきました。ただ、運用はシステムが続く限り、あたりまえのように維持しながら、企業やシステムを取り巻く状況において変化させていかなければなりません。

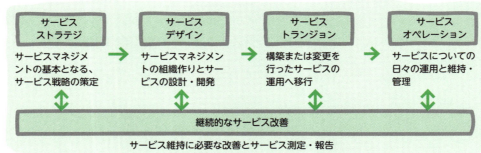

サービスマネジメントとは、システム利用者へのサポートや維持管理を独立したITサービスとして捉え、それらを効率的に運営していく仕組みです。なお、ITサービスの具体的な実践方法はITIL (Information Technology Infrastructure Library、英国政府が策定したITサービスの管理・運用に関するガイドライン) にまとめられており、上図のような体系になっています。

SLA (サービスレベル合意書) は、サービス範囲と品質の約束

「システム利用者とサービス提供者は、どのようなITサービスを提供するかは、あらかじめ組織 (サービス提供者) と顧客 (サービス利用者) 間で、合意に基づく取り決めをしておく必要があります。また、サービスは、すべてにおいて完璧なものを目指すのではなく、費用と品質のバランスを考慮してサービスレベルを決定します。
　ITILでは、SLA (Service Level Agreement : サービスレベル合意書) によってITサービスの範囲と品質を明確にすることを求めています。SLAには、サービス時間や可用性・信頼性の目標値、応答時間などのサービスレベルを数値によって定量的に明示しておき、サービスレベルを達成できなかった場合のルールも定めておきます。

〔SLAに含めておく項目〕
・サービスを提供する曜日や時間帯
・サービスデスクが提供するサービス内容
・障害発生時の解決に要する時間の目標値
・目標とするサービスの稼働率
・システムが処理に要する時間や応答に要する時間の目標値

サービスレベル管理とSLAを結びつけておこう

サービスマネジメントにおいて、サービスレベル管理の要求事項はどれか。

ア　サービス継続及び可用性に対するリスクを評価し、文書化する。
イ　提供するサービスのサービスカタログとSLAを作成し、顧客と合意する。
ウ　人、技術、情報及び財務に関する資源を考慮して、容量・能力の計画を作成、実施及び維持する。
エ　予算に照らして費用を監視及び報告し、財務予測をレビューし、費用を管理する。

→正解はイ。サービスカタログとは、提供するサービスの内容や今後のサービスなどの情報をまとめたもの。サービスカタログ管理において、一元化して利用者に提示する。ア：サービスの継続及び可用性管理、ウ：キャパシティ管理、エ：サービス予算業務および会計業務の要求事項。

サービスマネジメントシステム

　サービスマネジメントシステム（SMS）は、企業が個々に作り上げていきます（計画、確立、導入、運用、監視、レビュー、維持および改善）。その際に参考になるのが、サービスマネジメントを実現するために必要な事項をプロセスとして体系的にまとめたサービスマネジメントシステム要求事項（JIS Q 20000-1、2020年3月改正）です。試験対策として個々の要求事項をすべて覚えるのは困難ですが、それぞれの意図や全体の流れを把握しておくだけでも対策になります。主な要求事項を次ページの表にまとめますので、キーワードをつかんでおきましょう。

SMSの維持と管理には、PDCA方法論を用いる

　SMSとそれに基づくサービスの提供は、いったん作ればよいというものではなく、常に見直しが必要になります。これには、PDCA（Plan＝計画、Do＝実行、Check＝点検、Act＝処置）の考え方が適用できます。サービスマネジメントにおけるPDCAは次のようです。

❶ **Plan（計画）**
　SMSを確立、文書化したうえで、利用者と提供者との間で合意を行う。SMSには、サービスの要求事項を満たすための方針、目的、計画およびプロセスを含む。

❷ **Do（実行）**
　サービスの設計、移行、提供および改善のためにSMSを導入し、運用する。

❸ **Check（点検）**
　方針、目的、計画およびサービスの要求事項について、SMSおよびサービスを監視、測定およびレビューを行い、それらの結果の報告を行う。

❹ **Act（処置）**
　SMSおよびサービスのパフォーマンスを継続的に改善するための処置を実施する。

SMS運用の要求事項	内容	過去10回の出題実績
構成管理	ITサービスを構成するハードウェア、ソフトウェア、ドキュメントなどの構成品目に関する情報を定義し、正確な構成情報やバージョンを管理する。	0
事業関係管理	顧客満足を維持し、サービス提供者と顧客や利害関係者との間に良好な関係を確立するために、必要な取り決めを行う。	0
SLM（サービスレベル管理）	SLM (Service Level Management) は、サービスレベル合意書 (SLA) を作成、締結し、その内容を実現し、維持・改善するための活動を行う。また、サービスレベルの維持と向上を図る。さらに、サービスレベルの監視結果に応じて、SLAやプロセスの見直しを行う。	2
供給者管理	外部供給者を用いる場合の管理活動 (契約、パフォーマンス監視) を行う。内部供給者や供給者として行動する顧客についても管理を行う。	0
サービスの予算業務および会計業務	ITサービスにかかわる予算業務と会計業務を行う。費用については財務管理や意思決定がしやすいように予算化し、期間を定めて実際の費用との比較、検討を行う。費用の考え方として、コンピュータシステムの導入から運用、維持・管理までを含めた、システム全体の総体的な費用としてとらえるTCO (Total Cost of Ownership：総所有費用) が重視される。	1
需要管理	一定の間隔で、サービスに対する需要と消費を監視し、将来の需要を予測する。	0
容量・能力管理	システムのキャパシティ (応答時間やCPU使用率、メモリ使用率、ディスク使用率、ネットワーク使用率など) を監視し、現在および将来に向けて過不足のないサービス提供とシステムの安定稼働を実現する。	2
変更管理	サービスの追加・廃止または変更要求を分類し、変更管理の活動を行う。場合によっては「サービスの設計および移行」で行う。 変更管理の活動については、要求の優先度を決定し、リスク、事業利益、財務への影響などを考慮して要求を承認。承認されたものは開発を行い、「リリースおよび展開管理」を経て稼働環境に展開する。	0
サービスの設計および移行	新サービスやサービス変更について、計画、設計を行い、文書化する。構築したサービスは受け入れ基準に基づいて試験を実施し、移行を行う。	0
リリースおよび展開管理	新規または変更管理で試験されたサービス等を、実際の稼働環境で使える状態 (リリース、展開) にする。また、緊急リリースを含むリリースの受け入れ基準、受け入れ試験環境の整備などを行う。	0
インシデント管理	障害などの予期せぬサービスの中断に際して、可能な限り迅速に回復させるための対応を行う。また、品質の低下やサービスに影響していない事象への対応を実施する。発生したインシデントは、既知の要因として特定できるように記録として残しておく。インシデントへの管理手順は、記録→優先度の割当て→分類→記録の更新→段階的取扱い→解決→終了、により行い、文書化する。特に重大なインシデントは、トップマネジメントに通知を行う。	3
サービス要求管理	サービス要求に対して、記録を行い、優先順位や緊急度を含む定められた手順に従って実施する。	0
問題管理	問題の根本原因を突き止めて、インシデントの再発防止の解決策を提示する。また問題への原因特定と対応(低減または除去するための処置) を「既知の誤り」として記録し、インシデントの記録と相互参照できるようにしておく。問題への管理手順は、識別→記録→優先度の割当て→分類→記録の更新→段階的取扱い→解決→終了、により行い、文書化する必要がある。	1
サービス可用性管理	サービスの利用者が利用したいときに確実にサービスを利用できるよう(可用性の確保)に監視を行い、記録および目標との比較を行う。また、障害等で利用できない場合があった場合、原因を調査して必要な処置を行う。また、可用性を判断する指標には、稼働率(MTBF, MTTR)、保守性 (平均サービス回復時間＝サービスが停止してから、利用できるようになるまでの平均時間) がある。	3
サービス継続管理	顧客と合意したサービス継続に基づいて、サービス継続計画を作成し、実施・維持を行う。サービス継続計画については、RTO (目標復旧時間＝障害発生後に、どのくらいの時間で復旧できればよいか)、RPO (目標復旧時点＝どの時点までデータが復旧できればよいか) を設定し、コールドスタンバイ、ホットスタンバイ、ウォームスタンバイ (48ページ参照) などの手立てを用意する。	1
情報セキュリティ管理	情報資産の機密性、完全性、アクセス性を保つため、情報セキュリティ方針、情報セキュリティ管理策を作成し、情報セキュリティインシデントに関する事項を実施する。	0

マネジメント系

可用性と保守性の意味から正解を導こう

ITILでは、可用性管理における重要業績評価指標（KPI）の例として、保守性を表す指標値の短縮を挙げている。この指標に該当するものはどれか。

- ア　一定期間内での中断の数　→中断の数であり、回復時間はわからない
- イ　平均故障間隔　→システムの稼働率の指標で、システムが動作している時間の平均値。
- ウ　平均サービス・インシデント間隔　→サービスとして捉えたときの平均故障間隔。
- エ　平均サービス回復時間　→サービスとして捉えたときの平均修理時間。

→正解はエ。重要業績評価指標(KPI)とは、目標に向けた中間時点での進捗度合いを測るもの。また、可用性とはいつでも使える状態にあることであり、保守性は障害発生から素早く復旧するという観点。これは障害発生から正常にサービスを行えるまでの平均時間を示す「平均サービス回復時間」の短縮が該当する。

新システムの導入は、3部門の協力体制が必要

新システムを導入する場合、システムの導入と移行は、新たなサービスの設計および移行となります。システム開発者側は、できあがったシステムを受入れテストを経て導入作業を行い、併せて旧システムからの移行作業を行います。一方で、システム運用部門（またはサービス企業）は新システムを新サービスと捉え、通常稼働と利用者側へのサポートを行っていきます。

下図は、3者（システム開発部門、システム運用部門、システム利用部門）の関係を大まかに示した例です。それぞれが協力しながら進めていくことが重要になります。

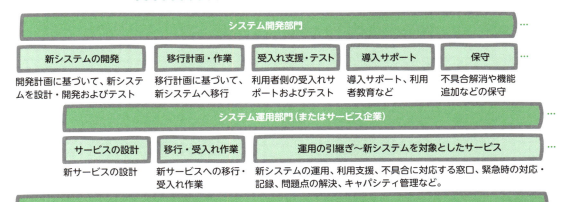

スムーズな移行は「協力し合う」がキーワード

システムの開発部門と運用部門が別々に組織化されているとき、システム開発を伴う新規サービスの設計及び移行を円滑かつ効果的に進めるための方法のうち、適切なものはどれか。

- ア　運用テストの完了後に、開発部門がシステム仕様と運用方法を運用部門に説明する。→開発部門のみ
- イ　運用テストは、開発部門の支援を受けずに、運用部門だけで実施する。→運用部門のみ
- ウ　運用部門からもシステムの運用に関わる要件の抽出に積極的に参加する。→両部門が協力する。
- エ　開発部門は運用テストを実施して、運用マニュアルを作成し、運用部門に引き渡す。→開発部門のみ

→正解はウ。問題では触れていないが、利用部門の参加・協力も不可欠となる。

移行作業は、計画書に従って行う

　新システムに不具合があると、業務に大きな影響を与えるため、あらかじめ移行計画書を作成し、十分な注意のもと、移行作業を行います。また移行計画書には、移行が失敗したときに元に戻す場合の判断基準や手続きも記載しておきます。

移行対象データの決定	現行システムの中で新システムで使用するデータを決める。
データ移行方法の検討	新システムで使用するデータをどのようにして使用するかを検討する。そのまま使える場合もあるし、データ変換が必要な場合もある。
移行計画書の作成	移行の日時や移行手順など、移行の計画書を作る。一気に新システムに移行することもあるし、並行運用しながら数か月かけて移行することもある。
移行の実施	移行計画書に従って、移行作業を行う。移行方法によって、必要な要員が変わってくる。

移行計画は、万一に備える対策が重要

システムの移行計画に関する記述のうち、適切なものはどれか。

ア　移行計画書には、移行作業が失敗した場合に旧システムに戻す際の判断基準が必要である。
イ　移行するデータ量が多いほど、切替え直前に一括してデータの移行作業を実施すべきである。
ウ　新旧両システムで環境の一部を共有することによって、移行の確認が容易になる。
エ　新旧両システムを並行運用することによって、移行に必要な費用が低減できる。

　→正解はア。移行作業が失敗したときは、旧システムに戻す必要があるが、判断のタイミングを誤ると、業務に大きな影響を及ぼすことになる。その点についても詳細な計画が必要になる。

規模や安全性の確保などにより、適切な移行方法を選ぶ

システムの移行方法には次のような種類があり、それぞれ長所、短所があります。

移行の方法	説明	長所	短所
一斉移行方式	休日などを利用して、一気に新システムに切り替える。	移行期間が短く、移行にかかるコストが安い。	障害が発生すると、業務に与える影響が大きい。
パイロット移行方式	一部の拠点や部門に限定して新システムを導入し、動作を観察した後で全体を移行する。	移行時の問題による影響範囲を局所化でき、リスクが少ない。	全社的なやりとりが生じる部分については、運用が複雑になる。
順次移行方式	サブシステム単位で、順次新システムに切り替える。	システム障害をサブシステムに限定でき、運用部門の負荷も少ない	新旧のやりとりが別途必要で移行手順が複雑。移行期間も長くなる。
並行移行方式	新旧システムを同時稼働させ、新システムの安全が確認するまで、運用したうえで、切り替える方式。	移行方法の中では、最も安全な方法。	移行期間は長くなり、二重の稼働により運用部門の負荷が大きい。

Chapter 6-2 サービスの運用とファシリティマネジメント

シラバス 大分類：6 サービスマネジメント　中分類：15 サービスマネジメント　小分類：4、5 サービスの運用、ファシリティマネジメント

サービスの運用は、コンピュータ資源の管理、運用計画に基づく運用オペレーション、システム利用者からの問合せ窓口などの業務が該当します。最も出題されているのがデータのバックアップとサービスデスクについての問題。そのほか、縮退運転、逓減課金方式、障害発生の認知などの出題があります。また、ファシリティマネジメントからの出題もあります。

サービスの運用

出題率 低／普通／高

サービスの運用は、資源（コンピュータおよび設備、要員、データ、マニュアルなど）管理や運用計画の策定に始まり、ジョブスケジューリングや運用オペレーション、バックアップ、サービスデスクの提供などが含まれます。

> **頭の片隅に入れておこう！**
> **クライアント管理ツール**
> クライアントのコンピュータの内部情報（ハード、ソフト構成など）の収集・分析、動作の監視、遠隔操作、ソフト配布、ウイルス対策などをネットワーク経由で行うソフトウェア。

運用をサポートする"運用支援ツール"

❶ **監視ツール** …システムの運用や情報セキュリティ状況を監視し、異常を発見してレポートするツールです。監視対象は、アプリケーションシステムやOSの稼働状況、CPUやメモリ、ディスクの使用率、ネットワーク利用率、サーバやファイルへのアクセス数などです。

❷ **診断ツール** …監視ツールからの情報や運用状況などを統合し、サービスマネジメントとしての意思決定支援を行うためのツールです。運用トラブル、セキュリティ侵害、SLAで合意したサービスレベルの達成状況を判断するための基礎数値を把握できます。

サービスデスク（ヘルプデスク）

サービスデスクは、利用者からの問合せに対する窓口機能を提供し、適切な部署への引継ぎ、対応結果の記録と管理などを行います。次のような形態があります。

まとめて覚えるとラク

サービスデスクの形態	内容	特徴
中央サービスデスク	すべての利用者からの問合せを受ける、単一の窓口を設ける。	サービスデスクを1拠点または少数の場所に集中することで、サービス要員を効率的に配置したり、大量のコールに対応したりすることができる。
ローカルサービスデスク	利用者に近い拠点ごと（国または地域）に窓口を設ける。	サービスデスクを利用者の近くに配置することで、言語や文化の異なる利用者への対応、専用要員によるVIP対応などが可能になる。
バーチャルサービスデスク	いくつかのサービスデスクをネットワーク等で結び、単一の窓口として機能させる。	実際のサービス要員は複数の地域や部門に分散させ、通信技術を利用することによって、単一のサービスデスクであるかのようなサービスを提供する。
フォロー・ザ・サン	分散拠点のサービス要員を含めた全員を中央で統括して管理し、統制のとれたサービスを提供する。	世界レベルの地理的に分散した、2つ以上のサービス拠点を結ぶことで、24時間途切れないサービスが可能になる。

特徴となるキーワードで判断しよう

サービスデスク組織の構造の特徴のうち、ローカルサービスデスクのものはどれか。

ア　サービスデスクを1拠点または少数の場所に集中することによって、サービス要員を効率的に配置したり、大量のコールに対応したりすることができる。
イ　サービスデスクを利用者の近くに配置することによって、言語や文化の異なる利用者への対応、専用要員によるVIP対応などができる。
ウ　サービス要員が複数の地域や部門に分散していても、通信技術を利用することによって、単一のサービスデスクであるかのようなサービスが提供できる。
エ　分散拠点のサービス要員を含めた全員を中央で統括して管理することによって、統制のとれたサービスが提供できる。

→正解はイ。ローカルサービスデスクは、中央に集中させる形態に比べて、共通的なサービスが難しかったりやコスト増などのデメリットはあるが、文化や言語レベルに応じたサービスが可能になる。ア：中央サービスデスク、ウ：バーチャルサービスデスク、エ：フォロー・ザ・サンの説明。

データのバックアップ

　サービスマネジメントで出題されるバックアップは注意点や心構えなどに関するものですが、他の章の内容から出題されることもあります。バックアップの種類については「バックアップ」(66ページ)、データベースの障害回復については「データベースの障害回復」(84ページ)を参照してください。
　ここでは、解答に必要な知識だけまとめておきましょう。

〔試験に出るバックアップ処理のポイント〕
・業務処理とバックアップ処理の時間帯が重ならないようにスケジュールを立てる。
・分散環境のファイルは、すべての更新処理が終了した時点で行う。
・バックアップデータは、バックアップ元のデータと同一媒体に置かない。
・同一媒体への上書きは行わない。再利用時は規定に従う。
・差分バックアップは、バックアップ処理は短いが、復旧処理は長くなる。

バックアップから必要なデータが復旧できるかで判断しよう

　サーバに接続されたディスクのデータのバックアップに関する記述のうち、最も適切なものはどれか。

ア　一定の期間を過ぎて利用頻度が低くなったデータは、現在のディスクから消去するとともに、バックアップしておいたデータも消去する。
イ　システムの本稼働開始日に全てのデータをバックアップし、それ以降は作業時間を短縮するために、更新頻度が高いデータだけをバックアップする。
ウ　重要データは、バックアップの媒体を取り違えないように、同一の媒体に上書きでバックアップする。
エ　複数のファイルに分散して格納されているデータは、それぞれのファイルへの一連の更新処理が終了した時点でバックアップする

→正解はエ。バックアップは、障害の発生時に確実に復旧できるような状態を保持する必要がある。ア：利用頻度が下がっても使う可能性がある場合は残しておく。イ：更新頻度が高いデータだけでは完全に復旧できない。ウ：更新作業のミスに備えて、別媒体にバックアップする。エ：分散しているデータは更新のタイミングが異なるため、一連の更新が終了した時点で行う必要がある。

そのほかの運用問題

システム運用に関する出題は毎回出るとは限らず、また実績が少ないために絞り込みにくいということもあります。ここでは過去の出題から、用語問題として取り上げられたものをトピック的に抜き出してみましょう。

❶ ミッションクリティカルシステム

企業の基幹システム、社会システム、交通システム、金融システムなど、停止や誤作動が起きると企業活動や社会に重大な影響を及ぼすシステムが該当します。ミッションクリティカルシステムに該当するシステムの場合、特性に合わせた多重のバックアップが必要です。

❷ CTI(Computer Telephony Integration)

コールセンターなどで利用される電話を取り込んだシステムです。自動着信した通話のオペレータへの割り振りなどを行います。

❸ クライアント管理ツール

システム利用者が使用しているコンピュータのハード、ソフト構成などの内部情報の収集・分析(インベントリ収集)、動作の監視、遠隔操作、ソフト配布、ウイルス対策などをネットワーク経由で管理するソフトウェアです。インベントリ収集により不必要なソフトがインストールされていないか、社内LANに私用パソコンが接続されていないかなどを監視できます。

❹ 逓減課金方式

「逓減」とは、だんだん減っていくことです。携帯電話料金やコンピュータシステム利用料金などに採用される方式で、使用量が増えるにつれ、課金単価が下がっていく形になります。一定量を超えると定額になる（全体の単価は下がる）グラフ形状は右のようになります。

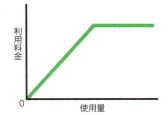

関連用語を押さえているかどうかがカギ

ミッションクリティカルシステムの意味として、適切なものはどれか。

ア　OSなどのように、業務システムを稼働させる上で必要不可欠なシステム
イ　システム運用条件が、性能の限界に近い状態の下で稼働するシステム
ウ　障害が起きると、企業活動や社会に重大な影響を及ぼすシステム
エ　先行して試験導入され、成功すると本格的に導入されるシステム

→正解はウ。ミッションクリティカルシステムは、停止や誤作動が許されない業務で使用されているシステムを指す。このようなシステムには、障害発生時に即時に切り替えられるホットスタンバイ構成をとったり、コンピュータ自体の信頼性を高めた無停止コンピュータを利用するなどを行う。

ファシリティマネジメント

ファシリティマネジメントとは、建物や設備が最適な状態になるように、監視し改善する管理活動のことです。例えば、建物に免震装置を備える、防災防犯設備を整える、停電に備えてUPSや自家発電設備を備える、通信設備を整えるなど、適切な維持管理活動を行っていきます。ここからの出題実績は、用語問題中心です。

用語	説明
UPS(Uninterruptible Power Supply；**無停電電源装置**)	停電や瞬断に備えて、内部にバッテリを備えた装置。停電時に10数分間程度の電源が供給されるため、ファイル保存などの操作が可能になる。
自家発電設備	災害等により電力会社からの供給が途絶えたときに、エンジンやタービンを使って発電する設備。数十分～数日に渡る発電が可能だが、すぐに供給を開始できないため、UPSなどと組み合わせて利用する。
MDFとIDF	共にビルやマンションなどに設置される通信設備。複数の通信回線（電話回線、光回線など）を収容する**MDF**（Main Distribution Frame：主配線盤）を設けることで、通信配線を一元管理できる。また、各階ごとには**IDF**（Intermediate Distribution Frame：中間配線盤）を置く。
サージ保護デバイス（**SPD**；Surge Protective Device）	落雷などによる過電流や過電圧からコンピュータや通信機器を守るための装置。家庭用のものから、大掛かりな設備用などがある。避雷器、アレスタなどとも呼ばれる。
ホットアイルとコールドアイル	共にデータセンタなどで設けられるサーバ等のIT機器の熱対策用の空調通路。機器の故障率を下げるための空調を効率的に利用できる。ホットアイルは、機器の熱が集まる廃熱用通路のこと。また、コールドアイルは冷却用の通路で、空調機からの冷気をIT機器の吸気側へ誘導する。

英略語と日本語の用語を結びつけておこう

落雷によって発生する過電圧の被害から情報システムを守るための手段として、有効なものはどれか。

ア　サージ保護デバイス（SPD）を介して通信ケーブルとコンピュータを接続する。

イ　自家発電装置を設置する。

ウ　通信線を、経路が異なる2系統とする。

エ　電源設備の制御回路をディジタル化する。

→正解はア。サージ保護デバイスは、落雷などを原因とした過電流や過電圧から、コンピュータ機器を保護するための装置である。これを介することで被害を食い止めることができる。

最近10回の試験では、サージ保護デバイス（SPD）を問う問題のみ。そろそろ他の用語が出そうなので、しっかり押さえておきましょう。

Chapter 6-3 システム監査の手順

シラバス 大分類：6 サービスマネジメント 中分類：16 システム監査 小分類：1 システム監査

システム監査の役割は、独立かつ専門的な立場で情報システムを評価し、適切な運用を促すこと。ひいては経営や業務活動の効率的な運用や変革を支援するなどが挙げられます。出題のほとんどは文章判断問題で、大きく、システム監査の役割や手順に関する問題と、具体的な監査対象を想定した問題に分けられます。いずれも過去問対策が有効です。

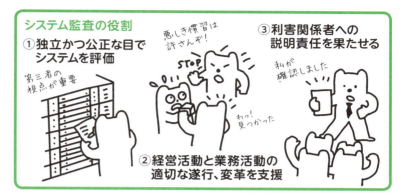

システム監査の目的と役割

システム監査は、情報システムに関するさまざまなリスクについて、第三者の目から見ることで、早期に発見し、改善へつなげようというものです。そのほかの役割としては、経済産業省で定めている**システム監査基準**には、システム監査の目的を次のように示しています。

〔システム監査の目的〕
　システム監査は、情報システムにまつわるリスク※に適切に対応しているかどうかを、独立かつ専門的な立場のシステム監査人が点検・評価・検証することを通じて、組織体の経営活動と業務活動の効果的かつ効率的な遂行、さらにはそれらの変革を支援し、組織体の目標達成に寄与すること、または利害関係者に対する説明責任を果たすことを目的とする。

※リスクの特定→分析→評価のこと。

また、監査人が監査上の判断の尺度として用いる**システム管理基準**が策定されています。さらに、情報セキュリティ監査の基準となる情報セキュリティ監査基準、情報セキュリティ管理基準、そのほかセキュリティに関する基準や業務に関連する法規や基準があります。

システム監査人の要件

　システム監査人は、監査の独立性のもとに選出され、行動することが求められます。次のような要件を満たす必要があります。

〔システム監査の要件および行動〕
・監査対象となるシステムとは**利害関係があってはならないため**、開発や運用に関わっているメンバなどは、監査人にはなれない。
・監査人は**守秘義務を負っており**、監査で得た情報を外部に漏らしてはならない。
・監査にあたっては、**監査証拠に基づいて**、**公正かつ客観的に**監査判断を行わなければならない。

監査証拠とは、システム監査報告書に記載する監査意見を立証するために必要な事実のこと。物理的証拠、文書的証拠、文書化された口頭的証拠などがあり、それらは**監査調書**にまとめます。

「利害関係がない」ことを観点に判断基準にしよう

システム監査実施体制のうち、システム監査人の独立性の観点から避けるべきものはどれか。

ア　監査チームメンバに任命された総務部のAさんが、他のメンバと一緒に、総務部の入退室管理の状況を監査する。　→利害関係があり、独立性が確保されていない。正解。

イ　監査部のBさんが、個人情報を取り扱う業務を委託している外部企業の個人情報管理状況を監査する。
　　→利害関係はない。

ウ　情報システム部の開発管理者から5年前に監査部に異動したCさんが、マーケティング部におけるインターネットの利用状況を監査する。　→利害関係はない。

エ　法務部のDさんが、監査部からの依頼によって、外部委託契約の妥当性の監査において、監査人に協力する。
　　→利害関係はない。

システム監査の手順

システム監査の実施は、監査計画にもとづき、情報システムの総合的な点検と評価、経営者への結果説明（指摘、改善勧告・提案、特記事項）、改善提案の確認とフォローアップ（モニタリングなど）という手順で行われます。

システム監査実施の流れ

監査計画：監査手続きの種類、適用範囲、実施時期など、監査計画を策定する。

予備調査：監査対象の概要を把握するために、文書などの資料を集め、アンケート調査なども行う。

本調査：システム監査基準に基づいて、関連文書や聞き取り調査などで、監査の結論を裏付けるために十分かつ適切な監査証拠を入手する。
→インタビュー
→監査証拠

監査調書の作成と保管：監査のプロセスを監査調書として記録する。監査調書は、監査の結論の基礎となる。
→監査調書

監査の結論と監査報告書の作成：合理的な根拠に基づいて結論を導き、監査報告書としてまとめる。指摘事項は、監査対象部門との間で、十分な事実確認を行う。
→監査報告書

監査の報告：監査依頼者（業務執行役員、経営陣など）に対し、監査報告書により監査報告を行う。報告には、指摘事項と改善勧告、特記事項がある。

改善提案のフォローアップ：監査報告書に改善提案を記載した場合、改善計画および実施状況に関する情報を収集し、改善状況のモニタリングを行う。

❶ インタビュー（ヒアリング）

監査対象の確認のために、被監査部門や関連部署などに対し、面談して質問（インタビュー）を行う方法です。その際に問題となる事項を発見した場合は、裏付けとなる記録を入手したり、実際に現場の確認を行う必要があります。

> この章からの出題数
> **6問/80問中**

❷ システム監査の結論の形成

システム監査人は、監査調書の内容に基づき、合理的な根拠による監査の結論を導きます。また、監査結果を依頼者に報告するための**監査報告書**を作成します。監査報告書に記載する指摘事項については、監査対象部門との間で、意見交換会や監査講評会などを通じて、あらかじめ事実確認を行う必要があります。

❸ システム監査報告と改善指導

システム監査人は、監査結果を監査依頼者に対して報告を行います。報告内容には**保証意見**、**指摘事項**（根拠を合わせて）、**改善勧告**（重要度や緊急度を区別して記載）、閲覧者の注意を喚起するための**特記すべき事項**があります。また、監査人から改善勧告を受けた場合、是正が必要な業務の責任者（責任部門）は業務改善のための計画を策定し、実施する責任を負います。なお、監査報告書は、直接の依頼者が業務執行の最高責任者である場合でも、取締役会、監査委員会などへ提出することが望ましいとされます。また、報告内容に応じてガバナンス機能を担う機関、被監査部門にも承認を得たうえで提出を行います。

❹ 改善提案のフォローアップ

監査報告書に改善提案を記載した場合は、適切な措置が講じられているかを確認するため、監査人は情報収集を行って改善状況のモニタリングを行います。その際、監査人の役割は実施が適切であるかを報告することであり、改善の実施そのものに責任を持つことはありません。

インタビューは問題点を発見する手段

システム監査人がインタビュー実施時にすべきことのうち、最も適切なものはどれか。

ア　インタビューで監査対象部門から得た情報を裏付けるための文書や記録を入手するよう努める。
イ　インタビューの中で気が付いた不備事項について、その場で監査対象部門に改善を指示する。
ウ　監査対象部門内の監査業務を経験したことのある管理者をインタビューの対象者として選ぶ。
エ　複数の監査人でインタビューを行うと記録内容に相違が出ることがあるので、1人の監査人が行う。

→正解はア。インタビューだけでは完全ではなく、裏付けとなる証拠が必要。

改善することが目的で、責任の追及ではないことに注意！

システム監査人が、監査報告書の原案について被監査部門と意見交換を行う目的として、最も適切なものはどれか。

ア　監査依頼者に監査報告書を提出する前に、被監査部門に監査報告を行うため
イ　監査報告書に記載する改善勧告について、被監査部門の責任者の承認を受けるため
ウ　監査報告書に記載する指摘事項及び改善勧告について、事実誤認がないことを確認するため
エ　監査報告書の記載内容に関して調査が不足している事項を被監査部門に口頭で確認することによって、不足事項の追加調査に代えるため

→正解はウ。「監査報告書」は監査依頼者へ、「改善指導」は対象となる被監査部門に対して行うことがポイント。監査人が監査報告書を取りまとめる際には、事実誤認がないかを被監査部門と意見交換し、結果の裏付けや結論に至った過程などとの整合性を確認する。

Chapter 6-4 システム監査の実施と内部統制

シラパス　大分類：6 サービスマネジメント　中分類：16 システム監査　小分類：1、2 システム監査、内部統制

システム監査の実施に関する出題は、さまざまな監査におけるチェックポイントや監査人の行動などが具体的に問われます。そのすべてが文章判断問題の形式のため、対策は難しそうですが、システム監査の目的でもある、システムの「信頼性」、「安全性」、「効率性」の観点から判断すれば、多くの問題で、比較的容易に正解を見つけ出すことができます。

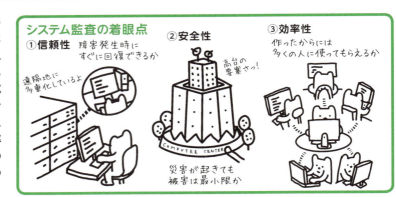

システム監査の実施

システム監査の実施対象は多岐にわたり、大きくは「システム運用」、「ソフトウェア開発」、「情報セキュリティ」に分けられます。問題を解くためには、各分野ごとの知識に加え、2つの着眼点から判断すると正解を導きやすくなります。

監査目的からの着眼点

システム監査の目的は、先の節で取り上げましたが、実際には、次のような指標が目安になります。

❶ 信頼性向上のポイント
・システムの品質を高める。
・不具合や事故の発生を防ぐ。
・不具合や事故が発生した場合は、その影響を最小限に止め、迅速に回復する。

❷ 安全性向上のポイント
・災害からシステムを守るための方策をとる。
・不正アクセスや破壊行為からシステムを守るための方策をとる。

❸ 効率性向上のポイント
・システム資源を最大限に利用する。
・コストパフォーマンスの向上を図る。

試験問題の例　安全性のポイントをチェックしていこう！

"システム管理基準"に基づいて、システムの信頼性、安全性、効率性を監査する際に、システムが不正な使用から保護されているかどうかという**安全性の検証項目**として、最も適切なものはどれか。

ア　アクセス管理機能の検証　→不正アクセス等からシステムを守る＝安全性
イ　フェールソフト機能の検証　→不具合発生時に、性能が低下しても機能を維持する＝信頼性
ウ　フォールトトレラント機能の検証　→装置の多重化により信頼性を高める＝信頼性
エ　リカバリ機能の検証　→不具合発生時に機能回復等を行う＝信頼性

→安全性の検証項目ということから、それに関わる検証内容を選べばよい。正解はア。

	この章からの出題数
	6問／80問中

もう一問、信頼性、安全性を確保するために、正しいチェック体制が敷かれているかといった問題です。作業者と管理者が同一であれば信頼性、安全性は保たれません。

誰が何を行って、誰が確認しているかを整理しよう

システム運用業務のオペレーション管理に関する監査で判明した状況のうち、指摘事項として監査報告書に記載すべきものはどれか。

ア　運用責任者が、オペレータの作成したオペレーション記録を確認している。　→責任者と作業者
イ　運用責任者が、期間を定めてオペレーション記録を保管している。　→責任者は保管のみ
ウ　オペレータが、オペレーション中に起きた例外処理を記録している。　→作業者は記録のみ
エ　オペレータが、日次の運用計画を決定し、自ら承認している。　→作業者が責任者の役割を兼ねている

→システム運用のオペレーション管理では、文書化された運用手続きに基づいてオペレーションが行われ、その状況を管理者が確認、管理しているかがポイントとなる。オペレータが運用計画を決定し、自ら承認していることは、管理者が確認していない状況であり、指摘事項に該当する。正解はエ。

情報セキュリティからの着眼点

情報セキュリティの観点からの出題も多数の実績があります。セキュリティの要素も確認しておきましょう。なお、完全性は現時点でのデータ等についての観点であり、不正による改ざんを未然に防ぐという意味では、安全性に該当する場合もあります。問題文には詳しく書かれていないこともありますが、判断基準としてはどちらも同じです。

❶ 可用性（Availability）
・システムの利用者が、情報システムをいつでも使えること。
・システム機能（サービス）が機能している割合。

❷ 機密性（Confidentiality）
・適切な利用者以外には、アクセスできないようになっていること。
・不正アクセスや盗聴などによって、情報が漏洩したときに損失を被る情報の特性。

❸ 完全性（Integrity）
・データやプログラムまたはシステム設計などが正確で首尾一貫していること。
・データの破壊や改ざんがされていないこと。

可用性とは、いつでも使える状態にあること

マスタファイル管理に関するシステム監査項目のうち、可用性に該当するものはどれか。

ア　マスタファイルが置かれているサーバを二重化し、耐障害性の向上を図っていること
イ　マスタファイルのデータを複数件まとめて検索・加工するための機能が、システムに盛り込まれていること
ウ　マスタファイルのメンテナンスは、特権アカウントを付与された者だけに許されていること
エ　マスタファイルへのデータ入力チェック機能が、システムに盛り込まれていること

→正解はア。二重化することで、可用性を高めている。イ：効率性、ウ：機密性、エ：完全性。

利用者を絞ることで、機密性を確保できる

ソースコードのバージョン管理システムが導入された場合に、システム監査において、ソースコードの機密性のチェックポイントとして追加することが適切なものはどれか。

ア　バージョン管理システムに登録したソースコードの変更結果を責任者が承認していること
イ　バージョン管理システムのアクセスコントロールの設定が適切であること
ウ　バージョン管理システムの導入コストが適正な水準にあること
エ　バージョン管理システムを開発部門が選定していること

→正解はイ。バージョン管理システムということで、完全性を想像するが、チェックポイントは機密性であることに注意。ソースコードの機密性を確保するには、不正にアクセスされることを防げばよい。これにより、ソースコードが誤って変更されたり、盗まれたり、改ざんされたりといったことを抑止できる。アは、正しいものに変更されることにつながる行為で、完全性に該当する。

内部統制

内部統制とは、「企業内部で不正や違法行為などが行われることなく、健全で効率的な組織運営のための体制を、企業が自ら構築して運用する仕組み」のことです。企業の経営者は、これらの仕組みを整備・運用する最終責任を負っています。内部統制のテーマには、ITガバナンス（ITに関する内部統制）と法令遵守に関する項目が含まれますが、後者は別の章で出題されることが多く、この範囲からは内部統制の目的やIT統制に関する問題が出ています。

IT統制…ITに関わる部分の内部統制

❶ 全般統制
業務処理統制が有効に機能する環境を保証するための統制活動。対象範囲は、開発、保守、運用・管理、アクセス管理、外部委託に関する契約の管理が含まれます。

❷ 業務処理統制
業務を管理するシステムにおいて承認された業務がすべて正確に処理、記録されることを確保するための統制活動のことをいいます。

ITが直接関わっているものに目を付けよう！

ITに係る内部統制を評価し検証するシステム監査の対象となるものはどれか。

ア　経営企画部が行っている中期経営計画の策定の経緯
イ　人事部が行っている従業員の人事考課の結果
ウ　製造部が行っている不良品削減のための生産設備の見直しの状況
エ　販売部が行っているデータベースの入力・更新における正確性確保の方法

→ITに係る内部統制なので、システムで処理される業務について、正確に処理が行われているかが対象になる。正解はエ。

Chapter 7

ストラテジ系
システム戦略

●**システム戦略**

7-1　情報システム戦略 ……………………………………………… 168

7-2　業務プロセスの改善 …………………………………………… 173

7-3　ソリューションビジネスとシステム活用促進 …… 177

●**システム企画**

7-4　システム化計画と要件定義 ………………………………… 182

7-5　調達計画と実施 ………………………………………………… 185

Chapter 7-1 情報システム戦略

シラバス 大分類：7 システム戦略　中分類：17 システム戦略　小分類：1 情報システム戦略

情報システム戦略とは、情報技術を業務に活用するための計画であり、その最終目的は経営資源を最大限に有効活用するためのシステム構築です。策定にあたっては、まず経営戦略を確認し、現状を調査・分析したうえで、理想となる業務システムの目標を立てていきます。また、対象を絞って優先順位をつけることも重要で、業務全体のバランスを見ながら決めていきます。

情報化投資は、バランスをとりながら進めることが大事！

ストラテジ系の構成

シラバスの大分類7〜9は、ストラテジ系という括りがされています。ストラテジとは、「戦略」を指し、まず企業における経営戦略（大分類8）という大きな戦略があり、その中の一部としてシステム戦略（大分類7）が位置づけられます。経営戦略とシステム戦略は共通する内容も多いため、対象が共通であることを踏まえて用語知識を捉えるようにするとよいでしょう。また大分類9は、ストラテジ系の関連知識を取り上げた章で、企業に関する基礎知識と法律知識（規格なども含む）から構成されています。

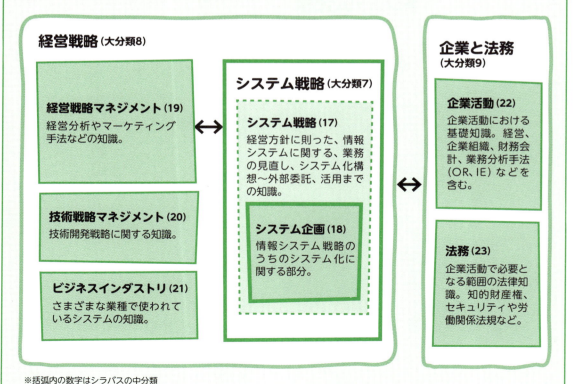

※括弧内の数字はシラバスの中分類

この章からの出題数
5問/**80**問中

情報システム戦略の全体像

出題率 低 普通 高

　情報システム戦略は、経営戦略に基づいたシステム化への方針を決めていく作業です。情報システム戦略の一般的な策定手順は右のようです。大切なのは、「何を目的として、どの業務をシステム化するのか」を検討すること。そのためには、現状の業務の流れを客観的に分析し、理想とすべき新しい業務モデルを策定する必要があります。

情報システム戦略の策定手順

① 経営戦略の確認
② 業務環境の調査、分析
③ 業務、情報システム、情報技術の調査、分析
④ 基本戦略の策定
⑤ 業務の新イメージの作成
⑥ 対象の選定と投資目標の策定
⑦ 情報システム戦略案の策定
⑧ 情報システム戦略の承認

よく出る狙い目

システム戦略の前提となる"ITガバナンス"

　ITガバナンスとは、経営陣がステークホルダのニーズに基づいて企業価値を高めるために実践する行動です。また、情報システムをあるべき姿へ導くための、情報システムを実現するために必要な組織能力を指します。ITガバナンスを実践するうえでは、①情報システムから得られる効果の実現、②関連するリスク、③予算や人材といった資源の配分に留意します。また、これには外部のサービス（クラウドサービス、アウトソーシングなど）を含めて考える必要があります。ITガバナンスの基準となるJIS規格としては、**JIS Q 38500**が規定されています。

❶ To-beモデル

　To-beモデルとは、あるべき姿を示すもので、システムの目標とするために作成します。これに対し、**As-isモデル**は現状の姿を示すもの。両者を比較しながら問題点を整理し、新モデルを考えていきます。ただし、To-beモデルに対して、制約条件を加味した形になる場合もあり、これを**Can-beモデル**（現実的なモデル）といいます。

❷ システム管理基準

　ITガバナンスの定義や原則の指針として示される基準。企業が経営戦略に沿って効果的に情報システム戦略を立案し、開発、運用・保守を行っていくための実践的な手本となります。

試験問題の例

ITガバナンスは、組織全体で取り組む行動

ITガバナンスに関する記述として、適切なものはどれか。

ア　ITベンダが構築すべきものであり、それ以外の組織では必要ない。
イ　ITを管理している部門が、全社のITに関する原則やルールを独自に定めて周知する。
ウ　経営者がITに関する原則や方針を定めて、各部署で方針に沿った活動を実施する。
エ　経営者の責任であり、ITガバナンスに関する活動は全て経営者が行う。

→ITガバナンスは、経営目標を達成するために、情報システム戦略を策定し、戦略の実行を統制することである。まず、経営者（経営陣）によって、情報システム戦略の方針及び目標を設定したうえで、各部署ではそれに従った活動を行っていく。また、経営者はその結果についてモニタを行う。正解はウ。

7 システム戦略

情報システム化基本計画

出題率 低 普通 高

情報システム戦略の目標に基づき、システム化実現へ向けた計画を策定していくのが**システム化計画**です。これには、**情報システム化基本計画**から始め、**情報システム投資計画**と**個別の開発計画**を策定していきます。最初に行う情報システム化基本計画は、次の2つの段階で進めていきます。

企業全体を広く見据えながら、方針、計画を立てていく

❶ 全体最適化方針

経営戦略に基づいて、組織全体として業務と情報システムが進むべき方向を示す指針を策定します。

- ITガバナンス方針を明確にすること。
- 情報化投資および構想決定の原則を定めること。
- 情報システムのあるべき姿を明確にすること。
- システム化による組織変更や業務変更の方針を明確にすること。
- 情報セキュリティ方針を明確にすること。

❷ 全体最適化計画

全体最適化方針に基づいて、企業の各部門で個別に作られたルールや情報システムを統合し、効率性や有効性を向上させるための計画を立てていきます。

- 計画の立案体制や計画は、組織体の長や利害関係者の承認を得ること。
- コンプライアンスを考慮すること。
- 情報化投資の方針および確保すべき経営資源を明確にすること。
- 投資効果およびリスク算定の方針を明確にすること。
- システム構築および運用のための標準化および品質方針を含めたルールを明確にすること。
- 個別の開発計画の優先順位および順位付けのルールを明確にすること。
- 外部資源の活用を考慮すること。

計画段階で行う作業を判別しよう

情報戦略における**全体システム化計画策定の段階**で、**業務モデルを定義する目的**はどれか。

ア　企業の全体業務と使用される情報の関連を整理し、情報システムのあるべき姿を明確化すること
　　→「あるべき姿」から、計画段階で行うものと考えよう。

イ　システム化の範囲や開発規模を把握し、システム化に要する期間、開発工数、開発費用を見積もること
　　→具体的な見積もり

ウ　情報システムの構築のために必要なハードウェア、ソフトウェア、ネットワークなどの構成要素を洗い出すこと　→具体的な内容

エ　情報システムを実際に運用するために必要な利用者マニュアルや運用マニュアルを作成するために、業務手順を確認すること　→具体的な内容

→正解はア。業務モデルとは、これから作ろうとする情報システムを含んだ業務全体の新しい姿と捉えることができる。つまり、情報戦略としては、「情報システムのあるべき姿」と判断できる。加えて、問題文では「全体システム化計画策定の段階」となっていることから、個々の具体的な内容を述べた文章はNG（具体的内容の明確化は、後に続く「個別の開発計画」の作業）。ア以外の選択肢が具体的な内容になっていることからも導き出せる。

ストラテジ系

170

> この章からの出題数
> 5問/80問中

情報システム投資計画と個別計画

出題率 低 普通 高

経営戦略との整合性を考慮しながら、システム化計画の効果、影響、期間、実現性を探っていきます。その際、費用対効果といった金額ベースの見積りや、どこにどれだけ投資するかといった配分を決めていきます。目安とするのが次の2つです。

よく出る狙い目

限られた投資を、どのように配分するかを分析する

❶ ITポートフォリオ

情報化投資をどのようなバランスで行っていくかを、ポートフォリオ分析（一般的なポートフォリオ分析手法）を使って検討・管理する手法です。投資の目的や含まれるリスクなどの特性によって、投資対象をカテゴライズ（分類）し、カテゴリごとにプロットすることで、視覚的に全体の資源配分バランスが評価できます。カテゴライズの例としては、「戦略、情報、トランザクション、インフラ」の4つに分ける方法があります。

❷ ROI (Return On Investment：投資収益率)

投資案件の実現に要した投資（費用）に対して、その案件によって得られた利益がどれくらいであったのかの比率を表します。ROIの値が高ければ投資によって得られた効果が大きく、低ければ効果が小さかったことがわかります。計算は、**ROI＝利益額÷投資額** で求めることができます。

個別計画（個別の開発計画）では、機能と日程を決めていく

情報システム化基本計画に従って、詳細なシステム化計画を立案していくのが個別計画です。ここでの計画は、戦略性を向上するシステムとして、企業全体または個々の事業活動の統合化を実現するシステム、企業間の一体運営に資するシステムを考慮しながら進めます。具体的な内容と進め方については、「7-4 システム化計画と要件定義」（182ページ）で取り上げますが、大まかな作業手順は右のとおりです。

①システム化の目的・範囲の定義
②システムの主要機能の定義
③システム概要の設計
④開発工数の見積り
⑤開発スケジュールの作成
⑥開発体制の立案
⑦投資効果の分析
⑧開発計画の承認

> 試験問題の例
> **さまざまな分析手法が混じっているので注意！**
>
> リスクや投資価値の類似性で分けたカテゴリごとの情報化投資について、最適な資源配分を行う際に用いる手法はどれか。
>
> ア　3C分析　　　　　　　　　イ　ITポートフォリオ
> ウ　エンタープライズアーキテクチャ　エ　ベンチマーキング
>
> →正解はイ。ア：3C分析は、経営戦略に用いる手法。3つの視点（Company：自社、Customer：顧客、Competitor：競合相手）から事業の方向性を見極める。ウ：企業の業務と情報システムを統一的な手法でモデル化し、業務とシステムの統合的な改善を目的とする管理手法。エ：ベンチマーキングは、他社のプロセスを指標（ベンチマーク）として設定し、自社の業務プロセスと比較検討する手法。

7 システム戦略

試験問題の例　ROIの計算式は単純！一度解けば二度目は楽勝

IT投資案件において、5年間の投資効果をROI (Return On Investment) で評価した場合、四つの案件a〜dのうち、最も効果が高いものはどれか。ここで、内部収益率(IRR)は0とする。→IRRは無視

年目	0	1	2	3	4	5
a 利益		15	30	45	30	15
投資額	100					

→計135
135/100

年目	0	1	2	3	4	5
b 利益		105	75	45	15	0
投資額	200					

→計240
240/200＝**120/100**

年目	0	1	2	3	4	5
c 利益		60	75	90	75	60
投資額	300					

→計360
360/300＝**120/100**

年目	0	1	2	3	4	5
d 利益		105	105	105	105	105
投資額	400					

→計525
525/400
＝**131.25/100**

ア　a　　　イ　b　　　ウ　c　　　エ　d

→思わず退いてしまうような難しそうな問題。でも、ROI＝利益額÷投資額の計算式でOK。5年間の投資なので利益を全部足して投資額で割るだけ。ROIの値は、高いほど投資効果が高いと判断できる。正解はア。

試験問題の例　基準を合わせて投資額を比較しよう

2種類のIT機器a、bの購入を検討している。それぞれの耐用年数を考慮して投資の回収期間を設定し、この投資で得られる利益の全額を投資額の回収に充てることにした。a、bそれぞれにおいて、設定した回収期間で投資額を回収するために最低限必要となる年間利益に関する記述のうち、適切なものはどれか。ここで、年間利益は毎年均等に上げられ、利率は考慮しないものとする。

	a	b
投資額（万円）	90	300
回収期間（年）	3	5

ア　aとbは同額の年間利益を上げる必要がある。　　　イ　aはbの2倍の年間利益を上げる必要がある。
ウ　bはaの1.5倍の年間利益を上げる必要がある。　　　エ　bはaの2倍の年間利益を上げる必要がある。

→a、bの投資額を回収期間で割って1年あたりの投資額に換算する。a：90/3＝30（万円/年）、b：300/5＝60（万円/年）。この値をもとに選択肢を判断すると、投資の多いbは、aの2倍の利益が必要。正解はエ。

Chapter 7-2 業務プロセスの改善

情報システム戦略の方針が決まったら、具体的なシステム作りを行っていきます。方法は、実際の業務と情報システムを分析し、業務プロセスの改善や再構築を行います。さらにシステム活用の手立ても考えていきます。ここでは、そのような流れに沿って試験に出るテーマを取り上げていきましょう。なお、業務システムの種類は次章で取り上げます。

業務プロセスの改善手法 ～まぎらわしい英略語～
① BPR Re-engineering ② BPO Outsourcing ③ RPA Robotic

エンタープライズアーキテクチャ

エンタープライズアーキテクチャ（**EA**；Enterprise Architecture）は、企業の業務と情報システムを統一的な手法でモデル化し、業務とシステムの統合的な改善を目的とする管理手法です。試験では、主に**アーキテクチャモデル**について問われます。

アーキテクチャモデルは、業務とシステムの構成要素を記述したモデルのこと。その4つの要素、①組織全体の業務プロセス、②業務に必要な情報の種類と流れ、③情報システムの構成、④利用する情報技術（アプリケーションや情報テクノロジ）についてアーキテクチャモデルを作成し、システムの現状を整理して把握することで、理想とする目標を定めていきます。

EAの4つのアーキテクチャモデル

①ビジネスアーキテクチャ	組織の目標や組織全体の業務プロセスを体系化したもの。 《成果物》業務説明書、機能構成図（DMM）、機能情報関連図（DFD）、業務流れ図（WFA）など
②データアーキテクチャ	業務に利用する情報、すなわち組織の目標や業務に必要となるデータの構成、及びデータ間の関連を体系化したもの。 《成果物》データ定義表、情報体系整理図（UMLのクラス図による）、E-R図など
③アプリケーションアーキテクチャ	情報システムの構成、すなわち組織としての目標を実現するための業務と、それを実現するアプリケーションの関係を体系化したもの。 《成果物》情報システム関連図、情報システム機能構成図
④テクノロジアーキテクチャ	業務に利用する情報技術、すなわち業務を実現するためのハードウェア、ソフトウェア、ネットワークなどの技術を体系化したもの。 《成果物》ハードウェア・ソフトウェア構成図、ネットワーク構成図

エンタープライズアーキテクチャ（EA）に関する出題は、EAの意味を問うものと4つのアーキテクチャが何かを問うもの、さらにそれぞれの成果物が何かを問うものがあります。さらに上位試験では、EAで使うモデル形態の出題もあります（169ページのTo-beモデルを参照）。念のため覚えておくとよいでしょう。

それらしい引っ掛け選択肢に惑わされないように

エンタープライズアーキテクチャの"四つの分類体系"に含まれるアーキテクチャは、ビジネスアーキテクチャ、テクノロジアーキテクチャ、アプリケーションアーキテクチャともう一つはどれか。

ア　システムアーキテクチャ　　　イ　ソフトウェアアーキテクチャ
ウ　データアーキテクチャ　　　　エ　バスアーキテクチャ

→クイズのような問題だが、類題が何度か出題されている。ダミー選択肢に注意しよう。正解はウ。

 各アーキテクチャの内容と成果物を結びつけておこう

エンタープライズアーキテクチャにおいて、テクノロジアーキテクチャで作成する成果物はどれか。

ア　機能構成図（DMM）、機能情報関連図（DFD）　→ビジネスアーキテクチャの成果物
イ　実体関連ダイアグラム（ERD）、データ定義表　→データアーキテクチャの成果物
ウ　情報システム関連図、情報システム機能構成図　→アプリケーションアーキテクチャの成果物
エ　ネットワーク構成図、ソフトウェア構成図　→テクノロジアーキテクチャの成果物　正解

業務プロセス

出題率　低　普通　高

　企業における業務は、作業順序に従って進められます。この一連の流れを業務プロセス（ビジネスプロセス）といいます。業務プロセスを改善することによって、さまざまな効果が得られますが、プロセスを見直して最適化し、効果的なシステム活用を行う考え方として、次のものがあります。

 ### 業務プロセスの改善手法

用語の意味を問う出題が中心ですが、まぎらわしい英略語が多いので注意が必要です。

❶ **BPR（Business Process Re-engineering；ビジネスプロセスリエンジニアリング）**
業務全体を1つのプロセスとしてとらえて、その流れに基づいて情報システムを再構築すること。業務全体を抜本的に設計し直す際には、部門間のセクショナリズムを克服し、業務の合理化やコスト削減を目指す企業改革を行っていきます。

❷ **BPM（Business Process Management）**
BPMとは、業務分析、設計、業務プロセス構築、プロセスの実行とモニタリング、評価といったPDCAサイクルを繰り返しながら、業務プロセスを継続的に監視・改善していく管理手法のことです。またBPMS（BPM System）は、BPMを実施・運用するための基盤となる仕組みを指します。

❸ **BPO（Business Process Outsourcing）**
企業が自社の業務プロセスの一部を、外部の専門業者へアウトソーシング（委託）することを指します。コールセンター業務などが典型的な例です。また、情報システムの開発や運用を人件費の安い海外の企業や子会社に委託することをオフショア（offshore；国内企業から見た海外を意味する）と呼びます。　→ソリューションの形態（177ページ）にも関連

❹ **RPA（Robotic Process Automation）**
標準化された定型業務を人間に代わって自動的に処理するシステム。人が行うパソコン作業をソフトウェアで模倣させることから「仮想知的労働者」とも呼ばれる。マクロと異なり、複数のソフトウェアをまたがった操作もできる。なお、名称から産業機械のようなロボットを想像させるが、ソフトウェアによるロボットであり、実際にロボットがキーボード操作をするわけではない。

章をまたがる情報システムの種類を整理しておこう

企業活動におけるBPM（Business Process Management）の目的はどれか。

ア　業務プロセスの継続的な改善
イ　経営資源の有効活用
ウ　顧客情報の管理、分析
エ　情報資源の分析、有効活用

→正解はア。その他の選択肢は、情報システムの種類についての選択肢になっている。イはERP（企業資源管理）、ウはCRM（顧客関係管理）、エは、BI（Business Intelligence）ツールやデータマイニングなど。

その他のシステム

業務プロセスに関連した情報システムには、ERPやSCM、CRMなどがあり、試験にも度々登場します。主に次章（経営戦略）で出ているので解説はそちらを参照してください。本章で出ているのは次のシステムです。

❶ **ワークフローシステム**
主に社内の事務処理を効率化するためのシステムです。申請書や届出、回覧など、複数管理者の決済が必要となる作業の流れをシステムでコントロールすることで、業務処理を確実かつスムーズに行うことができます。

❷ **SFA（Sales Force Automation）**
営業活動の支援や効率化を目的としたシステム。顧客情報、資料作成のノウハウ、営業担当者の行動予定、訪問履歴や結果情報（コンタクト管理）など、営業活動全般に関する情報を管理します。営業のノウハウを標準化し、質の高い営業活動に結びつけます。

システムの種類は幅広く対策しておきたい

ワークフローシステムを用いて業務改善を行ったとき、期待できる効果として適切なものはどれか。

ア　顧客の購入金額に応じて、割引などのサービスを提供できる。
イ　自社と取引先とのデータ交換の標準規約が提供できる。
ウ　書類の申請から決裁に至る事務手続の処理速度が上がる。
エ　保管する商品の倉庫内での搬入搬出作業の自動化が可能となる。

→正解はウ。その他の選択肢は、アはCRM（顧客関係管理）、イはEDI（電子データ交換）、エは、EOS（電子受発注システム）によるものと考えられる。

SFAに関しては、過去に「コンタクト管理の説明」などが出ていますが、次に取り上げた計算問題が、よく出題されています。試験中にじっくり考えていると時間をとられるので、1度は解いておくとよいでしょう。

試験問題の例 | 訪問件数で変わる時間と、一定時間に分けて考えよう

　　　　ある営業部員の1日の業務活動を分析した結果は、表のとおりである。営業支援システムの導入によって訪問準備時間が1件当たり0.1時間短縮できる。総業務時間と1件当たりの顧客訪問時間を変えずに、1日の顧客訪問件数を6件にするには、"その他業務時間"を何時間削減する必要があるか。

1日の業務活動の時間分析表

総業務時間					1日の顧客訪問件数
	顧客訪問時間	社内業務時間			
			訪問準備時間	その他業務時間	
8.0	5.0	3.0	1.5	1.5	5件

　ア　0.3　　　　イ　0.5　　　　ウ　0.7　　　　エ　1.0

→単純な計算に見えるが、間違えやすいので1件あたりの時間を算出してから合計したほうが確実。「顧客訪問時間」と「訪問準備時間」で、それぞれ1件あたり1.0時間と0.3時間。一方、システム導入によって「訪問準備時間」が1件あたり0.1時間短縮できるので、結果として1.2時間×6件＝7.2時間。つまり、(8.0−7.2)時間＝0.8時間が「その他の業務時間」に当てられる時間となる。現在は1.5時間なので0.7時間削減すればよい。

　　　　業務プロセスの改善についての問題として、過去10回中に2回同じものが出された計算問題を紹介します。「改善の効果を定量的に評価する」としていますが、"重み"が提示された場合は、それぞれに掛け合わせるというのが定石。さまざまな分野の計算問題で出現します。

試験問題の例 | それぞれに重みを掛けて合計しよう

　　　　改善の効果を定量的に評価するとき、複数の項目で評価した結果を統合し、定量化する方法として重み付け総合評価法がある。表の中で優先すべき改善案はどれか。

評価項目	評価項目の重み	改善案			
		案1	案2	案3	案4
省力化	4	6	8	2	5
期間短縮	3	5	5	9	5
資源削減	3	6	4	7	6

　ア　案1　　　イ　案2　　　ウ　案3　　　エ　案4

→総合評価法を知らなくても、重みが出てきたら掛けていこう。案1の場合、(省力化)4×6＝24、(期間短縮)3×5＝15、(資源削減)3×6＝18で、合計(統合)すると57となる。同様に計算すると、案2＝59、案3＝56、案4＝53となる。評価の値が大きいものを優先すべきなので、正解はイ。

Chapter 7-3 ソリューションビジネスとシステム活用促進

ソリューションとは、問題解決のこと。主にICT（情報通信技術）を活用して、顧客企業の経営課題を解決するビジネスを、ソリューションビジネスといいます。試験では、ソリューションを提供するITプロバイダのサービスの種類について問われています。

ソリューションサービスの種類
① ASPサービス — システムの機能やアプリをネット経由で提供
② ホスティングサービス — サーバを貸し出すサービス
③ SOA — 部品化された業務機能を顧客に合わせて構成する

ソリューションの形態

企業の経営課題を解決することを<u>ソリューション</u>（solution）と呼びます。顧客企業が抱える問題を、主にICTを活用して解決するビジネスを<u>ソリューションビジネス</u>といい、それを行う事業者を<u>ソリューションプロバイダ</u>といいます。ソリューションサービスは、業種、業務、問題別にさまざまなものが存在しており、それらをうまく組み合わせることで、効率的に問題解決を行うことができます。

ソリューションの形態

❶ システムインテグレーション（SI：System Integration）
業務処理に最適な製品を組み合わせて情報システムの企画・提案を行い、システム設計・開発、導入、運用、保守までの業務を一貫して請け負うサービスです。このような業務を行う者は、<u>SI（システムインテグレータ）</u>や<u>SI事業者</u>と呼ばれています。

❷ アウトソーシング（outsourcing）サービス
<u>アウトソーシング</u>とは、自社以外の企業に、情報システムの開発や運用といった何らかの業務を委託すること。また、業務プロセスの一部を、一括して外部に委託することを<u>BPO</u>（174ページ参照）と呼びます。専門性に優れた外部企業にアウトソーシングすることは、業務の効率化やコスト削減ができるだけでなく、自社の経営資源を効果的に集中させることが可能になります。

❸ クラウドサービス
クラウド（cloud）とは雲のことで、ネットワークに接続された先の意味を表しています。<u>クラウドサービス</u>は、インターネットを介して、アプリケーションやハードウェア（ストレージまたは保存領域）を利用できるサービス全般のことを指します（具体的なサービス形態は49ページを参照）。次のようなメリットがある一方、情報漏洩やデータ消失のリスクも考えられます。

- 場所や端末の種類を問わず利用可能。
- 初期投資が必要なく、利用分だけの料金で済む。
- 資産管理やメンテナンス作業が不要になる。

試験問題の例　ソリューションに関するキーワードで判断しよう

BPOを説明したものはどれか。

ア　自社ではサーバを所有せずに、通信事業者などが保有するサーバの処理能力や記憶容量の一部を借りてシステムを運用することである。

イ　自社ではソフトウェアを所有せずに、外部の専門業者が提供するソフトウェアの機能をネットワーク経由で活用することである。

ウ　自社の管理部門やコールセンタなど特定部門の業務プロセス全般を、業務システムの運用などと一体として外部の専門業者に委託することである。

エ　自社よりも人件費が安い派遣会社の社員を活用することで、ソフトウェア開発の費用を低減させることである。

→各選択肢のキーワードから判断すると、ア：「サーバを借りて」から、ホスティングサービス。イ：「ソフトウェアの機能をネットワーク経由で」から、ASPサービス。ウ：「業務プロセス全般」の委託なので、BPO（正解）。エ：ソリューションサービスではなく人材派遣。

ソリューションサービス

ソリューションサービスには、目的に応じてさままざまなものがあります。試験にもっともよく出ているのは、SOAに関する用語問題です。そのほかASPサービス、ホスティングサービス、などが出題されています。

コンピュータ利用環境のソリューション

❶ ASPサービス

情報システムの機能やアプリケーションソフトなどをインターネット経由で利用できるサービスを提供している事業者を**ASP**（Application Service Provider）と呼びます。また、提供するサービスを**ASPサービス**といいます。ASPサービスを利用すると、従来のように各社員のパソコンにそれぞれアプリケーションをインストールする場合に比べ、運用管理が容易で管理費用を節減することが可能になります。また、クラウドコンピューティングによるシステム形態という側面もあることから、第2章の「システム構成」からの出題もあります（具体的なサービス形態は、49ページ「クラウドコンピューティング」を参照）。

《問題文中に出てくる関連用語》

- **マルチテナント方式**：同じアプリケーションを複数企業が共同で利用する形態。
- **オンプレミス**（on-premises）：外部のシステム環境を利用せずに、自社で保有して運用すること。ASPやクラウドサービスを利用する形態に対する用語。premisesとは建物や構内を意味する。

❷ ホスティングサービス（hosting service）

サービス事業者が所有するサーバを貸し出すサービスで、**レンタルサーバ**と呼ぶこともあります。サーバ1台を1顧客に割り当てる**専用サーバ**や、複数の顧客企業で共同利用する**共有サーバ**があります。顧客企業は、低コストでサーバを導入できますが、使用できるOSやソフトウェアなどの制限を受けることがあります。

❸ ハウジングサービス（housing service）

顧客企業のサーバをサービス事業者に預けて設置してもらうサービスで、併せて運用管理を委託

する場合もあります。OSやソフトウェアなどを自由に選択でき、拡張性や柔軟性が高いのが特徴です。顧客企業は、サーバ用の電源や回線などの設置や運用のコストを削減できます。

一歩踏み込んだ特徴を問う問題にも対応できるように

ホスティングサービスの特徴はどれか。

ア 運用管理面では、サーバの稼働監視、インシデント対応などを全て利用者が担う。
イ サービス事業者が用意したサーバの利用権を利用者に貸し出す。
ウ サービス事業者の高性能なサーバを利用者が専有するような使い方には対応しない。
エ サービス事業者の施設に利用者が独自のサーバを持ち込み、サーバの選定や組合せは自由に行う。

→ホスティングサービスについての特徴を判断できるかがカギとなる。ア:サーバの運用管理はサービス事業者が行う。イ:サーバの利用権を貸し出すということから通常のホスティングサービスの利用形態(正解)。ウ:専用サーバ形態で対応できる。エ:利用者がサーバを持ち込むことからハウジングサービスの特徴。

システム構築や運用に関するソリューション

❶ SOA (Service-Oriented Architecture)

情報システムの構築に関するソリューションとして、SOA(サービス指向アーキテクチャ)という設計手法があります。SOAでは、顧客企業が業務の遂行に必要なシステムを「受注サービス」、「在庫引当サービス」などのように、業務機能ごとに部品化して用意しておきます。顧客からシステム構築の要請があれば、必要なサービスを組み合わせてシステム全体を構成することで、素早く、しかも費用を抑えて対応することができます。

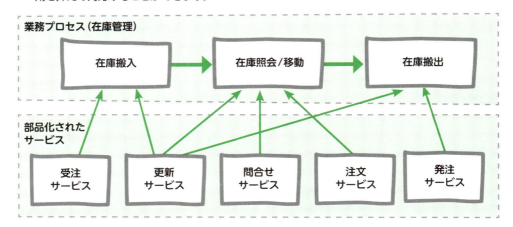

❷ CRMソリューション

CRM(顧客関係管理、197ページ参照)は、マーケティングから販売、問合せ窓口から保守サービスまで広範囲で多岐にわたっているため、それぞれの業種によって必要な範囲や形態は異なります。CRMソリューションは、複数のパッケージを組み合わせたり、新構築やカスタマイズを行い、統合管理の構築を容易にします。

❸ セキュリティソリューション

複雑なネットワーク環境やセキュリティを脅かす要因の多様化により、専門のセキュリティ部門を持たない企業では、十分な対策を行うことが困難になっています。ソリューションサービスを利用することで、環境とセキュリティレベルに合わせた対応が容易になります。

ソリューションサービスに関する出題のほとんどがSOAに関するもので、数パターンの問題あります。ここでは、その中の1つを取り上げます。例題に示すように、キーワードは"部品"ですが、"コンポーネント"と言い換えられた問題もあるので注意しましょう。

 キーワードとなる"部品"を探し出せ！

SOAを説明したものはどれか。

ア　企業改革において既存の組織やビジネスルールを抜本的に見直し、業務フロー、管理機構、情報システムを再構築する手法のこと
イ　企業の経営資源を有効に活用して経営の効率を向上させるために、基幹業務を部門ごとではなく統合的に管理するための業務システムのこと
ウ　発注者とITアウトソーシングサービス提供者との間で、サービスの品質について合意した文書のこと
エ　ビジネスプロセスの構成要素とそれを支援するIT基盤を、<u>ソフトウェア部品であるサービス</u>として提供するシステムアーキテクチャのこと

→"部品"が見つかればOK、正解はエ。その他の選択肢は、ア：BPR、イ：ERP、ウ：SLA。

システム活用促進

このテーマは用語問題が中心ですが、流れをつかみながら理解する必要もないので、用語をまとめて覚えるほうが効率的です。**BYOD**、**ディジタルデバイド**、**データマイニング**は、他の章のテーマとしても出題されています。また、**ビッグデータ**については、具体的な判断問題としても出ているので実際の問題で慣れておきましょう。

 ## よく出題される用語

❶ BYOD (Bring Your Own Device)
従業員個人が所有する端末（PCやタブレットなど）を、業務にも用いることを表します。コスト削減のために会社が管理して認めることもありますが、情報漏洩などのリスクのほうが大きいことから禁止されることがほとんどです。

❷ ビッグデータ
分析を目的として蓄積された膨大なデータのこと。ショップサイトの購入履歴などのほか、ソーシャルメディアやセンサーからのデータなども対象としています。いずれも多量性、多種性、リアルタイム性がある反面、そのままでは意味を持たず、さまざまな分析を行うことで意味を持つデータになります。次のようなデータはビッグデータに含まれます（試験問題の選択肢より）。
・ソーシャルメディアで個人が発信する商品のクレーム情報などの、不特定多数によるデータ
・Webサイトのアクセス履歴などリアルタイム性の高いデータ
・非構造化データである音声データや画像データ

❸ データマイニング (data mining)
マイニングとは「発掘」の意味。蓄積されたデータの中から、ある規則性や法則性を見つけだすことを指します。例えば、地域や季節、購入者の性別などから、小売店での売れ筋商品の規則性などを分析して、今後の販売商品戦略に役立てるなどの目的で行われます。

> この章からの出題数
> **5**問/80問中

❹ **ディジタルデバイド（digital divide：情報格差）**
　ITを利用するスキルや、利用機会の違いによって生じる経済格差。特に、インターネットの恩恵を受けることのできる人とできない人との間に生じています。

その他の用語

　ここ数回の傾向として、「BI」、「パターン認識/機械学習」によるコールセンタの応対向上についての文章判断問題が出題されています。時代とともに、より新しい用語や詳しい内容を知っておく必要があります。

パターン認識/機械学習	パターン認識は、蓄積したデータから規則性などを判断して最適な解を導き出すこと。データマイニングの過程の一部としても使われる。また機械学習は、データの積み上げや判断結果を基にして、次の判断を自動的に進化させること。
BI（Business Intelligence）	蓄積されたさまざまな形式のデータを収集・分析し、結果をグラフや表などに加工する手法やツールを指す。専門知識がなくても、簡単な操作で目的に合った分析が可能になる。
ゲーミフィケーション（gamification）	ある行動を誘発したり継続させるために、ゲーム的な要素を取り入れること。システム活用の場面なら、システムの講習動画視聴にポイントを付与、操作をクイズにしてレベル認定など、楽しみながらモチベーションを高める工夫が考えられる。

 所有者と利用用途を判断すればよい

　BYOD（Bring Your Own Device）の説明はどれか。

ア　会社から貸与された情報機器を常に携行して業務に当たること
イ　会社所有のノートPCなどの情報機器を社外で私的に利用すること
ウ　個人所有の情報機器を私的に使用するために利用環境を設定すること
エ　従業員が個人で所有する情報機器を業務のために使用すること

→BYODは、個人所有の情報機器を業務に利用すること。正解はエ。

 ビッグデータとそれ以外のデータとの違いに注目！

　ビッグデータを企業が活用している事例はどれか。

ア　カスタマセンタへの問合せに対し、登録済みの顧客情報から連絡先を抽出する。
イ　最重要な取引先が公表している財務諸表から、売上利益率を計算する。
ウ　社内研修の対象者リスト作成で、人事情報から入社10年目の社員を抽出する。
エ　多種多様なソーシャルメディアの大量な書込みを分析し、商品の改善を行う。

→ビッグデータに関する出題は、最近2回続けて出ている。ビッグデータそのものは、傾向などの分析を行うために一定以上の大きさのデータを集めたもの。直接限定的に抽出できるものには利用する必要がない。したがって、ア、イ、ウは、該当するデータから導き出せるので、ビッグデータの活用事例ではない。正解はエ。

Chapter 7-4 システム化計画と要件定義

シラバス 大分類：7 システム戦略　中分類：18 システム企画　小分類：1、2 システム化計画、要件定義

情報システム戦略に基づいて、経営目標達成に必要なシステム化の範囲、システムの内容や構成などを決定していき、システム化へ向けた具体的な手続きを進めていくのがシステム企画です。本テーマは、中分類18「システム企画」の項目ですが、中分類17「システム戦略」の一部であり、かつ具体的な中心部分ともいえます。

システム化計画とフレームワーク

システム企画は、大きく分けて**システム化計画**、**要件定義**、**調達計画および実施**の3つのフェーズで行っていきます。システム化計画では、具体的な構想を詰めていくのですが、その際に参考になるのがフレームワークです。フレームワークとは、システム構築を行っていく際の「ひな型」や「規範」を意味します。目的に応じてさまざまなものがありますが、出題の中心は、**共通フレーム（SLCP-JCF）**で、試験の出題も共通フレームの内容が問われます。

共通フレーム（SLCP-JCF）

共通フレームは、システム開発作業全般（購入～開発～運用・保守、品質保証等）について、受注側、発注側の双方が、共通認識を持つための枠組みです。8つのプロセスがありますが、システム開発の工程はテクニカルプロセスで、システムの運用管理とシステムの廃棄については、運用・サービスプロセスで定義されています。

❶ 企画プロセス

最初に行うプロセスで、大きく2つに分けて行います。作業が終了したら、**システム化計画**および**プロジェクト計画**としてまとめ、利害関係者に合意を得ます。

> ・**システム化構想の立案**：経営課題や現行の業務・システムを分析し、新たな業務とシステム化構想、推進体制を立案する。
> ・**システム化計画の立案**：続いてシステム導入後の業務の全体像を定義し、業務機能と運用・サービス体制、さらにシステム化の優先順序と投資目標、実現可能性を検討する。さらに工数、費用、投資効果、推進体制などを策定し検証を行う。

❷ 要件定義プロセス

実現しようとする組織や業務を具体化していくプロセスで、さらに、その業務で必要なシステムの機能（機能要件、非機能要件）や動作、インタフェース、性能、運用条件や移行条件を明確にしていきます。最後に評価を行い、利害関係者の合意を得ます。

> ・要件定義プロセスの活動内容
> 　プロセス開始の準備……作業の組み立てから実施計画の作成まで。
> 　利害関係者の識別……システムライフサイクルの全期間における利害関係者を明確化する。
> 　要件の識別……利害関係者のニーズや要望といった要件を引き出し、制約条件や運

用シナリオ（動作および利用者や外部との相互作用）や支援シナリオ、活動順序等を明らかにする。
　　要件の評価……要件の分析を行う。また、要件の矛盾や完全性などを見つけ出して整理する。
　　要件の合意……要件に関する矛盾や実現不可能といった問題点の解決方法を、利害関係者に提示して合意を得る。
　　要件の記録……要件を追跡できるように記録する。

❸ **システム開発プロセス**
システムに関わる要件を定義したうえで、設計を行い、ソフトウェア製品やサービスの実装、システム結合、テスト（結合テスト、システム適格性確認テスト）、システム導入、システム受入支援などを行っていきます。

❹ **ソフトウェア実装プロセス**
前プロセスで設計されたソフトウェアを実際に作り上げていくプロセスです。構築（ソフトウェア要件定義、ソフトウェア方式設計、ソフトウェア詳細設計、プログラミング、ソフトウェア結合テスト、ソフトウェア適格性確認テスト）、ソフトウェア導入、受入支援を行います。

❺ **ハードウェア実装プロセス**
システムに必要かつ制約条件を満たす、特定ニーズに特化したハードウェア（ハードウェア製品またはサービスとして実現されるシステム要素）を開発するプロセスです。

❻ **保守プロセス**
納入されたシステムやソフトウェア製品に対して、費用対効果を考慮した支援を行います。また、ソフトウェアの修正、教育訓練、サービスデスクの運用などを含みます。

> **試験問題の例　各プロセス内容と選択肢を付き合わせて感覚をつかもう**
>
> 　　企画、要件定義、システム開発、ソフトウェア実装、ハードウェア実装、保守から成る一連のシステム開発プロセスにおいて、要件定義プロセスで実施すべきものはどれか。
>
> ア　事業の目的、目標を達成するために必要な<u>システム化の方針</u>、及び<u>システムを実現するための実施計画</u>を立案する。　→企画プロセス
> イ　システムに関わり合いをもつ<u>利害関係者の種類を識別</u>し、利害関係者のニーズ、要望及び課せられる制約条件を識別する。　→要件定義プロセス
> ウ　目的とするシステムを得るために、<u>システムの機能及び能力</u>を定義し、システム方式設計によってハードウェア、ソフトウェアなどによる実現方式を確立する。　→システム開発プロセス
> エ　利害関係者の要件を満足する<u>ソフトウェア製品</u>または<u>ソフトウェアサービス</u>を得るための、<u>方式設計</u>と適格性の確認を実施する。　→ソフトウェア実装プロセス、方式設計はソフトウェア方式設計と捉える
>
> →選択肢の文章は、共通フレームから抜き出したもので、言い回しに慣れておかないと判断しにくい。

要件定義における"要件"の種類

要件定義プロセスの"要件"とは、具体的な内容を指すもので、次のようなものがあります。試験では、**機能要件**、**非機能要件**に含まれる内容が、頻繁に出題されているので、しっかりと確認しておきましょう。

❶ **業務要件**
業務手順、業務遂行に必要な情報と成果物、業務上の制約事項やルール、組織内の責任と権限の範囲などです。

❷ **機能要件**
業務要件を実現するために、新システムが備えるべき機能。業務機能のほか、機能間のデータの流れ、人が介在する作業、情報の管理、外部とのインタフェースなどが含まれます。

❸ **非機能要件**
機能要件をとりまく品質や運用、操作に関わる要件のこと。具体的には、**品質要件**（機能性、信頼性、使用性、保守性など）、**技術要件**（システム構成、開発基準や言語、環境など）、**運用・操作要件**（運用手順、障害対策、データの保存、利用者の操作方法など）、**移行要件**、利用者教育、運用支援、費用や納期などが含まれます。

 非機能要件は、直接的な機能以外のすべてと考えよう

非機能要件定義を説明したものはどれか。

ア　業務要件のうち、システムで実現が難しく、手作業となる業務機能を明確化する。
イ　業務要件の実現に必要な、品質要件、技術要件、運用要件などを明確化する。
ウ　業務要件を確定させるために、現行システムで不足している機能を明確化する。
エ　業務要件を実現するために、新たに導入するパッケージの適合性を明確化する。

→正解はイ。非機能要件は、パフォーマンスや信頼性、移行要件といった、システムの持つ機能以外の要件を指す。「業務要件を実現するために必要な情報システムについて機能を明らかにする」という機能要件の定義に当てはまらないものと考えればよい。具体的には、品質要件（信頼性、保守性など）、技術要件（開発基準やプログラム言語、開発環境など）、運用要件（運用手順、障害対策など）がある。

最後に、過去に出題された例のうち、難問に分類できる例を取り上げます。もしも、「要件定義プロセスの活動内容」まで記憶していないときは、消去法で絞り込むのが定石です。

 問題文の順序が正解のヒントになる

共通フレームによれば、要件定義プロセスの活動内容には、利害関係者の識別、要件の識別、要件の評価、要件の合意などがある。このうち、要件の識別において実施する作業はどれか。

ア　システムのライフサイクルの全期間を通して、どの工程でどの関係者が参画するのかを明確にする。
イ　抽出された要件を確認して、矛盾点や曖昧な点をなくし、一貫性がある要件の集合として整理する。
ウ　矛盾した要件、実現不可能な要件などの問題点に対する解決方法を利害関係者に説明し、合意を得る。
エ　利害関係者から要件を漏れなく引き出し、制約条件や運用シナリオなどを明らかにする。

→要件定義プロセスの活動内容を知らなくても、問題文で順に並んでいることが手がかりになる。耳慣れない"識別"は、"利害関係者から出された要求"などと置き換えてみると、要件の洗い出し段階の作業内容であるエが正解と判断できる。ア：利害関係者の識別、イ：要件の評価、ウ：要件の合意、における作業。

ストラテジ系

Chapter 7-5 調達計画と実施

シラバス 大分類：7 システム戦略　中分類：18 システム企画　小分類：3 調達計画・実施

調達とは、システムを購入したり、新たに作成（自社開発や外部企業への発注を問わず）することです。自社開発以外の調達先となるのがサプライヤやITベンダなどと呼ばれる企業で、実際には、ソフトウェア開発企業や製品メーカ、販売者や販売代理店などの企業が該当します。

調達の手順
調達の選定基準や提案の評価基準が決まったら…
① 調達先候補の選定
② RFP（提案依頼書）とRFQ（見積依頼書）を配布・説明
③ 候補企業から提案書と見積書を受け取る

調達に伴う配慮

出題率 低 普通 高

調達は、次ページにある調達手順に沿って行います。調達計画を作成するうえで、調達先を選定する際の配慮が必要になります。試験でも出題の多いテーマで、そのほとんどがグリーン調達とCSR調達についての用語問題です。

環境へ配慮した選定

調達先の選定は、あらかじめ設定した評価基準によって行いますが、価格や実績、提案内容を出してもらう前に、調達先の企業体質について考慮する必要があります。次に挙げる、環境、人権、安全への配慮については試験でもよく出るので、確実に覚えておきたい用語といえます。

❶ グリーン調達（購入）

調達に際して、環境への負荷に配慮した製品作りや部品調達を行っている企業を優先的に選定したり、調達基準を決めることで、環境保全が主な目的です。直接の取引先だけでなく、サプライチェーン全体として、共有していくことが重要となります。

❷ CSR（Corporative Social Responsibility）調達

CSRは、「企業の社会的責任」と訳されます。グリーン調達よりやや広い概念で、調達リスクの回避を目的としています。具体的には、社員や外注先への人権や労働条件、安全へ配慮しているかや、自然環境への配慮を怠っていないかなどを調達基準に盛り込み、これを示すことで、調達先（サプライチェーン全体を含む）に遵守を求めていきます。

用語判別の難度が高まることもあるので注意したい

CSR調達に該当するものはどれか。

- ア　コストを最小化するために、最も安価な製品を選ぶ。
- イ　災害時に調達が不可能となる事態を避けるために、調達先を複数化する。
- ウ　自然環境、人権などへの配慮を調達基準として示し、調達先に遵守を求める。
- エ　物品の購買に当たってEDIを利用し、迅速かつ正確な調達を行う。

→正解はウ。CSR調達とグリーン調達は概念に違いがあり、両者が選択肢にあるときは注意したい。

調達の実施手順

出題率 低 普通 高

実際の調達は、複数の企業から提案書や見積書をもらい、公正に調達先を選定する必要があります。出題実績はあまり多くありませんが、RFIとRFPのやりとりを中心とした手順を押さえておくとよいでしょう。

調達の手順

❶システム要求事項策定	システムに求められる要件（システム化の範囲・必要な機能や性能など）をまとめる。
❷調達先選定基準、提案評価基準の作成	調達先企業からの提案書や見積書を検討する際に、何を重視して発注先の選考を行うか、また提案書の評価（開発の確実性、信頼性、費用内訳、工程別スケジュール、最終納期など）をどのように行うか、考慮する項目と選定の基準をあらかじめ決めておく。
❸調達先候補の選定（情報提供依頼書の作成）	調達先（ベンダ）企業に対し、事前にRFI（Request For Information：情報提供依頼書）を配布し、提供された技術情報などをもとに、事前に候補企業を絞り込む。RFIとは、システム化の目的や対象業務の内容について説明するもの。
❹RFP（提案依頼書）の作成と配布・説明	調達を計画しているシステム対象、提案を求める事柄や調達条件などを明示して、調達先企業に提案書を依頼するためにRFP（Request For Proposal：提案依頼書）、RFQ（Request For Quotation：見積依頼書）を作成。これらを配布して、説明を行う。
❺提案書・見積書の作成	調達先企業では、RFPの情報をもとに、開発するシステムの構成や開発手法などを検討して、提案書を作成する。また、必要な費用を計算し、見積書を作成する。
❻提案書・見積書の評価	調達先企業から提案された開発手法や、機能実現のために用いる技術が、適切であるかどうかの分析を行う。また、見積書から、今回の開発に必要な作業項目が過不足なく含まれているか、見積金額は妥当かなどを確認する。
❼調達先の選定、調達リスク分析	提案書の評価を踏まえ、選定基準に基づいて選定を行う。その際、調達リスク分析として、内部統制やコンプライアンス（法令遵守）、グリーン調達やCSR調達などの観点からも検討を行う。
❽契約締結	選定した企業との契約を交わす。多くの場合、金額や作業内容・納期だけでなく、守秘義務や、完成したシステムの著作権などについても契約に含めておく。

試験問題の例　"公正に行う＝ルールどおりに行う"がキーワード

RFIに回答した各ベンダに対してRFPを提示した。今後のベンダ選定に当たって、公正に手続を進めるためにあらかじめ実施しておくことはどれか。

ア　RFIの回答内容の評価が高いベンダに対して、選定から外れたときに備えて、再提案できる救済措置を講じておく。

イ　現行のシステムを熟知したベンダに対して、RFPの要求事項とは別に、そのベンダを選定しやすいように評価を高くしておく。

ウ　提案の評価基準や要求事項の適合度への重み付けをするルールを設けるなど、選定の手順を確立しておく。

エ　ベンダ選定後、迅速に契約締結をするために、RFPを提示した全ベンダに内示書を発行して、契約書や作業範囲記述書の作成を依頼しておく。

→公正に選定手続を進めるためには、特定の企業（ベンダ）だけ有利になる行為は避けるべきである。また、選定ルールを決めておき、その手順に従って選定を行えば、有利不利は発生しない。正解となるウは、選定手順の確立を行っており、その他の選択肢は特別扱いとなる行為を行っている。

ストラテジ系

Chapter 8

ストラテジ系

経営戦略

●経営戦略マネジメント／技術戦略マネジメント

8-1 経営戦略 ……………………………………… 188

8-2 経営分析の手法 ……………………………… 191

8-3 マーケティング ……………………………… 193

8-4 ビジネス戦略と技術開発戦略 ……………… 196

●ビジネスインダストリ

8-5 ビジネスシステムと
エンジニアリングシステム ………………… 199

8-6 e-ビジネス …………………………………… 202

Chapter 8-1 経営戦略

シラバス 大分類：8 経営戦略 / 中分類：19 経営戦略マネジメント / 小分類：1 経営戦略手法

経営戦略は、情報システムを含む企業全体の戦略で、第7章「システム戦略」の上位に位置づけられる概念です。企業経営に関する一般的な知識が中心になっていることから、経営用語を数多く知っているかが点を稼ぐポイント。経営知識、経営分析手法、マーケティングなどのテーマを偏りなく学習しましょう。

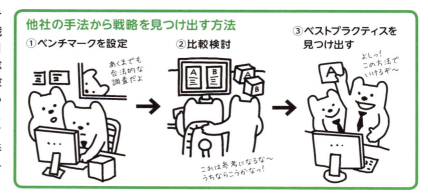

他社の手法から戦略を見つけ出す方法
① ベンチマークを設定 → ② 比較検討 → ③ ベストプラクティスを見つけ出す

経営戦略の手法

出題率 低／普通／高

経営戦略は、まず他社の動向を知り、市場や同業他社の動向を見極めながら戦略方針を立て、施策を実行していきます。また、「計画→実行→点検→処置」という**PDCAサイクル**を繰り返しながら、実施結果や状況の変化に応じて、よりよい方向へ変化させていきます。このような一連の流れを念頭におくと、覚えた用語がつながりやすくなります。

よく出る狙い目

他社の動向をから経営方針を定める

経営戦略を立てる際に、他社の動向を知るための方法として、次のようなものがあります。

❶ **ベンチマーキング**
他社のプロセスを指標（**ベンチマーク**）として設定し、自社の業務プロセスと比較検討することです。ベストプラクティス（次項）を見つけ出す参考とします。

❷ **ベストプラクティス分析**
他社のやり方を研究して、自社に最適な実践方法（**ベストプラクティス**）を見つけ出す方法です。

優位に立つための経営戦略手法

経営戦略は、競合他社の存在を考慮に入れることが不可欠です。次のような戦略があります。

❶ **集中戦略**
特定範囲に経営資源を集中させ、競争を優位に進める戦略です。事業の中で、他社より優れた技術やノウハウを持つ分野を**コアコンピタンス**と呼びます。また、**コアコンピタンス経営**とは「得意分野の事業に集中することで効率よく利益を上げる」という方法です。

❷ **コストリーダーシップ戦略**
市場で大きなシェアを持つ場合、その優位性を生かしてコストダウンを図り、他社よりさらに優位に立つ戦略です。生産量が大きくなることで、**スケールメリット**（次ページ）が期待できる。

❸ **差別化戦略**
他社ではできない特化した製品やサービスに注力することで、シェアを確保する戦略です。

❹ **多角化戦略**
主としている事業分野とは別の分野を開拓または進出すること。現事業と関連性を持たせることで進出のしやすさを狙う場合と、有望な分野を狙うことで、現状打破やノウハウの蓄積などを狙う場合がある。また複数事業の組合せにより、**シナジー効果**（次ページ）が生まれることもある。

この章からの出題数
8問／80問中

 分野をまたがる"経営"キーワードに惑わされずに

コアコンピタンス経営を説明したものはどれか。

ア　企業内に散在している知識を共有化し、全体の問題解決力を高める経営を行う。
イ　迅速な意思決定のために、組織の階層をできるだけ少なくした平型の組織構造によって経営を行う。
ウ　優れた業績を上げている企業との比較分析から、自社の経営革新を行う。
エ　他社にはまねのできない、企業独自のノウハウや技術などの強みを核とした経営を行う。

→正解はエ。ア：ナレッジマネジメント、イ：従来型のピラミッド型組織ではなく、中間層を減らした組織構造をフラット型組織という。ウ：ベンチマーキング。

その他の戦略と関連する手法

これまで挙げた手法のほか、出題実績や選択肢に含まれる用語をまとめておきましょう。

協調戦略	企業どうしが共同で事業を行うこと（**アライアンス**という）。販売提携、技術提携、生産提携、資本提携などの業務提携によって、互いの技術や市場を補完することで、短期間に大きな市場を取り込む。反面、提携解消時にノウハウが流出するなど代償が発生するリスクもある。
M&A	M&A（Mergers and Acquisitions）とは、企業の合併や買収のこと。競合製品を持つ企業を買収して市場の優位性を高めたり、まったく異なる分野の企業同士が合併して、新たな市場や製品の開発を目指すケースなどがある。
ブルーオーシャン戦略	競合他社がしのぎを削る分野（レッドオーシャン）を避け、未開拓分野に経営資源を投入する戦略。発想の転換と、多方面からなるニーズの分析が必要となる。
ファブレスとEMS	**ファブレス**（fabless＝fabrication facility less）は、自社では生産設備を持たず、製品の設計・開発や販売のみを行う企業の形態。**EMS**（Electronics Manufacturing Service）は、他のメーカの委託を受け、指定された仕様・設計に基づいて製品を製作する受託生産のこと。ファブレス企業とEMSを行う企業が連携する事業提携を行うビジネスモデルもある。
クラウドファウンディング	事業を行うための資金を、その事業に賛同する不特定多数の人から調達する方法。起業者が、インターネットのクラウドファウンディングサイトで事業内容をプレゼンし、賛同者からの寄付を集めるケースなどがある。
シナジー効果とスケールメリット	**シナジー効果**とは、相乗効果のこと。複数の事業を組み合わせたり、企業の統合や同業他社を取り込むことで、市場を占有したり、付加価値を生み出すこと。**スケールメリット**とは、生産や販売の規模を大きくすることでコストを下げ、単価を低くすること。直接的には固定費の減少があるが、大量仕入れによるコスト削減や知名度の向上なども影響する。

 3文字英略語に迷ったら、フルスペルをヒントにしよう

EMS（Electronics Manufacturing Service）の説明として適切なものはどれか。

ア　一般消費者からの家電製品に関する問合せの受付窓口となって電話対応を行う。
イ　製造設備をもたず、製品の企画、設計及び開発を行う。
ウ　他メーカから仕入れた電子機器などの販売を専門に行う。
エ　他メーカから受注した電子機器などの受託生産を行う。

8 経営戦略

189

→正解はエ。Manufacturing＝製造から、"生産"につなげれば、選択肢は1つに絞れる。ア：窓口業務のみなのでコールセンターが該当。イ：ファブレス、ウ：販売会社やハードウェアベンダなど、が該当する。

競争戦略と企業ポジション

競争戦略では、市場や競合他社の製品を分析し、その市場や業界の中で自社がどのようなポジションにあるのかを明らかにすることで、経営戦略を検討していきます。企業のポジションを下図のような4つのタイプに分類するとき、それぞれ適した戦略は異なってきます。

❶ リーダ 《全方位戦略》
最大シェアの企業。定期的、戦略的に新製品を投入したり、製品ラインナップを拡充するなど、市場の維持と拡大、ブランド力強化を図り、常に他社をリードする戦略を立てます。

❷ チャレンジャ 《差別化戦略》
シェアは2〜3番手の企業。リーダの弱点となる、製品、販売やサービス方法、特定の販売地域を狙う戦略を立てます。また、下位の企業の市場を奪ったり、取り込む方法もあります。

❸ フォロワ 《模倣戦略》
シェアが少ない企業。迅速に模倣を行ったり、徹底したコストダウンを図ることで、開発・宣伝コストを抑え、低価格競争が可能な製品で、リーダに追随する戦略を立てます。

❹ ニッチャ 《特定化戦略》
小さな規模の市場を独占的に占める企業。競合を回避すべく、狭い領域で特化した製品を投入するニッチ（すき間）戦略をとることで、高い利益を維持していきます。

消去法を使って、正解の戦略を絞り込もう

競争上のポジションで、ニッチャの基本戦略はどれか。

ア　シェア追撃などのリーダ攻撃に必要な差別化戦略
イ　市場チャンスに素早く対応する模倣戦略
ウ　製品、市場の専門特化を図る特定化戦略
エ　全市場をカバーし、最大シェアを確保する全方位戦略

→これまでの出題実績から、4つの戦略が4つの選択肢にあてはまるので絞り込みは容易。どの戦略が問われても迷わないようにしておきたい。正解はウ。

Chapter 8-2 経営分析の手法

シラバス 大分類：8 経営戦略　中分類：19 経営戦略マネジメント　小分類：1 経営戦略手法

経営戦略や事業戦略を立てる際には、さまざまな観点からの分析を行う必要があります。代表的な分析手法には、ポートフォリオ分析、バリューチェーン分析、SWOT分析などがあります。それぞれの手法を大まかに掴んでおくとよいでしょう。

SWOT分析の4つの要因
① 強み(内部要因) 自社の強いところ 高品質で生産性もよい 利益もアップさ
② 弱み(内部要因) 自社の弱いところ 工夫で何とかしなきゃな～
③ 機会(外部要因) 市場の良い風向き あれっ、意外に売れちゃってるぞ～
④ 脅威(外部要因) 市場の悪い風向き うわぁ～とうとう参入してきたぞ

経営分析に用いる手法

出題率 低 普通 高

ここで取り上げる4つの手法は、それぞれ出題実績があります。特に、SWOT分析はよく出題されています。

ポートフォリオ分析

じっくり理解

　ポートフォリオ分析は、複数の要素を2つの評価項目で評価し、それぞれの要素が占めるポジションによって、それらの特徴を掴む手法です。この手法の1つである**PPM**(Product Portfolio Management) は、**市場成長率**と**市場占有率**（マーケットシェア）の値によって、4つの領域に分け、製品の収益性や成長性を分析し、効果の上がる投資の組合せや事業展開などを検討していきます。

市場成長率 高↑

問題児	花形製品
成長市場なのに売れていない。大きな投資を行えば、花形製品になる可能性がある。	成長市場なので常に新しい投資が必要で、あまり儲からないが、いずれ金のなる木になる可能性がある。
負け犬	金のなる木
市場成長率が低いので投資しても大きな効果は期待できず、シェアも低いので撤退すべきである。	市場成長率が低いので投資は少なくて済み、高いシェアをもつため利益は大きい。安定した稼ぎ頭である。

低　市場占有率（マーケットシェア）　→高

バリューチェーン分析

よく出る狙い目

　バリューチェーン(Value Chain：価値連鎖)とは、「製品の価値は、製造、販売、アフターフォローまで含め、企業活動の各工程で付け加えられる」という考え方。バリューチェーン分析は、「価値」をその製品が持つ**機能**と、その機能を持たせるために必要な**コスト**との関係として分析し、競合他社の製品と比較してどのように異なるのかを明らかにしていく分析手法です。

成長マトリクス

　市場の成長・拡大の方向性を探り、経営戦略を決定するための手法です。下表のように「市場」と「製品」、「既存」と「新規」の2つの軸を持つ表を作り、それぞれの領域に「市場浸透」、「新製品開発」、「市場開拓」、「多角化」の4つの戦略を当てはめて、分析を行っていきます。

	既存製品	新製品
既存市場	市場浸透戦略 (既存市場＋既存製品)	新製品開発戦略 (既存市場＋新製品)
新市場	市場開拓戦略 (新市場＋既存製品)	多角化戦略 (新市場＋新製品)

8 経営戦略

選択肢を問題文の5つの活動にあてはめていこう

衣料品製造販売会社を対象にバリューチェーン分析を行った。会社の活動を、購買物流、製造、出荷物流、販売とマーケティング、サービスに分類した場合、購買物流の活動はどれか。

ア　衣料品を購入者へ配送する。　　　イ　生地を発注し、検品し、在庫管理する。
ウ　広告宣伝を行う。　　　　　　　　エ　縫製作業を行う。

→正解はイ。ア：出荷物流、ウ：販売とマーケティング、エ：製造、が該当する。

どのように出題されるかを見ておこう

アンゾフが提唱した成長マトリクスにおいて、既存市場に対して既存製品で事業拡大する場合の戦略はどれか。

ア　市場開発　　イ　市場浸透　　ウ　製品開発　　エ　多角化。　→正解はイ

4つの要素のマトリックスで戦略を立てる"SWOT分析"

SWOTとは、「Strengths（強み）、Weaknesses（弱み）、Opportunites（機会）、Threats（脅威）」の頭文字をとったものです。SWOT分析は、外部要因である「機会」と「脅威」、内部要因である「強み」と「弱み」をマトリックス図に配置していく方法です。さらに、「脅威」と「弱み」の欄にはその対策方法、「機会」と「強み」の欄には、それをどう生かしていくのかも記入して、戦略を検討します。

		外部要因	
		機会（Opportunities） 市場の伸び率が上昇。市場機会が自社に良い方向に向くなど。	脅威（Threats） 市場への強力な企業の参入、製品の問題点が発覚したなど。
内部要因	強み（Strengths） 例）品質が高い、生産効率が良いなど。	機会を捉えて強みを生かす戦略 品種を増やし、増産体制を強化するなど。	強みによって脅威を克服する戦略 参入企業に比べて、品質や価格面が高いこと、問題点を改良して優れた製品になったことをアピール。
	弱み（Weaknesses） 例）販売網が少ない、マーケットシェアが低いなど。	機会を捉えて弱みを克服する戦略 機会を捉えた特別な商品の投入や宣伝、通販サイトの充実など。	弱み＋脅威を利点に転換する戦略 プレミア感の演出やきめ細かなサポートなど。

"脅威"は、自社ではコントロールできない外部要因

SWOT分析において、一般に脅威として位置付けられるものはどれか。

ア　競合他社に比べて高い生産効率　　イ　事業ドメインの高い成長率
ウ　市場への強力な企業の参入　　　　エ　低いマーケットシェア

→正解はウ。ア：強み、イ：機会、エ：弱み、が該当する。事業ドメインは、企業の活動領域のこと。

ストラテジ系

Chapter 8-3 マーケティング

シラバス 大分類：8 経営戦略　中分類：19 経営戦略マネジメント　小分類：2 マーケティング

マーケティングのテーマは、理論、戦略、手法に分かれます。マーケティング戦略の1つである製品戦略では右のようなサイクルで繰り返していきます。出題は、ほとんどが用語または用語知識に基づく判断問題。計算問題は、繰り返し出ている定番問題なので、過去問対策を十分に。

マーケティング理論

マーケティングとは、消費者が求めている製品や、ある製品の消費者への受け入れ度合いを調べること。魅力ある商品を市場に投入するためには、3C分析やマーケティングリサーチ（市場調査）を行い、製品の市場における現状を把握します。さらにターゲットになる顧客層を決め、その顧客層の特性を探っていきます。

マーケティングミックス

マーケティング戦略を立てるとき、さまざまな要素を組み合わせて考えることをマーケティングミックスといいます。ここで、ターゲットとした顧客への販売戦略を立てる際に考慮すべき要素の分類を4P（製品、価格、流通、広告戦略）といい、この4Pの要素を満足させる手段を組み合わせ、最適な戦略を考えます。4Pは「売手側の視点」ですが、「買手の視点」である4Cも戦略上重要な要素です。下図のように、4Cと4Pの各要素はそれぞれ対応しています。

4P：売手の視点		4C：買手の視点
Products 魅力的な製品（品質、ブランドなど）	↔	**C**ustomer's value 顧客が求める価値
Price 魅力的な価格	↔	**C**ustomer's cost 顧客が負担できる費用
Place 流通方法（店頭販売、通信販売など）	↔	**C**ustomer's convenience 顧客の入手のしやすさ
Promotion 広告宣伝活動	↔	**C**ommunication 顧客とのコミュニケーション

マーチャンダイジング (merchandising)	市場やターゲットの需要に合わせ、適正な製品やサービスを、適正なタイミング、販売形態、価格を考慮して供給すること。マーケティングでは、そのときどきの需要を的確に把握し、機を逃さずに行動を起こすことが重要。
CS（Customer Satisfaction）	顧客満足。顧客が購入した製品やサービスを、どう評価しているのかを数値化したもの。顧客が自身にとって製品価値が高いと感じれば、顧客満足度が上がる。
コンバージョン率	コンバージョンとは「期待される成果」のこと。コンバージョン率とは、例えば通販サイトなら、サイトへのアクセス数のうち、実際に商品が購入された割合を指す。何を目的にするかをしっかり決めておくことが重要。
リテンション率	リテンションとは「維持」や「保持」のこと。リテンション率は顧客を維持している割合を指す。例えば継続サービスであれば、リテンション率が高ければ顧客満足度が高いと判断できる。期間を決めて判断することが重要。

8 経営戦略

193

マーケティング戦略

マーケティング戦略は、次のような4つの戦略に分けて考えていきます。なお、市場は常に動いているため、製品を投入のタイミングに合わせて市場調査を行い、調査結果によって戦略の見直しも考慮に入れる必要があります。

Ⅰ 製品戦略

製品戦略は、製品の性能やデザインや機能的な優位性といった製品そのものの要素に、ブランドイメージや信頼感などの付加的な要素などを加味していきます。**プロダクトライフサイクル**（Product Life Cycle）の異なる製品を組み合わせることも考慮します。ここで、プロダクトライフサイクルとは、製品を市場に投入してから、市場から撤退するまでの一連の流れのこと。どの時期にあるのかによって、適切なマーケティング戦略は異なってきます。

❶ 導入期	❷ 成長期	❸ 成熟期	❹ 衰退期
需要は部分的で認知度も低い。製品が市場に認知されるように、費用を投じて広告宣伝を行っていく。	市場が成長して需要が伸びていく時期。製品ラインや販売チャネルの拡大など、多大な投資が必要になる。	需要のピークを迎える時期。他社との競争が激化するため、製品の差別化やコストダウンが必要となる。	需要が減っていく時期。追加投資は控えて、撤退や代替市場への切り替えを考慮する必要がある。

Ⅱ 価格戦略

自社製品の品質や先進性、他社との競合、市場の大きさなども考慮しながら、適切な価格を決めていきます。価格設定には、次のような方法があります。

❶ **コストプラス法**：製品のコストにマージンを加え価格を設定します。
❷ **バリュープライシング**：顧客が判断する価値によって価格設定を行います。

Ⅲ 流通戦略

商品を流通させるための流通や販売網の確保といった戦略です。広く行き渡らせるか、限定的に絞ることで購買意欲を促すかということも必要となります。

オムニチャネル：消費者がさまざまな方法・時間・場所で商品を購入できるように、あらゆる流通チャネル（経路）と販売チャネルを統合した環境のことを指します。

Ⅳ プロモーション戦略

消費者に認知してもらうため、広告やセールスプロモーション（販売促進の活動）、パブリシティ（マスメディアへの情報提供）、実地の販売活動などを行っていきます。

コストにマージンを"プラス"がキーワード！

コストプラス法による価格設定方法を表すものはどれか。

ア　価格分析によって、利益最大、リスク最小を考慮し、段階的に価格を決める。
イ　顧客に対する値引きを前提にし、当初からマージンを加えて価格を決める。
ウ　市場で競争可能と推定できるレベルで価格を決める。
エ　製造原価、営業費を基準にし、希望マージンを織り込んで価格を決める。

→正解はエ。同じ問題が繰り返し使われているので、出題されたら落とさないようにしよう。

この章からの出題数
8問 / 80問中

マーケティングに関する計算問題は、過去問から出ることが多く、バリエーションはそれほど多くありません。いくつかのパターンを対策しておくとよいでしょう。その一例をとりあげます。

試験問題の例　確率が出てきたら掛け合わせることを考えよう

生産設備の導入に際し、予測した利益は表のとおりである。期待値原理を用いた場合、設備計画案A～Dのうち、期待利益が最大になるものはどれか。

単位　百万円

		経済状況の予測			
		状況1	状況2	状況3	状況4
予想確率		0.2	0.3	0.4	0.1
設備計画案	A	40	10	0	−6
	B	7	18	10	−10
	C	8	18	12	−5
	D	2	4	12	30

ア A　　イ B　　ウ C　　エ D

→期待値原理とは、起こり得る状況（取り得る行動案）が実現した場合の利益（あるいは費用）の期待値を計算し、これが最大（あるいは最小）となるような意思決定を行うことである。したがって、各状況が生じる予測確率と各計画案で得られる利得を乗じて合計を求めて比較すればよい。

- 設備計画案A　$0.2×40+0.3×10+0.4×0+0.1×(-6)=10.4$
- 設備計画案B　$0.2×7+0.3×18+0.4×10+0.1×(-10)=9.8$
- 設備計画案C　$0.2×8+0.3×18+0.4×12+0.1×(-5)=11.3$
- 設備計画案D　$0.2×2+0.3×4+0.4×12+0.1×30=9.4$

以上より、期待利益が最大になるのは「設備計画案C」である。正解はウ。

マーケティング手法

出題率　低　普通　高

マーケティングを行う際の手法のうち、試験に出やすい代表的な用語は次のようなものです。

この用語を check!

ワントゥワンマーケティング	従来のマーケティングでは、ターゲットとなる顧客を「共通する特性を持つ集団」と捉えていた。これに対して、購買履歴などのデータを生かし、顧客一人ひとりに合うように、それぞれ異なるアピールやアフターフォローを行うことで、固定客の獲得を狙う手法。
プル戦略／プッシュ戦略	プル戦略は、消費者を商品に引き寄せる戦略。宣伝活動を行ったり、おまけを付けるなどの方法により、購買意欲を高めていく。プッシュ戦略は、販売業者や流通業者を後押しする戦略。販売数量に応じて販売奨励金を出す、販売員を店頭に派遣する、店頭で商品のデモンストレーションを行うなどの方法をとる。
リレーションシップマーケティング	顧客との良好な関係を長期にわたって維持することに主眼を置いたマーケティング方法。コストに対する効果が高く、安定した売上が見込める。
クロスセリング	ある商品を購入した顧客に、購入した商品と関連する商品を薦める販売手法。例えば、カメラを購入した顧客に、カメラバッグを勧めるなど。
デルファイ法	将来の技術動向など、未来の予測をまとめるときに行う手法。まず複数の専門家から意見を聞く。さらに、「得られた意見を統計的に集約→集約データを参照してもらい、さらに意見を出してもらう」というフィードバックを繰り返し、最終的な意見に集約する。

8 経営戦略

Chapter 8-4 ビジネス戦略と技術開発戦略

シラバス 大分類：8 経営戦略 中分類：19 経営戦略マネジメント 小分類：3、4 ビジネス戦略
中分類：20 技術戦略マネジメント 小分類：1、2 技術開発戦略

企業は、理念やビジョンを踏まえながら、経営戦略に従い、具体的な事業を行っていきます。そのために必要となるのがビジネス戦略です。また、技術開発戦略は、技術と市場を結びつけながら、企業の持続的発展のために行う戦略を指します。ここでは技術開発投資やイノベーションの促進などの戦略を立てていきます。

イメージで覚える"バランススコアカード"の関連用語
① CSF 重要成功要因 ② KPI 重要業績評価指標 ③ KGI 重要目標達成指標

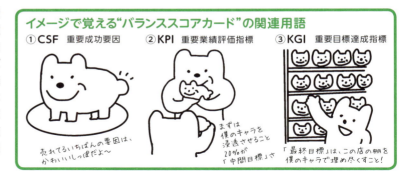

ビジネス戦略

ビジネス戦略の出題は、BSC（バランススコアカード）に関するものに集中しています。4つの視点を問う判断問題が多いので、過去問を使って解答を導き出すための目の付け所を掴んでおきましょう。

BSC (Balanced Score Card：バランススコアカード)

BSCは、企業のビジネス戦略について、目標値を定めて業績を評価するための一連の手法です。下図のような4つの視点に分け、それぞれに戦略目標（戦略マップ）を定めていきます。

具体的な方法は、①ビジョンに沿った戦略を立てたうえで、②**CSF**により施策の選択を行い、③バランススコアカードを作って目標と評価指標、具体的なプランをまとめていきます。

これにより、具体的な行動目標が可視化され、全社が一丸となって目標達成に取り組めるようになります。また、達成度合いは、**KPI**（中間または部分的な目標）、**KGI**（最終または全体目標）を設定して定量的に検証し、その結果によってBSCを適宜更新していきます。

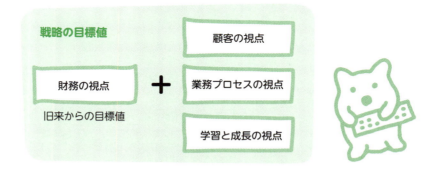

❶ CSF (Critical Success Factors：重要成功要因)

CSFとは、「競争優位を確立し、事業を成功させるために必須の重要な要因」を指します。通常、洗い出したいくつかの要因の中から、戦略目標達成につながるものを選びます。

❷ KGI (Key Goal Indicator) ／ KPI (Key Performance Indicator)

戦略目標の達成度を評価する指標。**KGI**（**重要目標達成指標**）は、達成すべき最終目標を示す指標です。**KPI**（**重要業績評価指標**）は、目標に向けた中間時点での進捗度合いを図る指標です。

この章からの出題数 **8問/80問中**

何を指標としているのかを見れば、どの視点かわかる

バランススコアカードの学習と成長の視点における戦略目標と業績評価指標の例はどれか。

ア　持続的成長が目標であるので、受注残を指標とする。　→財務の視点
イ　主要顧客との継続的な関係構築が目標であるので、クレーム件数を指標とする。　→顧客の視点
ウ　製品開発力の向上が目標であるので、製品開発領域の研修受講時間を指標とする。　→学習と成長の視点
エ　製品の納期遵守が目標であるので、製造期間短縮日数を指標とする。　→業務プロセスの視点

経営管理システム

出題率 低 普通 高

　経営管理とは、企業が持つ経営資源（人・モノ・金・情報）に加え、目標達成のための行動を管理することです。具体的には、人事管理、財務管理、生産管理、販売管理、顧客管理などが含まれ、システムを使って運営していきます。

ERP(Enterprise Resource Planning : **経営資源管理**)	生産、物流、財務会計といった、企業内の各基幹業務の情報を統合させ、経営資源を計画的に有効活用することによって、全社業務の効率化を目指す考え方およびシステム。
SFA(Sales Force Automation : **営業支援**)	顧客の情報や取引の履歴などをデータとして蓄積し、営業部全体で利用するための仕組みを備えた営業支援システム。個人が所有していた情報やノウハウを営業部員で共有し、担当者が変わっても継続的に顧客を確保していくことが可能になる。
KM(Knowledge Management : **ナレッジマネジメント**)	企業内に散在する個々の知識（ナレッジ）を情報として共有し、経営に生かそうとする考え方。意思決定や改善策、合理化などの問題解決力の向上に役立たせる。
CRM(Customer Relationship Management : **顧客関係管理**)	一元管理された顧客データベースの活用により、顧客満足度向上と優良顧客の固定化を図るための管理およびシステム。製品情報の発信から問合せ対応、購入後の保守サービスまで、一貫した顧客管理を行うことが可能になる。
SCM(Supply Chain Management : **供給連鎖管理**)	取引先を含めた関連企業全体で、受発注、部品や資材の調達から、生産、販売といったモノの流れをコンピュータで管理するシステム。在庫コストや流通コストの削減につなげることができる。

各選択肢で共通の"目的"の記述から判断しよう

SCMの目的はどれか。

ア　顧客情報や購買履歴、クレームなどを一元管理し、きめ細かな顧客対応を行うことによって、良好な顧客関係の構築を目的とする。　→CRM（顧客関係管理）
イ　顧客情報や商談スケジュール、進捗状況などの商談状況を一元管理することによって、営業活動の効率向上を目的とする。　→SFA（営業支援）
ウ　生産や販売、在庫、会計など基幹業務のあらゆる情報を統合管理することによって、経営効率の向上を目的とする。　→ERP（経営資源管理）
エ　調達から販売までの複数の企業や組織にまたがる情報を統合的に管理することによって、コスト低減や納期短縮などを目的とする。　→SCM（供給連鎖管理）

8 経営戦略

197

技術開発戦略

技術開発戦略は、経営戦略に基づいて行われる技術の構築や投資などの戦略です。多大な時間と費用がかかるため、ロードマップを作成し、無駄なく、方向性を見誤ることなく進めていく必要があります。試験には用語問題や用語の意味から判断する問題が出ていますが、よく出ている用語数はそれほど多くはありません。

用語	意味
プロダクトイノベーション	まったく新しい「新機軸」や他社が作れない革新的な製品やサービスを作り出すこと。また、プロセスイノベーションは、製品やサービスの製造工程や作業工程（プロセス）の革新によって、必要な時間やコストを下げること。
MOT (Management Of Technology)	技術に立脚する企業経営を行っている企業が、さらに技術開発に投資することで、自社の価値をより高めていく経営戦略。技術経営ともいう。
コア技術	他社には追従できない一連の技術であり、さらに将来に渡りその企業の収益を支え続ける重要な技術のこと。コア技術の形成や保持のために積極的に経営資源を投入し、競合他社との差別化を図ることで優位に立つ経営手法がコアコンピタンス経営である。
技術提携	それぞれの企業が保有している技術を提供し合うこと。一方のみが提供する場合を技術供与という。また、互いに協力し合いながら技術を開発、発展させたり、保持している技術を使って、新たに製品開発をすることなども含む。
コンカレントエンジニアリング (Concurrent Engineering)	開発工程の効率化を目指し、製品の企画、設計、開発、販売、保守など、複数の工程を同時並行的に進める方法。開発期間の短縮のほか、後工程の意見をフィードバックしながら前工程を進めることで、無駄を省き（資源の有効活用）、コストダウンにつなげる。
パイロット生産	製品を量産化する前に行う試験的な少量生産のこと。試作段階で見つからなかった量産段階における問題の発生を未然に防ぐことができる。
技術ロードマップ	将来における技術分野の進展を予測し、「どんな技術が、いつ達成されるのか、その実現によってどのような影響（効果）がもたらされるのか」を時系列で表現した未来計画図。
技術のSカーブ	技術ロードマップでよく使われる理論。これは、「新しい技術は、開発当初は緩やかに進歩するが、あるときからは急激に発展し、やがて停滞していく」というもの。

自社のみの技術と他社を絡めた技術の見極めがカギ

コア技術の事例として、適切なものはどれか。

ア　アライアンスを組んでインタフェースなどを策定し、共通で使うことを目的とした技術
イ　競合他社がまねできないような、自動車エンジンのアイドリングストップ技術
ウ　競合他社と同じCPUコアを採用し、ソフトウェアの移植性を生かす技術
エ　製品の早期開発、早期市場投入を目的として、汎用部品を組み合わせて開発する技術

→正解はイ。アのアライアンスは提携の意味なので、自社独自のコア技術ではない。

Chapter 8-5 ビジネスシステムとエンジニアリングシステム

シラバス 大分類：8 経営戦略　中分類：21 ビジネスインダストリ　小分類：1、2 ビジネスシステム、エンジニアリングシステム

中分類21のビジネスインダストリとは、ビジネスとインダストリ（産業）を合わせた言葉で、試験範囲としては、さまざまな分野で利用されているシステムを取り上げています。具体的には、ビジネス系、エンジニアリング系、ネット系、さらにマイコン組み込みシステムなど。出題の多くは用語問題ですが、エンジニアリングシステムからは計算問題が出ています。

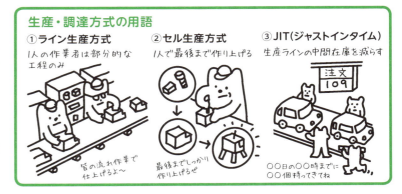

生産・調達方式の用語
① ライン生産方式　1人の作業者は部分的な工程のみ　皆の流れ作業で仕上げるよ〜
② セル生産方式　1人で最後まで作り上げる　最後までしっかり作り上げるぜ
③ JIT（ジャストインタイム）　生産ラインの中間在庫を減らす　○○日の○○時までに○○個持ってきてね

ビジネスシステムと民生・産業機器

出題率 低／普通／高

ビジネスシステムとは、社内外で業務に使われているシステム全般を指します。ここには、企業や個人が行政と関わる部分をサポートする**公共・行政システム**を含みます。また、**民生機器**とは生活の中で使われる情報家電などのシステム、**産業機器**は製造業や流通業などで使われるシステムで、どちらもAIの利用が盛んに行われています。これらのテーマからは用語問題が中心で、関連用語をまとめて覚えておけば、多少ひねられても対応できます。

この用語をcheck!

ビジネスシステムの関連用語

ディジタルデバイド (digital divide：情報格差)	個人のITスキルやIT環境によって、受けられるサービスや情報の量・質に生じる格差のこと。
IoT (Internet of Things)	パソコンやスマートフォンだけでなく、人やさまざまな物（Things）をインターネットに接続し、物どうしで情報をやりとりしたり、制御などを行うこと。身近なところでは家電製品やカーナビ、センサー機器を接続したホームセキュリティなどがある。
スマートグリッド	ネットワークを介して、電力情報（電力消費や発電）をやりとりし、効率的な電力供給を行うシステム。電力メーターの代わりにスマートメーターを設置して、リアルタイムに電力消費情報の送受信を行う。

民生・産業機器の関連用語

AI (Artificial Intelligence：人工知能)	人の知的活動に似た機能を持つ機械やその手法のこと。「大量の情報から有用なデータを選び出し、そこから規則性を見つけ、結果や対処方法を推測する」といった**機械学習機能**を持つ。**ディープラーニング**（深層学習）は、パターン認識にすぐれた機械学習手法で、画像認識や音声認識、異常検知などに用いられ、車の衝突回避システムなどに応用される。
HEMS (Home Energy Management System：ヘムス)	家庭のエネルギー使用を節減するための管理システム。このシステムを家庭に設置し、モニターで電気やガスなどエネルギーの使用量を「見える化」し、太陽光発電装置や家電などの各機器に接続して「自動制御」を行う。
テザリング (tethering)	スマートフォンなどの携帯端末をモデムやアクセスポイントのように利用することで、パソコンやタブレットをインターネットに接続すること。接続の際には、BluetoothやWi-Fiが使われる。
ディジタルサイネージ (digital signage)	電子看板のこと。案内表示や広告表示、イメージ表示など、さまざまな用途に使われる。表示形態は、文字やイラスト、動画、音声などを、表示板や大型ディスプレイに映し出す。

エンジニアリングシステム

エンジニアリングシステムは、製品の設計や開発に使うためのシステムの総称で、全範囲を網羅するCIM（コンピュータ統合生産）を筆頭に、それぞれの工程でさまざまなシステムが組み合わされ、利用されています。出題は用語問題では、MRPの特徴や手順、生産方式や調達方式、また計算問題は、いくつかのパターンが繰り返し出ています。

MRP (Material Requirements Planning：資材所要量計画)

生産計画を基に生産管理を効率化するための手法です。必要な資材と期日、発注タイミングなどを的確に予測し、過剰在庫や資材不足で生産が滞るなどのトラブルを防止します。過去には、用語だけでなく次のような手順についても出題されています。

生産方式と調達方式

生産現場では、製品の生産工程や販売方式の特徴に合わせた生産方式が用いられています。

❶ ライン生産方式とセル生産方式

ライン生産方式は、1人の作業者は特定の工程のみを担当し、ベルトコンベアなどを使って製品の完成までの工程を連続的に作っていく方式です。一方、**セル生産方式**では、1人または少人数のグループで、1つの製品を最終工程まで作り上げます。ライン生産方式に比べ、多品種少量生産にもフレキシブルに対応した製品生産・供給が可能です。

❷ JIT (Just In Time：ジャストインタイム)

JITは、「必要な物を必要なときに必要なだけ」という意味。資材をタイムリーに仕入れることで、無駄な在庫を減らし、管理費などの削減につなげる手法です。これを実現するものとして**かんばん方式**があります。生産ラインにおける中間在庫を減らすため、後工程側が自工程の生産の進捗に合わせて必要な数量のみ前工程から調達します。その際、調達数を前工程側に伝えるため、「かんばん」と呼ぶカードを用いたのが言葉の由来です。

どの範囲を対象とするシステムかを見極めよう

①〜③の手順に従って処理を行うものはどれか。

①今後の一定期間に生産が予定されている製品の種類と数量および部品構成表を基にして、その構成部品についての必要量を計算する。
②引き当て可能な在庫量から各構成部品の正味発注量を計算する。
③製造／調達リードタイムを考慮して構成部品の発注時期を決定する。

ア　CAD　　　イ　CRP　　　ウ　JIT　　　エ　MRP

→問題の手順は、①生産計画を基に必要な部品や原材料を一貫して管理し、②在庫量から発注量を計算して、③必要なときにタイムリーに使えるように手配する、というMRPの手法を示している。

200

この章からの出題数
8問/80問中

その他の用語

CIM(Computer Integrated Manufacturing：コンピュータ統合生産)	研究開発から設計、製造、販売、経営管理といったすべての生産管理情報をコンピュータで一括管理。各工程で情報を共有することで、生産の効率化を図るシステム。
CAD(Computer Aided Design：コンピュータ支援設計)	コンピュータを使った設計を指すもので、データベース化された設計情報を基に、対話的に設計を行うことができる。
CAM(Computer Aided Manufacturing：コンピュータ支援生産)	コンピュータ支援による製造。CADの設計データに基づき、工作機械に対する指令データを作成することにより、組立て・加工工程を自動制御する。
CRP(Capacity Re-quirements Planning：能力所要量計画)	MRPの管理範囲を資材調達だけでなく、設備や人員の能力まで広げたもの。所要工数を計算して各工程の負荷を把握し、人員や設備の配分等を調整して、工程ごとに日程計画を作成する。

計算問題は、過去問で対応しよう

エンジニアリングシステムに関連して、最大となる利益を求める、生産能力を求めるといった計算問題も出ています。以下によく出るパターンを挙げるので、慣れておくとよいでしょう。

試験問題の例 時間あたり最も利益の上がるものを優先して製造する

ある工場では表に示す3製品を製造している。実現可能な最大利益は何円か。ここで、各製品の月間需要量には上限があり、また、製造工程に使える工場の時間は月間200時間までで、複数種類の製品を同時に並行して製造することはできないものとする。

ア　2,625,000
イ　3,000,000
ウ　3,150,000
エ　3,300,000

	製品X	製品Y	製品Z
1個当たりの利益（円）	1,800	2,500	3,000
1個当たりの製造所要時間（分）	6	10	15
月間需要量上限（個）	1,000	900	500

→3つの製品から時間あたりに得られる利益を確認し、利益の多い順から作れるだけ製造すればよい。
製品Xは、1,800÷6＝300〔円〕、製品Yは、2,500÷10＝250〔円〕、製品Zは、3,000÷15＝200〔円〕
月間に使える200時間は200×60＝12,000分なので、まず製品Xを上限の1,000個まで製造すると6,000分必要で利益は、1,800×1,000＝1,800,000円。残りは、6,000分なので、製品Yは600製造でき、利益は2,500×600＝1,500,000円。したがって、最大3,300,000円の利益が見込める。正解はエ。

試験問題の例 台数を考慮した各工程の生産能力を計算してみよう

四つの工程A、B、C、Dを経て生産される製品を、1か月で1,000個作る必要がある。各工程の、製品1個当たりの製造時間、保有機械台数、機械1台1か月当たりの生産能力が表のとおりであるとき、能力不足となる工程はどれか。

ア　A
イ　B
ウ　C
エ　D

工程	1個製造時間（時間）	保有機械台数（台）	生産能力（時間／台）
A	0.4	3	150
B	0.3	2	160
C	0.7	4	170
D	1.2	7	180

→表の値が1か月当たりなので、各工程における生産能力を計算し、1,000個を下回る工程を見つけ出せばよい。工程Aは、(150×3台)÷0.4＝1,125〔個〕、工程Bは、(160×2台)÷0.3＝1,166〔個〕、工程Cは、(170×4台)÷0.7＝971個)、工程Dは、(180×7台)÷1.2＝1,050〔個〕　このうち1,000を下回るのは工程Cである。なお、計算は能力不足となる工程が見つかればよいので、最後の工程Dの計算は不要。正解はウ。

Chapter 8-6 e-ビジネス

ネットワークを利用してビジネスを行うシステムの総称をe-ビジネスと呼んでいます。その範囲は年々拡大しており、企業間の取引はもとより、ネット銀行やショッピングモールなど、対消費者との取引取引も一般的になっています。出題される用語は多くないので、相互に関連付けて覚えていくとよいでしょう。

e-ビジネスの分類

ビジネス取引では、相互の立場によって、次のような省略形で表現することがあります。

B to B	企業間の電子商取引のことで、B（Business）は企業を意味している。受発注や決済、e-マーケットプレイスなど、さまざまな応用例がある。
B to C	企業と一般顧客との間で行われる電子商取引のこと。C（Consumer）は一般消費者の意味。ネットショップの商取引などが該当する。
B to E	企業とその従業員（Employee）との間の電子商取引。社内販売などが該当する。
C to C	Cはどちらも一般消費者（Consumer）の意味。個人同士で取引するネットオークションなどが該当する。
G to B	G（Government）は行政機関を意味しており、企業と行政機関との取引を指す。電子調達や入札が該当。
G to C	官庁や地方自治体などの行政機関と国民・市民の間で行われる電子取引のこと。行政機関、市民との取引。具体的には、行政のホームページや電子メールを使った、申請や公共施設の予約などがある。
OtoO	OtoO（Online to Offline）は、ネットワーク情報から実店舗へ顧客を誘導する方法全般を指す。具体的な例としては、魅力的な商品特売情報を提示して店舗に赴かせたり、クーポン券や割引券を発行して、飲食店で使わせるなどがある。

EDI（電子データ交換）

EDIは、受発注書や見積書など定型業務で用いるビジネス文書をデータ化・標準化し、取引関係にある企業間でネットワークを介してやりとりすることを指します。

EDI（Electronic Data Interchange：電子データ交換）

日本国内のEDI規格では、どこまでを標準化・共通化するかを4つのレベルで区分しています。

レベル1（情報伝達規約）：データをやりとりする回線の種類や、伝送手段に関する取り決め。

レベル2（情報表現規約）：取引企業の互いのコンピュータが、やりとりしたデータを理解できるよう

この章からの出題数
8問/80問中

にするための、データ構造やデータ項目に関する取り決め。
レベル3（業務運用規約）：EDIを用いる業務やシステムの運用に関する取り決め。
レベル4（取引基本規約）：やりとりしたデータの法的有効性を確保する契約書に関する取り決め。

 何を指標としているのかを見れば、どの視点かわかる

EDIを実施するための情報表現規約で規定されるべきものはどれか。

ア　企業間の取引の契約内容　→取引基本規約
イ　システムの運用時間　→業務運用規約
ウ　伝送制御手順　→情報伝達規約
エ　メッセージの形式　→情報表現規約

EC（電子商取引）

EC（Electronic Commerce：電子商取引）は、インターネット上で商取引の一部、または全部を行う取引形態でを指します。企業間の商取引から企業と個人、個人どうしの取引までさまざまなシステムに利用されています。

 この用語を check!

ネットオークションと逆オークション	ネットオークションは、インターネット上でせり売りを行うシステム。入札・落札の仕組みや、決済の仕組みのほか、インターネットバンキングやクレジットカード決済の仕組みなどを組み合わせて運用される。また、逆（リバース）オークションは、あらかじめ金額を提示して応募者を募る方式。調達方法としても利用される。
ネットショップ	インターネット上で展開される仮想的な店舗のこと。実店舗の陳列棚とは異なり、商品紹介ページには多数の商品を長期に渡って掲載できるため、販売数量の少ない商品を扱うことも容易になる。多数のネットショップを集めたWebサイトをバーチャルモール（オンラインモール）と呼ぶ。
ロングテール	ネットショップの取り扱い商品の販売傾向を示すグラフの特徴。シッポのように長く続く形状から、販売量の少ない多品種の商品が無視できない割合になっていることを指す。
レコメンデーションシステム	顧客の購入情報やWeb閲覧情報、トレンド情報などをもとにして、顧客の嗜好に合わせたお薦め商品を表示するシステム。売れ筋商品だけでなくロングテールに位置付けられる商品を知ってもらうことができる。
アフィリエイト（成功報酬型広告）	企業のWebサイトや個人のブログにバナー広告を掲載し、クリックした閲覧者が商品を購入したり、会員登録をすると、サイトやブログの主催者に成功報酬が支払われる仕組み。
エスクローサービス	電子商取引やオークション取引などで、売り手と買い手の間を仲介することで、取引の安全性を高めるサービス。買い手が代金を支払う際に、いったん仲介を行う会社が代金を受け取り、買い手が商品の到着と品質の確認を連絡すると、売り手に支払いが行われる。
シェアリングエコノミー	ソーシャルメディアなどの情報交換機能を利用して、個人保有の遊休資産（スキルのような無形資産も含む）の貸出しを仲介する動きまたはサービス。
e-マーケットプレイス	インターネット上に開設されている企業同士の市場取引の場。さまざまな業種向けのe-マーケットプレイスがインターネット上に開設されている。

8 経営戦略

203

○ **RFID応用システム**

RFID(Radio Frequency IDentification))とは、近距離の無線通信によって、ICに記録したデータを読み書きする技術。非接触での読み書き、汚れに強く複数のICからの同時読み取りができ、商品管理などのICタグシステムに利用される。この技術を利用した通信規格**NFC**（Near field radio communication)は、公共交通機関のICカードやおサイフケータイなどに採用されている。

用語名と意味が直結しないものは十分に理解しよう

ロングテールの説明はどれか。

ア　Webコンテンツを構成するテキストや画像などのディジタルコンテンツに、統合的・体系的な管理、配信などの必要な処理を行うこと　→CMS
イ　インターネットショッピングで、売上の全体に対して、あまり売れない商品群の売上合計が無視できない割合になっていること
ウ　自分のWebサイトやブログに企業へのリンクを掲載し、他者がこれらのリンクを経由して商品を購入したときに、企業が紹介料を支払うこと　→アフィリエイト
エ　メーカや卸売業者から商品を直接発送することによって、在庫リスクを負うことなく自分のWebサイトで商品が販売できること　→ドロップシッピング

→正解はイ。ロングテールの良い面は機会損失のリスクを減らせることになり、充実した取り揃えをアピールできる。その一方で、よく売れる商品が埋もれてしまったり、十分な商品点数を確保する必要がある。

ソーシャルメディア

ソーシャルメディア(social media)とは、インターネット技術を利用した、個人参加型の情報発信の仕組みです。これには日誌的な内容を発信するブログ、複数の参加者で情報を共有するTwitterやFacebookなどのSNS (Social Networking Service)などがあります。試験ではCGMが頻出しています。

CGM (Consumer Generated Medea)

「消費者生成メディア」と訳されるCGMは、一般消費者が作成・公開・共有しているコンテンツを指します。また、商品やサービスの購入者・利用者の、口コミや掲示板などからの情報発信は、企業の製品やサービスの評価や価格に強い影響を与え、無視できないものになっています。

ソーシャルメディアとCGMはしっかり関連付けておく

CGM (Consumer Generated Media)の説明はどれか。

ア　オークション形式による物品の売買機能を提供することによって、消費者同士の個人売買の仲介役を果たすもの
イ　個人が制作したディジタルコンテンツの閲覧者・視聴者への配信や利用者同士の共有を可能とするもの
ウ　個人商店主のオンラインショップを集め、共通ポイントの発行やクレジットカード決済を代行するもの
エ　自社の顧客のうち、希望者をメーリングリストに登録し、電子メールを通じて定期的に情報を配信するもの

→正解はイ。CGMは、インターネットを介して共有されることを前提にした、一般の人々が自ら作成した動画や文書などのコンテンツ、およびコンテンツを管理・配信する仕組みのこと。

Chapter 9

ストラテジ系
企業と法務

● **企業活動**
- 9-1 企業活動と組織形態 …………………………… 206
- 9-2 オペレーションズリサーチと経営工学 ………… 208
- 9-3 企業会計と資産管理 …………………………… 213

● **法務**
- 9-4 知的財産権と法務 ……………………………… 216

Chapter 9-1 企業活動と組織形態

シラバス 大分類：9 企業と法務 中分類：22 企業活動 小分類：1 経営・組織論

企業は、保有する資源や株主から集めた資金をもとに企業活動を行い、利益を上げる組織体です。このテーマでは、企業活動や経営組織形態などを中心に出題されます。用語問題が中心なので、頻出する用語を中心に、関連する用語を押さえておくとよいでしょう。

企業の組織形態の違い

① 職能別組織 — 一般的な組織形態 部門により分割されている（ピラミッド型組織とも言うよ！）

② プロジェクト制組織 — 特定の課題解決のため期間的に専門家を集めた形（精鋭部隊だぜっ！）

③ カンパニー制組織 — 事業分野ごとに仮想的な独立会社を作った形（仮想的な会社だけど、独立採算）

企業活動

出題率：低 普通 高

企業活動の前提となるのは、**コンプライアンス**（法令遵守）や労働環境を守ったうえで、株主やステークホルダ（利害関係者）に対し、正しく経営実績を報告する**アカウンタビリティ**（Accountability：説明責任）です。

この用語を check!

用語	説明
CSR（Corporate Social Responsibility：**企業の社会的責任**）	社会のニーズと企業理念にもとづく企業活動の捉え方。CSRには、企業が社会的信頼を得るために行うすべての活動が含まれ、取引先や地域住民など、より広範囲にある利害関係者の利益を実現する行為。
コーポレートガバナンス（Corporate Governance：**企業統治**）	企業が正しく経営されているか、株主などの利害関係者が監督・監視する仕組み。経営者の不正行為などが発覚すると企業価値が損なわれ、株主や顧客が不利益を被ることになるため重要になる。
コーポレートアイデンティティ（Corporate Identity）	その企業が持つ個性や特徴を一般消費者にわかりやすく提示し、自社のイメージとして定着させることで、存在価値を高める企業戦略。
BCP（Business Continuity Plan：**事業継続計画**）	緊急事態に備えた計画のこと。目的は、適切な対処を迅速に行い損害を最小限に抑えることで、事業の継続や早期復旧を図ることにある。災害や事故、テロ行為の発生など、緊急事態時にどのように対処するのかを、あらかじめマニュアル化しておく。
グリーンITとグリーン購入	IT機器による高度な制御を行うことでエネルギー消費量の削減に繋げる取り組み。IT機器の省エネ化も含む。また、環境負荷が少ない製品やサービスを購入する**グリーン購入**も企業に求められている。

ヒューマンリソースマネジメント

出題率：低 普通 高

企業が保有する人的資源を有効に使うため、管理や教育を行う手段について取り上げたテーマです。

この用語を check!

用語	説明
ワークシェアリング（work sharing）	労働者の勤務時間を短縮したり、複数の労働者で業務を分担するなど配分を見直すことで、より多くの雇用を確保する方法。雇用の安定と創出を目的としている。
裁量労働制	専門性の高い業務や企画や調査・分析業務などで、労働時間の計算を実労働時間ではなく、裁量による見なし時間で決める方法。
OJT（On the Job Training）	上司や先輩社員の指導を受けながら、実際の業務を通じて、業務遂行に必要な技術を習得する研修制度。対して、**OffJT**（Off the Job Training）は、外部の研修など担当業務を離れて訓練を受けること。

ストラテジ系

この章からの出題数
7問/80問中

経営組織

出題率 低 普通 高

経営組織とは、企業における経営陣を指します。会社の経営執行の責任者である代表取締役（社長）のほか、業務の担当ごとに役員を置くことも多く、英略語の別称を使うことがあります。出題のほぼすべてがCIOについてです。また、組織形態には多様なものがあり、こちらはまんべんなく出ているので、しっかりと整理しておきましょう。

まとめて覚えるとラク

用語	説明
CIO (Chief Information Officer)	最高情報統括役員を指し、情報システム部門の担当役員の呼称としてよく使われる。CIOは、情報システム戦略の策定・実施について、主導する責任を負っている。そのほか、取締役社長を**CEO**(Chief Executive Officer：最高経営責任者)、営業担当役員（営業部長）を**COO**(Chief Operating Officer：最高執行責任者)というように、業務の責任範囲を示す呼称を使う企業も多い。
職能別組織 (ピラミッド型組織)	最も一般的な組織形態。部門、課、係などの階層構造をとり、各階層に部長、課長、係長などの責任者を置く。また、部門は役割の違いによって企業の業務を直接的に遂行する**ライン部門**とライン部門を支援し、業務を間接的に遂行する**スタッフ部門**に分けられる。（取締役会―社長―企画部門／総務部門・人事部門・経理部門―営業部門・製造部門・購買部門　スタッフ部門／ライン部門）
ラインアンドスタッフ組織	職能別組織におけるライン部門とスタッフ部門を組織にしたもの。ライン部門へのサポートや専門家としての助言などを独立した立場で行う形態である。業種や企業の経営方針などによって、権限範囲などにはさまざまなものがある。
事業部制組織	製品分野や市場などの単位で事業部に分け、事業部ごとにそれぞれラインやスタッフなどの職能組織を持ち、1つの独立した企業のように活動する組織形態。大きな権限を事業部に与える代わりに独立採算制をとり、利益責任を明確にしている。
マトリックス組織	職能組織に属しながら、プロジェクトチームに参加したり、製品別のグループに所属するなど、1人のメンバが複数部門に属する形態。柔軟な組織編成が可能になる反面、管理者の責任範囲が曖昧になったり、指揮命令系統が複雑になるなどの欠点もある。
プロジェクト制組織	商品開発など、特定の目的のために、本来の組織とは別に各種の専門的な知識や能力をもつメンバにより臨時に編成される組織。プロジェクトには期間や目標が定められており、終了した際には、プロジェクトチームも解散する。
カンパニー制組織 (社内カンパニー制)	事業部を仮想的な独立会社として扱う組織形態。事業部制組織より権限委譲を強めたもので、経営判断や人事権なども持つ。企業本部はカンパニーに対し疑似的に資本金を投資し、カンパニーは独立採算で事業を行い本部に利益配当を行う。

試験問題の例

組織形態による特徴や役割を把握しておこう

マトリックス組織を説明したものはどれか。

ア　業務遂行に必要な機能と利益責任を、製品別、顧客別または地域別にもつことによって、自己完結的な経営活動が展開できる組織である。　→事業部制組織

イ　構成員が、自己の専門とする職能部門と特定の事業を遂行する部門の両方に所属する組織である。
　　→マトリックス組織

ウ　購買・生産・販売・財務など、仕事の専門性によって機能分化された部門をもつ組織である。
　　→職能別組織組織

エ　特定の課題の下に各部門から専門家を集めて編成し、期間と目標を定めて活動する一時的かつ柔軟な組織である。　→プロジェクト制組織

9 企業と法務

207

Chapter 9-2 オペレーションズリサーチと経営工学

シラバス　大分類：9 企業と法務　中分類：22 企業活動　小分類：2 OR・IE

この章は、大きくOR（オペレーションズリサーチ）とIE（経営工学）の2つがテーマで、それぞれ問題解決のためのさまざまな手法が含まれます。専門性も高いうえ、計算問題もあるので完璧を目指すのは困難。ただし、実際の試験では出題範囲も限られており、半分以上は品質管理のためのQC七つ道具から出ています。ある程度割り切って進めましょう。

イメージで覚えるQC七つ道具

① パレート図
大きい順に並べた棒グラフと、累積和の折れ線グラフを複合した図
ABC分析に必須の図だよ

② 特性要因図
特性（結果）と要因（原因）を体系的に表した図
フィッシュボーンチャートとも呼ばれるよ！

③ 管理図
管理限界を示した折れ線グラフで傾向を見る図
上下の管理限界を超えたら要チェックだよ〜

ORの手法

出題率: 低 / 普通 / 高

OR（Operations Research：オペレーションズリサーチ）は、企業経営の意思決定の場面や、運用・管理の問題解決の場面で、情報を定量的に分析・評価し、数学的に解法を得るための手法です。代表的な手法には、線形計画法、在庫管理、日程計画、ゲーム理論、需要予測などがあります。日程計画については、第5章で取り上げています。

在庫数を調整するための発注方法が問われる"在庫管理"

在庫管理は、適正な商品在庫量になるように管理を行うことで、発注方式に関する出題が中心です。これには次のような方法があります。

❶ 定期発注方式

発注間隔をあらかじめ定めておき、これに従って必要量を発注する方式です。この方式は、需要が不安定な商品、単価が高く品切れの許されない商品の発注に適しています。また、発注の際には**需要予測**が必要になります。

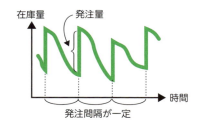

❷ 定量発注方式（発注点方式）

在庫がある一定の量（発注点）まで減ったときに一定量の発注をする方式です。この方式は、単価が低く細かい管理は不要で、需要が比較的安定している商品の発注に適しています。

→試験では、安全在庫量が増えると予想されたとき、発注済みの発注をどう変更すればよいかが問われた（答えは、安全在庫量が増えた分だけ発注を取り消すというもの）。

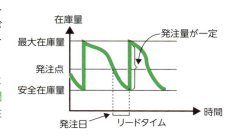

❸ 二棚法

簡便な管理方法で、まず2つの棚に部品を一杯まで入れ、①部品の下に発注票を置く、②一方の棚からのみ部品を使う、③部品がなくなり発注票が出てきたら発注する、④もう一方の棚の部品を使う、という手順で運用します。

> この章からの出題数
> **7**問/**80**問中

ABC分析のAランクは、単価が高い商品

ABC分析に基づく在庫管理に関する記述のうち、適切なものはどれか。

ア　A、B、Cの各グループ共に、あらかじめ統計的・確率的視点からみた発注点を決めておくほうがよい。
イ　Aグループは、少数の品目でありながら在庫金額が大きいので、重点的にきめ細かく品目別管理をするほうがよい。
ウ　Bグループは、品目数が多いわりに在庫金額が小さいので、できるだけおおざっぱな管理がよい。
エ　Cグループは、定期的に必要量と在庫量を検討し、発注量を決める方式がよい。

→正解はイ。ABC分析（210ページ参照）は、在庫金額の累計をパレート図で表現し、大きいほうからA、B、Cの3クラスに分ける。Aクラスの品は、重点管理項目として定期発注方式で厳重に管理。Bクラスの品は、在庫数が発注点まで下がったら発注する定量発注方式で管理。Cクラスの品は、二棚法などのおおまかな方法で管理する。

自分と相手の行動を予測する "ゲーム理論"

ゲーム理論は、相手の行動を読みながら、自らのとる行動によって、どのような結果になるかを予測する手法です。試験では用語だけでなく、実際の値で判断する出題があります。

❶ マクシミン戦略
「最小の利益を最大にする」戦略。つまり最悪の中でも、最もましなものを選ぶものです。見方を変えると、「最大の損失を最小にする」、つまり損失を極力抑えるということからミニマックス戦略とも呼ばれています。なお、互いの戦略が相手の戦略に対して最適な戦略を取り合っている安定状態をナッシュ均衡といいます。

❷ ゼロ和2人ゲーム
参加する2人の利得と損失の和がゼロになるゲーム。どちらかが利得を得ると、もう一方が、その分の損失となります。

まずA社が有利な戦略を選んで、B社の戦略を考える

A社とB社がそれぞれ2種類の戦略を採る場合の市場シェアが表のように予想されるとき、ナッシュ均衡、すなわち互いの戦略が相手の戦略に対して最適になっている組合せはどれか。ここで、表の各欄において、左側の数値がA社のシェア、右側の数値がB社のシェアとする。

ア　A社が戦略a1、B社が戦略b1を採る組合せ
イ　A社が戦略a1、B社が戦略b2を採る組合せ
ウ　A社が戦略a2、B社が戦略b1を採る組合せ
エ　A社が戦略a2、B社が戦略b2を採る組合せ

単位 ％

		B社	
		戦略b1	戦略b2
A社	戦略a1	(40), 20	(50), (30)
	戦略a2	30, 10	25, (25)

→2つの戦略のどちらをとっても利益が出るので、「損失＝利益が少ない」と考えればよい。A社から見ると、B社がどちらの戦略をとったとしても、戦略a1が有利。B社から見ると、A社がどちらの戦略をとったとしても戦略b2を選ぶことになる。つまりこの組み合わせが安定状態となる。正解はイ。

9 企業と法務

209

検査手法 ……OC曲線の読み取り

OC曲線（検査特性曲線）は、抜き取り検査（1ロット中からいくつか抜き出して検査する手法）を用いた品質管理のための図式手法です。ロット当たりの抜き取り個数や、抜き取ったうちの何割が不良品ならロット全体を不合格とするかといった判断値を検討するために使われます。試験では、用語問題のほか、グラフの読み取りやグラフ形状の変化が問われています。

❶ グラフの読み取り

右図のように、グラフの縦軸はロットの合格率（q）、横軸がロットの不良率（p）です。つまり、「p%よりも大きい不良率のロットが合格する確率は、q%以下である」ということになります。

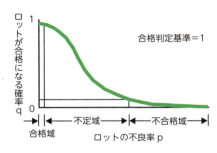

❷ 合格判定個数の変化

過去の試験では、合格判定個数が0,1,2…と変化したときの曲線の変化が問われました。合格判定個数は、不良品に対する許容個数なので、数が多くなれば、グラフの縦軸が大きくなり、グラフ全体が右上に膨らみます。

ORの名称と利用法を結びつければOK！

抜取り検査において、ある不良率のロットがどれだけの確率で合格するかを知ることができるものはどれか。

ア　OC曲線　　　イ　ゴンペルツ曲線　　　ウ　バスタブ曲線　　　エ　ロジスティック曲線

→まぎらわしい選択肢に注意。イとエ：どちらも成長曲線の一つ。成長曲線は、エラー発見数などの傾向を見るために利用される（p.149）。ウ：システムの故障率の推移を表現した曲線（p.58）。正解はア。

品質管理とQC七つ道具

出題率　低　普通　高

QCとは、品質管理（Quality Control）のこと。QC七つ道具は、品質管理に利用できる図式手法の総称です。品質管理からの出題は、ほとんどがQC七つ道具なので、しっかり対策を。

主なQC七つ道具の図式手法

❶ パレート図

データを大きい順に並べた棒グラフと、累積和を表す折れ線グラフを重ねた複合グラフ。重要度を明確にして管理を行うためのABC分析（右図）に使用されます。

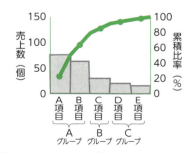

❷ 散布図（相関図）

2つの特性値の相関関係を表した点グラフ。点の散布状況によって2つの項目間にある相関関係がわかります。相関の強さを表す相関係数は、+1〜−1までの値をとり、相関係数が正の場合は右上がりの直線上に、負の場合は右下がりに点の分布が

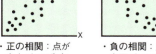

・正の相関：点が右上がりに分布。
・負の相関：点が右下がりに分布。

集まります。また、相関係数の絶対値が0.7以上であれば強い相関があり、逆に0.2以下ならほとんど相関はないと判断できます。

❸ 特性要因図
特性（結果）とそれに影響を及ぼす要因（原因）との関係を整理し、魚の骨のような図（フィッシュボーン図）に体系化したものです。

❹ 管理図
製品の品質管理や工程管理のために用いる。管理限界の上限および下限を明示し、特性値の変動を折れ線グラフで表したものです。対策が必要であると判定する基準は、「①管理限界の外に出た、または接近した。②基準値の片側に7点以上連続した（数は場合による）。③上昇・下降の傾向が見える。④周期性を持った変動がある」というものです。

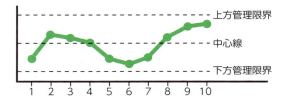

ABC分析と出たら、パレート図に結びつけよう

ABC分析手法の説明はどれか。

ア　地域を格子状の複数の区画に分け、さまざまなデータ（人口、購買力など）に基づいて、より細かに地域分析をする。

イ　何回も同じパネリスト（回答者）に反復調査する。そのデータで地域の傾向や購入層の変化を把握する。

ウ　販売金額、粗利益金額などが高い商品から順番に並べ、その累計比率によって商品をいくつかの階層に分け、高い階層に属する商品の販売量の拡大を図る。

エ　複数の調査データを要因ごとに区分し、集計することによって、販売力の分析や同一商品の購入状況などの分析をする。

→ABC分析はパレート図を使って、値が占める割合（累計比率）によって要素をいくつかの階層に分け、重要度をランク付けする手法。一般に累積比率の上位約70％をAランク、さらに約20％をBランク、残りの10％をCランクとする。ア：セグメント分析。イ：デルファイ法。エ：クラスター分析。正解はウ。

主な新QC七つ道具の図式手法

QC七つ道具が主に定量的な（数値で表せる）データの分析に用いられるのに対して、新QC七つ道具はデータの定性的分析（数値では表せない性質など）に用いられます。

連関図法	複雑にからみあった問題を整理するため、原因と結果、目的と手段などの関係を矢印で結び、問題の構造を明らかにする図法。
親和図法	列挙した項目の中で親和性の高いものをグループ化してまとめ、問題点を発見・整理するための図法。
系統図法	問題の解決手段を、系統立てて表す図法。問題←解決手段←その手段を実施するための方法…、というように階層化していく。
マトリックス図法	対になる要素を二次元の表の行と列に配置し、その交点に着目して、要素の組合せのパターンを発見、特定する図法。
PDPC法	PDPC（Process Decision Program Chart：過程決定計画図）法は、目的を達成するためのプロセスを、できる限り望ましい方向へ導く方策を、事前に検討し、整理するための手法。流れ図と似た図式化技法である。

キーになる言葉を手がかりにして判断しよう

親和図法を説明したものはどれか。

ア 事態の進展とともにさまざまな事象が想定される問題について対応策を検討し、望ましい結果に至るプロセスを定める方法である。
イ 収集した情報を相互の関連によってグループ化し、解決すべき問題点を明確にする方法である。
ウ 複雑な要因が絡み合う事象について、その事象間の因果関係を明らかにする方法である。
エ 目的・目標を達成するための手段・方策を順次展開し、最適な手段・方策を追求していく方法である。

→正解はイ。親和図は、「親和性の高いものをグループ化」がキーワード。イの「関連によってグループ化」という言葉が該当する。ア:「望ましい結果に至るプロセス」からPDPC、ウ:「事象間の因果関係を明らかにする」から連関図法、エ:「手段・方策を順次展開＝系統立てる」から系統図法

業務分析・業務計画手法

業務分析・業務計画の方法として、いくつかの手法が出題されています。いずれも用語問題です。

ブレーンストーミング	新しいアイデアを生み出すための会議。多くのアイデアが出るように、批判禁止、質より量、自由奔放、結合と便乗のルールの下で行う。
ファシリテータ	会議などの場で、参加者に発言を促したり、話の流れを整理するなど、話し合いを活性化・効率化させるための支援を行う役割を持つ人のこと。
データマイニング	収集データから必要な法則性を見つけ出す手法。例えば弁当と飲み物の購入データを分析し、「高い確率で一緒に買われている」といった法則性を見つけ出す。
デルファイ法	同一の質問に対する複数の回答者の回答を収集し、その結果を回答者にフィードバックして改めて回答を求める。その結果を統計的な手法で集計することで、回答の精度を高めるアンケートの手法。主に、未来予測などに用いられる。
KJ法	データ整理の手法として用いられる。その手順は、(1) 収集データから問題点をピックアップしたカードを作り、(2) グループ化、(3) グループを要約した表札を付け、(4) グループを線で囲み図解にして、わかったことを文章にまとめる。

 "進行役"、"中立に立場"が見分けるポイントとなる

会議におけるファシリテータの役割として、適切なものはどれか。

ア 技術面や法律面など、自らが専門とする特定の領域の議論に対してだけ、助言を行う。
イ 議長となり、経営層の意向に合致した結論を導き出すように議論をコントロールする。
ウ 中立公平な立場から、会議の参加者に発言を促したり、議論の流れを整理したりする。
エ 日程調整・資料準備・議事録作成など、会議運営の事務的作業に特化した支援を行う。

→正解はウ。ファシリテータの役割は、進行役として参加者に発言を促したり、議論の流れを整理すること。中立な立場で進行を促し、特定領域の助言を行ったり、結論をコントロールすることは避けるべきである。

Chapter 9-3 企業会計と資産管理

シラバス 大分類：9 企業と法務　中分類：22 企業活動　小分類：3 会計・財務

企業会計には、法的に義務づけられた<u>財務会計</u>と経営計画の策定のための情報を得る<u>管理会計</u>があります。また、資産管理は、企業が持つ固定資産や在庫などを管理すること。どちらも計算問題が多いので、過去問などを使ってスムーズに解けるよう慣れておく必要があります。

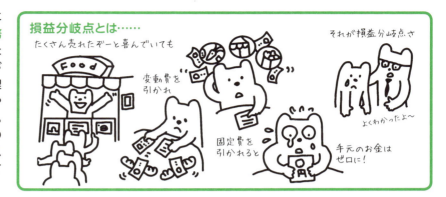

損益分岐点とは……

財務諸表

出題率 低／普通／高

財務諸表は、法律（会社法や金融商品取引法など）に則った会計基準によって作成することが義務づけられています。次のような種類があります。

まとめて覚えるとラク

貸借対照表 (**B/S**：Balance Sheet)	ある時点（通常は決算日）における会社の財政状態を示す。資産と、負債および純資産を、左右に比較して記載することから、バランスシートとも呼ばれる。所有する資産と支払い義務（負債）がどう構成されているかがわかる。 貸借対照表の計算式：資産＝負債＋純資産
損益計算書（P/L：Profit and Loss statement）	一定の会計期間（通常は1年）における経営成績を示す。売上に対する費用の内訳と損益の結果がわかる。 損益計算書の計算式　利益＝収益−費用
キャッシュフロー計算書 (**C/F**：Cash Flow statement)	会計期間において、資金（現金または現金と同等の預金など）に、どのような増減があったかを示す。上場企業には、作成が義務づけられている。キャッシュフロー（収入、支出）を、<u>営業活動</u>（商品の販売や仕入、給与の支払など）、<u>投資活動</u>（定期預金への預払、土地や建物の取得、有価証券の売買など）、<u>財務活動</u>（株式発行、配当金の支払など）に分類して記載する。
株主資本等変動計算書	会計期間において、貸借対照表における純資産が1年間にどれだけ変動したかを示す。貸借対照表、損益計算書とともに、作成が義務づけられている。

試験問題の例　ある時点か、一定期間かで、B/SとP/Lを見分けよう

財務諸表のうち、<u>一定時点における</u>企業の資産、負債及び純資産を表示し、<u>企業の財政状態</u>を明らかにするものはどれか。

ア　株主資本等変動計算書　　イ　キャッシュフロー計算書
ウ　損益計算書　　　　　　　エ　貸借対照表

→一定時点の財政状態なので、貸借対照表（B/S）と判断できる。正解はエ。

9 企業と法務

213

損益分岐点分析

出題率 低 普通 高

損益分岐点は、売上高と費用が一致する値を指します。この点を超えて売上高を伸ばせば利益が生まれ、下回ると損失になります。試験では、売上高、変動費、固定費から損益分岐点を求める計算問題が出ています。

図解で攻略！

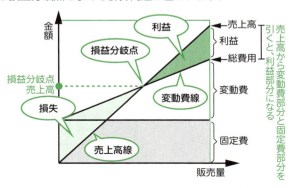

変動費と固定費が複数あるときは、合算して計算する

表は、ある企業の損益計算書である。損益分岐点は何百万円か。

単位 百万円

ア 250
イ 490
ウ 500
エ 625

項目	内訳	金額
売上高		700
売上原価	変動費 100 固定費 200	300
売上総利益		400
販売費・一般管理費	変動費 40 固定費 300	340
営業利益		60

→まず表から、売上高、変動費、固定費を抜き出して、公式にあてはめればよい。

売上高=700
変動費=100+40=140
固定費=200+300=500

変動費率
　=140÷700=0.2
損益分岐点売上高
　=500÷(1-0.2)=500÷0.8=625　正解はエ。

減価償却

出題率 低 普通 高

複数年に渡って使用する建物や機械、パソコンなどの購入費用は、取得した会計年度に全額計上するのではなく、使用される期間（耐用年数）で分割し、期ごとに減価償却費として計上します。算出方法や法定耐用年数などは、資産の種類ごとに財務省令で定められています。償却方法には、定額法（下記）と定率法（期末価格を基に一定の償却率を掛けて計算）の2つがあり、試験では、複雑な計算を避けるため、定額法による計算問題が多くなっています。

よく出る狙い目

定額法による計算方法

耐用年数の期間中、期ごとに一定額を償却していく方法です。最終年度では、簿価として1円を残します（残存価額または備忘価額という）が、試験問題では簡略化するため残存価額は0円とされます。また、定額法の償却率が提示されないときは耐用年数で割ります。

取得価額×該当耐用年数の定額法の償却率　→耐用年数が4年なら、償却率は0.25となる。

ストラテジ系

214

> **試験問題の例** 1年あたりの償却額は、購入価額を耐用年数で割る

平成27年4月に30万円で購入したPCを3年後に1万円で売却するとき、固定資産売却損は何万円か。ここで、耐用年数は4年、減価償却は定額法、定額法の償却率は0.250、残存価額は0円とする。

ア 6.0　　　イ 6.5　　　ウ 7.0　　　エ 7.5

→まず、1年あたりの償却額を求める。耐用年数が4年（または償却額が0.25）なので、1年あたり7.5万円。3年後では7.5×3＝22.5万円の償却が済み、帳簿価額（期末帳簿価額）は7.5万円である。これを1万円で売却するのだから、7.5万円－1万円＝6.5万円の売却損が出たことになる。なお、問題文に購入した年月が記載されているのは、減価償却額の算出方法が改正される場合、取得時点の算出方法が適用されるため。

棚卸資産の評価

棚卸資産の評価とは、商品や原材料などの在庫を確認し、その価値を評価することです。同一商品でも、仕入れ時期や仕入数量、仕入先などによって仕入単価が変わることがあるため、評価方法によって評価額が変わります。試験では、いくつかの評価方法による資産評価が計算問題として問われます。

棚卸資産の評価方法

❶ 先入先出法
　先に仕入れた商品から先に出荷したものとして、現在在庫となっている商品の仕入れ価格から原価を決めます。

❷ 移動平均法
　仕入れごとに、その時点で在庫となっている商品と新たに仕入れた商品の仕入れ価格を合計、総個数で割って原価を計算します。

> **試験問題の例** 払出が発生したら、古い在庫から消し込んでいこう

ある商品の前月繰越と受払いが表のとおりであるとき、先入先出法によって算出した当月度の売上原価は何円か。

日付	摘要	受払個数 受入	受払個数 払出	単価(円)
1日	前月繰越	100		200
5日	仕入	50		215
15日	売上		70	
20日	仕入	100		223
25日	売上		60	
30日	翌月繰越		120	

→払出は2回あるので、順に消し込めばよい。
15日の払出70
　前月繰越分　100－70＝30
　売上原価　70×200＝14,000円
25日の払出60
　前月繰越分　30－30＝0
　売上原価　30×200＝6,000円
　5日の仕入分　50－30＝20
　売上原価　30×215＝6,450円
合計　26,450円

ア 26,290　　イ 26,450　　ウ 27,250　　エ 27,586

Chapter 9-4 知的財産権と法務

知的財産権とは、知的活動によって創造された成果物に対して、作成者の権利を認め、保護するための権利で、ソフトウェアも保護対象になります。知的財産を守る法律には、著作権法・特許法・実用新案法・意匠法・商標法・不正競争防止法などがあります。また法務については、労働者派遣法、セキュリティ関連法規、取引関連法規（下請法やソフトウェア許諾契約など）があります。

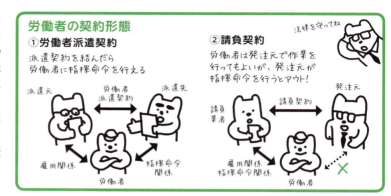

労働者の契約形態
① 労働者派遣契約
② 請負契約

知的財産権

知的財産権でポイントになるのが著作権の帰属について。過去問で判断のポイントに慣れておきましょう。

著作権の種類と帰属

著作権とは、絵画や映画、小説などの一般著作物、コンピュータのプログラムなどの知的創作物を保護する権利です。出願や登録の必要はなく、創作された時点で権利が発生します。

❶ 著作権の種類

試験でよく問われるのは2つで、著作権（**著作財産権**）は、複製権、公衆送信権、頒布権、譲渡権、貸与権などから構成され、譲渡や相続の対象。**著作者人格権**は、公表権、氏名表示権、同一性保持権（著作物を変更、切除されない）で構成され、著作者だけに帰属する権利です。

❷ 著作権の範囲

ソースプログラム、目的プログラム、マニュアル、データベースなど、「表現」と認められているものは著作権法で保護されます。プログラム言語や通信プロトコル、アイデア、アルゴリズムなどは「表現」ではないため保護されません。

・パッケージソフト等の改変

著作者に無断でソフトウェアを改造することは、著作権の侵害となります。ただし、パッケージソフトのカスタマイズやマクロの作成など、正規のユーザが自らそのソフトウェアを使用するために行う場合は、必要と認められる限度において許容されます。

❸ 著作権の帰属

従業員が業務として作成し、法人名義で公表されたソフトウェアは、原則として法人が著作者となります。外部へ開発を委託した場合、著作権は受託した側にあります。そのため、委託先との間で、「開発したソフトウェアに関わる一切の権利および所有権は、委託料（著作権譲渡料を含む）の完済時点をもって移転する」という旨の契約を取り交わしておきます。

営業秘密（トレードシークレット）

営業秘密の条件は、①企業内で秘密として管理されていること、②事業活動に有用な情報であること、③公然と知られていない（一般に入手できない）ことです。また、営業秘密を守る法律として**不正競争防止法**があります。この法律は、企業間の公正な競争の確保を目的とし、不正競争による被害が発生した場合の罰則規定や損害賠償の規定も盛り込まれています。

この章からの出題数
7問／80問中

 著作権の範囲と帰属について意識しながら解こう

著作権に関する記述のうち、適切なものはどれか。

ア　M社の業務プログラムは、分析から製造までの一切をN社が請け負って開発した。このプログラムの原始的著作者はM社である。

→特に取り決めがない場合、制作を請け負った側に著作権がある。

イ　既存のプログラムのアイデアだけを利用して、同一目的のプログラムすべてを新たに作成した場合でも、既存プログラムの著作権侵害になる。

→アイデア自体に著作権はないため、既存プログラムの著作権侵害にはならない。

ウ　著作権及び著作者人格権は、他人に譲渡することができる。

→著作権は譲渡できるが、著作者人格権は、著作物を公表する権利や著作者の氏名を表示する権利、同一性を保持する権利を保護するもので譲渡はできない。

エ　日本国内においては、著作物に著作権表示が明記されていない場合でも、無断で複製して配布したときには著作権の侵害になる。

→著作権は、著作物が制作された時点で著作者に与えられるので、著作物に著作権表示が明記されていなくても著作権は発生する。正解。

セキュリティ関連法規

セキュリティ関連法規には、さまざまな法律が存在します。犯罪から身を守るだけではなく、知らないうちに法律違反を犯してしまうといったミスを防ぐためにも理解しておく必要があります。

情報処理技術者が知っておくべき3つの法律

❶ サイバーセキュリティ基本法

増加するサイバー攻撃による脅威の深刻化に対応した法律で、セキュリティに関する施策を総合的かつ効果的に推進することを目的としています。内閣サイバーセキュリティセンター（NISC）では、サイバー攻撃に関する情報収集・分析や、公的機関の通信の監視とセキュリティ対策の監査などを行っています。

❷ 不正アクセス禁止法

パスワード認証などの防御措置をとったコンピュータに対して不正アクセスを行った場合、被害の有無にかかわらず処罰されます。また、フィッシング行為や他人のIDやパスワードを取得および使用、保管する行為も、不正アクセス禁止法の処罰対象です。

❸ 刑法

刑法の対象になるコンピュータ犯罪には、次のようなものがあります。

- **不正指令電磁的記録に関する罪（ウイルス作成罪）**：正当な理由がないのにも関わらず、他人のコンピュータで実行する目的で、コンピュータウイルスの作成、提供および供用、取得、保管行為をしたものに対する罪。
- **電子計算機使用詐欺**：コンピュータを利用した詐欺行為に関する罪。
- **電子計算機損壊等業務妨害**：コンピュータによる業務妨害。加害行為には、データの消去や改ざん、ウイルスに感染させる行為などが含まれる。
- **支払用カード電磁的記録不正作出等罪**：他人のキャッシュカードやクレジットカードなどの情報を使い、偽造などを行った場合の罪。

試験問題の例　目的と行動に正当性があるかどうかが判断基準になる

刑法における、いわゆるコンピュータウイルスに関する罪となるものはどれか。

ア　ウイルス対策ソフトの開発、試験のために、新しいウイルスを作成した。
イ　自分に送られてきたウイルスに感染した電子メールを、それとは知らずに他者に転送した。
ウ　自分に送られてきたウイルスを発見し、ウイルスであることを明示してウイルス対策組織へ提供した。
エ　他人が作成したウイルスを発見し、後日これを第三者のコンピュータで動作させる目的で保管した。

→正解はエ。正当な理由がないのにも関わらず、他人のコンピュータで実行する目的で、ウイルスを取得、保管行為をしていることから、不正指令電磁的記録に関する罪（ウイルス作成罪）に該当する。

労働関連法規

出題率：低　普通　高

ソフトウェア開発においては、開発会社に委託するだけでなく、技術者派遣を依頼して開発するケースも多く見受けられます。ここでは、派遣時や請負時の雇用関係や指揮命令権などについて問われます。

契約形態の種類

❶ 請負契約
民法の定めにより、請負人には請け負った仕事を完成させる義務が課せられます。また、瑕疵担保責任により、成果物に欠陥やミスがあった場合に、一定期間は補修・修正する義務を負います。

❷ 準委任契約
完成責任や瑕疵担保責任を負わずに業務を委託する形態で、成果物の対価ではなく、作業期間などで報酬が支払われる業務に適しています。ただし、民法の定めにより、その業務のプロとして当然な注意を払って業務を遂行する善管注意義務を負います。

指揮命令権の違い

❶ 請負契約
請負業者が雇用する労働者を、請負業者が指揮命令して、請け負った業務を遂行・完成させます。労働者への仕事の指示を発注元が直接行うことはできません。

偽装請負
請負契約を結んでいるにも関わらず、実際の業務指示は発注先が直接行い、実態として派遣労働を行っている違法行為。日雇派遣の禁止や期間制限などの、派遣法の制限事項を逃れる意図もある。

❷ 労働者派遣契約
労働者への仕事の指示を行う指揮命令権は派遣先にあります。ただし労働者は派遣元に雇用されており、派遣先で時間外労働が発生する場合には、法令上の届出を提出する義務があります。

❸ 出向（在籍型出向）
労働者は出向元に加えて出向先とも雇用関係が発生するため、出向先では労働者に直接指揮命令を行うことができます。

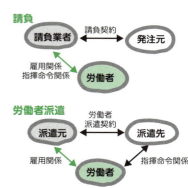

この章からの出題数
7問／80問中

 試験問題の例 "完成義務"、"指揮命令"で判断しよう

あるシステムの開発を次の条件で外部に発注することになった。この契約に該当するものはどれか。

〔条件〕
(1) 受注者の責任において、システムを必ず完成させる。
(2) システム開発要員に対する指揮命令は、受注者側の管理者が行う。
(3) 受注者は下請けを使うことができる。

ア 委任　　　イ 請負　　　ウ 出向　　　エ 派遣

→請け負ったシステムを完成させる義務があることから、委任契約ではなく請負契約が該当する。また、指揮命令権は受注者側（請負った側）にあり、業務遂行にあたり下請けを使うことも可能。正解はイ。

その他の法律

出題率 低 普通 高

ここまでに取り上げた以外にも、さまざまな法律が試験で出題されています。ほとんどが用語問題ですが、詳細を問われることもあります。最後に出題実績のあるものや重要ポイントをまとめておきましょう。

 この用語を check!

特定商取引法	訪問販売や通信販売などを対象に、消費者保護のためのルールを定めた法律。事業者には、①事業者名や勧誘目的を事前に告げる、②広告には重要事項を表示、③契約締結時等に重要事項を記載した書面を交付、などを義務づけている。また、消費者による一定期間内の契約解除（クーリングオフ）が認められている。
電子消費者契約法	ネットショップなどで購入や契約の申込みを行う（電子契約）場面で起こる、消費者の操作ミスを救済することを目的とした、民法の特例となる法律。事業者は、操作（クリックなど）が申込み意思表示となることを明示する、最終の意思表示となる操作の前に申込み内容を表示させる、などの措置を講ずることが義務づけられた。また、この法律によって、電子契約での契約成立は、申込み操作時点ではなく、事業者から申込者に承諾の通知が到達した時点に変更された。
個人情報保護法	個人を識別することが可能な情報（個人情報）の取り扱いに関する法律。文字情報だけでなく、顔写真や声なども別情報との組合せで個人が特定できれば個人情報。また、指紋やDNAなど身体の特徴をデータ化した情報や、免許証番号やマイナンバーなど公的な番号も個人情報（個人識別符号）の対象となる。情報を取り扱う企業は、①情報の扱いに際して安全管理措置の義務づけ、②取得時には利用目的の通知、③第三者への提供には本人の許諾を得る、④本人からの開示や誤りの訂正、利用停止があった場合に速やかに対応する、などの義務を負う。なお、ビッグデータとして、個人を特定できないように加工すれば、本人の許可なく目的外利用を行ったり、第三者に提供することも可能になる。
独占禁止法	目的は、公正かつ自由な競争を促進すること。競争相手を妨害して市場を独占（私的独占）、複数の企業が共謀して製品の価格や生産数量などを決める（カルテル）、公共工事などで入札する工事の割り振りや落札価格を事前に相談（入札談合）などを違反行為としている。
下請法（下請代金支払遅延防止法）	発注元に対して、弱い立場にある下請業者を保護するための法律。下請代金について支払い期日を定め、それを明示した書面を下請業者に交付する義務が発注元にあることや、下請代金の支払い遅延や買いたたきの禁止、発注元の製品の購入強制の禁止などが定められている。
PL法（製造物責任法）	製品の欠陥によって、消費者がけがをしたり損害を被った場合、その製品の製造業者などには損害賠償責任があることを規定した法律。

9 企業と法務

219

用語索引

英字

A
A/D 変換 …… 71
AAC …… 76
ABC 分析 …… 210
ACID 特性 …… 83
AES …… 101
AI …… 19, 199
AND …… 14, 70
API …… 132
AR …… 76
ARP …… 92
As-is モデル …… 169
ASP サービス …… 178

B
B/S …… 213
BCP …… 206
BI ツール …… 181
BLE …… 45
Bluetooth …… 45
BPM …… 174
BPO …… 174
BPR …… 174
BSC …… 196
BSDL …… 69
BtoB …… 202
BtoC …… 202
BYOD …… 98, 180

C
C&C サーバ …… 99
CAD …… 201
CAM …… 201
Can-be モデル …… 169
CAPTCHA …… 104
CGI …… 97
CGM …… 204
CIM …… 201
CIO …… 207
COCOMO …… 146
cookie …… 97
CRC …… 91
CRM …… 197
CRM ソリューション …… 179
CRP …… 201
CS …… 193
CSF …… 196
CSMA/CA 方式 …… 91
CSMA/CD 方式 …… 91
CSR …… 206
CSRF …… 100
CSR 調達 …… 185
CSS …… 32
CTI …… 159
CVSS …… 106

D
D/A 変換 …… 71
DFD …… 124
DH …… 102
DHCP …… 93
DisplayPort …… 45
DMZ …… 109
DNS …… 93
DNS キャッシュポイズニング …… 100
DoS/Ddos 攻撃 …… 100
DRAM …… 39
DSA …… 102
DTD …… 32

E
EA …… 173
EC …… 203
ECC …… 40
Eclipse …… 69
EDI …… 202
EEPROM …… 39
EMS …… 189
EOR …… 14, 70

E (続き)
ERP …… 197
E-R 図 …… 124
eSATA …… 45
EVM …… 142
Exif …… 76
e- ビジネス …… 202
e- マーケットプレイス …… 203

F
FaaS …… 49
FIFO …… 64
FP 法 …… 144
FTP …… 93

G
GCC …… 69
GPL …… 69

H
H.246/MPEG-4 AVC …… 76
HA クラスタ構成 …… 49
HDLC …… 91
HDMI …… 45
HEMS …… 199
HTML …… 32
HTTP …… 93
HTTPS …… 108

I
IaaS …… 49
IC カード …… 104
IC カード読取装置 …… 43
IDF …… 160
IDS …… 110
IEEE1394 …… 45
IMAP4 …… 93
IoT …… 199
IO バス …… 43
IP …… 92
IPS …… 110
IPsec …… 108
IPv4/IPv6 …… 95
IP アドレス …… 91, 94
IrDA …… 45
is-a 関係 …… 128
ISMS …… 106
IT ガバナンス …… 169
IT 統制 …… 166
IT ポートフォリオ …… 171

J
Java …… 32
JavaScript …… 32
JISEC …… 106
JIT …… 200

K
KGI/KPI …… 196
KJ 法 …… 212
KM …… 197

L
LAMP/LAPP …… 69
LAN 間接続装置 …… 90
LFU …… 64
LOC …… 146
LRU …… 64
LTE …… 97

M
M&A …… 189
MAC …… 102
MAC アドレス …… 90, 91
MAC アドレスフィルタリング …… 110
MDF …… 160
MDM …… 107
MIME …… 93
MIMO …… 97
MIPS …… 37
MOT …… 198
MP3 …… 76

M (続き)
MP4 …… 76
MPEG …… 76
MPL …… 69
MRP …… 200
MTBF …… 55
MTTR …… 55

N
NAND …… 14, 70
NAPT …… 96
NAT …… 96
NFC …… 45
NNTP …… 93
NOR …… 14, 70
NOT …… 14, 70
NTP …… 93

O
OCR …… 43
OC 曲線 …… 210
OJT …… 206
OMR …… 43
OpenFiow …… 97
OR …… 14, 70
OR (オペレーションズリサーチ) …… 208
OS (オペレーティングシステム) …… 59
OSI 基本参照モデル …… 89

P
P/L …… 213
PaaS …… 49
part-of 関係 …… 128
PDCA …… 153
PDCA サイクル …… 134
PDM …… 143
PDPC 法 …… 211
Perl …… 32
PERT …… 139
PIN …… 104
PL 法 …… 219
POP3 …… 93
PPM …… 191
PPPoE …… 92
PROM …… 39

Q
QC 七つ道具 …… 210

R
RAID …… 51
RAM …… 39
RFI/RFP …… 186
RFID …… 45, 204
ROI …… 171
ROM …… 39
RPA …… 175
RPC …… 50
RSA …… 101
RTO/RPO …… 154

S
SaaS …… 49
SATA …… 45
SCM …… 197
SDN …… 97
SDRAM …… 39
SDXC …… 47
SD カード …… 47
SEO キャッシュポイズニング …… 100
SFA …… 175, 197
SIEM …… 107
SLA …… 152, 154
SLCP-JFC …… 182
SLM …… 154
SMS …… 153
SMTP …… 93
SMTP-AUTH …… 108
SNMP …… 93, 97
SOA …… 179
SPD …… 160
SPEC …… 53

S (続き)
SPF …… 108
SQL …… 81
SQL-DDL/SQL-DML …… 82
SQL インジェクション …… 100
SRAM …… 39
SSD …… 47
STD …… 123
STS 分割 …… 114
SVC 割込み …… 35
SWOT 分析 …… 192

T
TCO …… 58, 154
TCP …… 92
TDD …… 131
Telnet …… 93
Thunderbolt …… 45
To-be モデル …… 169
Tomcat …… 69
TPC …… 53
TR 分割 …… 114

U
UDP …… 93
UML …… 125
UNIX …… 69
UPS …… 160
USB …… 45

V
VLIW …… 38
VR …… 76
VRAM …… 44

W
WAF …… 110
WBS …… 137
WBS 辞書 …… 137
Web-API …… 132

X
XML …… 32
XOR …… 14, 70
XP …… 131
XSL …… 32

Z
Zigbee …… 45

ア行

ア
アウトソーシング …… 177
アウトラインフォント …… 74
アカウンタビリティ …… 206
アキュムレータ …… 34
アクセス権 …… 104
アクセス時間 …… 46
アクチュエータ …… 72
アクティビティ …… 137
アクティビティ図 …… 125
アサーションチェッカ …… 69
アサーションチェック …… 117
アジャイル …… 130
圧力センサ …… 72
後入れ先出し …… 22
アトリビュート …… 124
アドレスクラス …… 94
アドレス指定方式 …… 34
アドレスプリフィックス …… 94
アフィリエイト …… 203
アプリケーションセキュリティ …… 110
アプリケーション層 …… 89
誤り検出・訂正 …… 40
誤り制御 …… 91
アルゴリズム …… 26
アローダイアグラム …… 139
暗号化 …… 101
安全性 …… 164
アンダフロー …… 13
アンチエイリアシング …… 75

イ

移行	156
委譲	128
一意性制約	79
一斉以降方式	156
移動平均法	215
イベントドリブンプリエンプティブ方式	60
イベントリ収集	159
インシデント管理	154
インスタンス	127
インスペクション	117
インタビュー	162
インタプリタ	67
インデックス	82
インデックス修飾	35
インヘリタンス	128

ウ

ウイルス作成罪	217
ウイルス対策ソフト	107
ウェルノウンポート	109
ウォークスルー	117
ウォータフォールモデル	129
ウォームスタンバイ方式	48
請負契約	218
打ち切り誤差	13

エ

営業秘密	216
エキスパートシステム	19
エクストリームプログラミング	131
エスクローサービス	203
エンタープライズアーキテクチャ	173
エンティティ	124

オ

オーサリング	76
オーダ	28
オートマトン	19
オーバフロー	13
オーバライド	128
オープンソースソフトウェア	69
オープンループ制御	72
オブジェクト指向設計	127
オブジェクト図	125
オブジェクトモジュール	68
オプティマイザ	78
オペレーションズリサーチ	208
オペレーティングシステム	59
オムニチャネル	194
親言語方式	82
温度センサ	72
オンプレミス	178

カ行

カ

カーソル操作	82
ガーベジコレクション	62
改ざん	102
回線利用率	87
概念スキーマ	77
外部キー	79
外部スキーマ	77
外部割込み	35
拡張現実感	76
確率	17
カスケード接続	44
仮想記憶方式	63
仮想現実感	76
稼働率	55, 56, 57
カプセル化	127
株主資本等変動計算書	213
加法定理	17
可用性	106, 165
カレントディレクトリ	65
関係演算	81
関係データモデル	78
監査証拠	161
監査調書	163
監査報告書	163

環状リスト	23
関数	30
関数従属	80
間接アドレス指定	35
完全性	102, 106, 165
完全2分木	25
ガントチャート	142
カンパニー制組織	207
かんばん方式	200
管理図	211

キ

キーバリューストア	85
キーロガー	99
機械学習	19, 181
木構造	25
技術提携	198
技術のS字カーブ	198
技術ロードマップ	198
基数	8
基数変換	8
偽装請負	218
機能テスト	119
機能要件	183
ギブソンミックス	37
基本交換法	27
基本選択法	27
基本挿入法	27
機密性	106, 165
逆オークション	203
逆ポーランド記法	21
キャッシュフロー計算書	213
キャッシュメモリ	41
キャパシティプランニング	54
キャリアアグリゲーション	97
キュー	22
吸収則	15
行	78
脅威	149
境界値分析	120
強化学習	19
教師あり学習/教師なし学習	19
競争戦略	190
協調戦略	189
共通鍵暗号方式	101
共通フレーム	182
業務処理統制	166
業務プロセス	174
業務要件	184
共有ロック	83

ク

クイックソート	27
偶発故障	58
区画方式	62
区分編成	64
組合せ	18
クライアント管理ツール	159
クライアントサーバシステム	50
クラウドコンピューティング	49
クラウドサービス	49, 177
クラウドファウンディング	189
クラス	94, 127
クラス図	125
クラスタコンピューティング	48
クラッシング	143
グリーンIT	206
グリーン調達(グリーン購入)	185
クリッピング	75
クリティカルチェーン	143
クリティカルパス	139, 140
クローズドループ制御	72
グローバルIPアドレス	96
クロスサイトスクリプティング	100
クロスサイトリクエストフォージェリ	100
クロスセリング	195
クロスリファレンス	69
クロック周波数	36

ケ

経営戦略	188

経営分析	191
計算量	28
継承	127
系統図法	211
刑法	217
ゲートウェイ	90
ゲーミフィケーション	181
ゲーム理論	209
桁落ち	13
桁の重み	8, 9
結合	81
結合テスト	113, 118
決定表	122
限界値分析	120
減価償却	214
言語プロセッサ	67

コ

コア技術	198
コアコンピタンス経営	188
公開鍵暗号方式	101
好機	149
更新前イメージ/更新後イメージ	84
工数	145
後置記法	21
効率性	164
コードレビュー	117
コーポレートアイデンティティ	206
コーポレートガバナンス	206
コールドアイル	160
コールドスタンバイ方式	48
顧客満足度	193
誤差	13
個人情報保護法	219
コストプラス法	194
コストリーダーシップ戦略	188
固定小数点形式	12
コマーシャルミックス	37
コミットメント制御	86
コリジョン	26
コンカレントエンジニアリング	198
コンバージョン率	193
コンパイラ	67
コンパクション	62
コンピュータウイルス	99
コンプライアンス	206
コンポーネント	114

サ行

サ

差	81
サージ保護デバイス	160
サーチ時間	46
サービス可用性管理	154
サービス継続管理	154
サービス指向アーキテクチャ	179
サービスデスク	157
サービスマネジメント	152
サービスマネジメントシステム	153
サービスレベル管理	154
サービスレベル合意書	152, 154
サーミスタ	72
再帰	30
再使用可能	31
最早結合点時刻	140
最遅結合点時刻	140
再入可能	31
サイバーセキュリティ基本法	217
再配置可能	31
再編成	78
財務諸表	213
裁量労働制	206
先入先出し	22
先入先出法	215
索引順編成	64
サブクラス	127
サブネットマスク	96
差分バックアップ	66
差分プログラミング	128
差別化戦略	188

サラミ法	98
算術シフト	10
参照整合性制約	79
参照制約	82
3層アーキテクチャ	50
3層スキーマ	77
三点見積法	146
サンドイッチテスト	118
3入力多数決回路	71
散布図	210

シ

シーク時間	46
シーケンス図	125
シーケンス制御	72
シーケンスチェック	74
シェアリングエコノミー	203
シェーディング	75
シェルソート	27
磁気センサ	72
磁気ディスク	46
事業継続計画	206
事業部別組織	207
シグネチャコード	107
時刻認証	104
辞書攻撃	100
システムインテグレータ	177
システム開発	112
システム化計画	170
システム監査	161
システム監査基準	169
システム結合テスト	113
システム構成	48
システム適格性確認テスト	113
システムテスト	113, 119
システムパス	43
システム方式設計	112
システム要件定義	112
下請法	219
実記憶管理	62
実表	77
シナジー効果	189
シノニム	26, 64
指標アドレス指定	35
シフト演算	10
ジャイロセンサ	72
射影	81
シャドーイング	75
社内カンパニー制	207
集合	14
集合演算	81
集中戦略	188
集約	128
集約関数	82
主キー	79
出向	218
準委任契約	218
循環リスト	23
順次移行方式	156
順編成	64
障害回復テスト	119
条件網羅	121
照合チェック	74
状態遷移確率	18
状態遷移図	20, 123
状態遷移テスト	119
状態遷移表	20
衝突	26
情報隠蔽	127
情報落ち	13
情報システム化基本計画	170
情報システム戦略	168
情報システム投資計画	171
情報セキュリティ管理	105
情報セキュリティマネジメントシステム	106
乗法定理	17
情報漏洩対策	107
初期故障	58
職能別組織	207
ジョブ管理	59
処理時間順方式	60

221

用語索引

シリンダ ……………… 47
新 QC 七つ道具 ………… 211
人工知能 ………………… 19
真正性 …………… 102, 106
深層学習 ………………… 19
人的脅威 ………………… 98
信頼性 …………… 106, 164
信頼度成長曲線 ………… 150
親和図法 ………………… 211

ス
推移関数従属性 …………… 80
スイッチングハブ ………… 90
スーパクラス …………… 127
スーパスカラ ……………… 38
スーパパイプライン ……… 38
スケールアップ／スケールアウト … 54
スケールメリット ……… 189
スコープ ………………… 134
スコープクリープ ……… 137
スター接続 ……………… 44
スタック ………………… 22
スタッフ部門 …………… 207
スタブ …………………… 118
ステークホルダ ………… 134
ストアドプロシージャ … 50, 78
ストライピング ………… 51
ストリーミング ………… 76
ストレステスト ………… 119
スナップショットダンプ … 69
スパイウェア …………… 99
スパイラルモデル ……… 130
スプーリング …………… 60
スプール ………………… 60
スマートグリッド ……… 199
スラッシング …………… 63
3D プリンタ ……………… 43
スループット …………… 53

セ
正規化 …………… 13, 79
正規表現 ………………… 20
脆弱性 …………………… 98
脆弱性検査 ……………… 106
生体認証 ………………… 104
成長マトリクス ………… 191
静的解析ツール ………… 68
性能テスト ……………… 119
整列 ……………………… 27
積 ………………………… 81
責任追跡性 ……………… 106
セキュア状態 …………… 86
セキュアブート ………… 107
セキュアプログラミング … 110
セキュアプロトコル …… 108
セキュリティソリューション … 179
セキュリティテスト …… 119
セキュリティパッチ …… 107
セキュリティホール …… 107
セグメント ……………… 114
セグメント方式 ………… 62
セション層 ……………… 89
セションハイジャック … 100
絶対パス指定 …………… 65
折衷テスト ……………… 118
セル生産方式 …………… 200
ゼロデイ攻撃 …………… 100
ゼロ和 2 人ゲーム ……… 209
線形探索 ………………… 26
センサ …………………… 72
選択 ……………………… 81
全般統制 ………………… 166
専有ロック ……………… 83

ソ
相関図 …………………… 210
操作性テスト …………… 119
相対パス指定 …………… 65
増分バックアップ ……… 66
双方向リスト …………… 23
ソーシャルエンジニアリング … 98

ソーシャルメディア …… 204
ソフトウェア結合テスト … 113
ソフトウェア構築 ……… 112
ソフトウェア詳細設計 … 112
ソフトウェア適格性確認テスト … 113
ソフトウェア方式設計 … 112
ソフトウェア要件定義 … 112
ソリューションサービス … 177
損益計算書 ……………… 213
損益分岐点分析 ………… 214

タ行

タ
貸借対照表 ……………… 213
耐タンパ性 ……………… 106
タイムスタンプ認証 …… 104
耐用年数 ………………… 214
楕円曲線暗号 …………… 102
多角化戦略 ……………… 188
多重プログラミング …… 61
タスク管理 ……………… 59
タッチパネル …………… 43
棚卸資産 ………………… 215
他人受入率 ……………… 104
多要素認証 ……………… 104
探索 ……………………… 26
単方向リスト …………… 23

チ
チェックディジット …… 75
逐次再使用可能 ………… 31
知的財産権 ……………… 216
チャレンジャ …………… 190
チャンク ………………… 74
中央サービスデスク …… 157
調達 ……………………… 185
重複チェック …………… 74
直積 ……………………… 81
著作権 …………………… 216
著作財産権 ……………… 216
著作者人格権 …………… 216

ツ
通信プロトコル ………… 92

テ
ディープラーニング …… 19
定額法 …………………… 214
定義域 …………………… 78
定期発注方式 …………… 208
逓減課金方式 …………… 159
デイジーチェーン接続 … 44
ディジタルサイネージ … 199
ディジタル証明書 ……… 103
ディジタル署名 ………… 102
ディジタルデバイド … 181, 199
ディジタルフォレンジクス … 107
ディスパッチャ ………… 60
定性的リスク …………… 148
定率法 …………………… 214
定量的リスク …………… 149
定量発注方式 …………… 208
ディレクトリ …………… 65
ディレクトリトラバーサル攻撃 … 100
データウェアハウス …… 85
データ管理 ……………… 62
データ構造 ……………… 22
データ操作 ……………… 82
データ定義 ……………… 82
データ転送時間 ………… 46
データ伝送時間 ………… 87
データベース管理機能 … 78
データベース操作機能 … 78
データベース定義機能 … 78
データマイニング 85, 180, 212
データリンク層 ………… 89
テクスチャマッピング … 75
テザリング ………… 97, 199
テストカバレージツール … 68
テストカバレッジ分析 … 117

テスト駆動開発 ………… 131
テストデータ生成ツール … 68
デッドロック …………… 84
デバイスドライバ ……… 43
デバッグ …………… 113, 117
デバッグツール ………… 68
デュアルシステム ……… 48
デュプレックスシステム … 48
デルファイ法 ……… 195, 212
電子商取引 ……………… 203
電子消費者契約法 ……… 219
電子署名 ………………… 102
電子データ交換 ………… 202
伝送時間 ………………… 87
伝送制御 ………………… 91
伝送遅延時間 …………… 88

ト
ド・モルガンの法則…… 15
投機実行 ………………… 38
透視投影 ………………… 75
同値分割 ………………… 120
動的解析ツール ………… 68
独自性 …………………… 134
特性要因図 ……………… 211
独占禁止法 ……………… 219
特定商取引法 …………… 219
特化 ……………………… 128
トップダウンテスト …… 118
トップダウン見積り …… 146
ドメイン ………………… 78
ドライバ ………………… 118
ドライブバイダウンロード … 100
トラック ………………… 47
トランザクション処理 … 83
トランザクション分割 … 114
トランスポート層 ……… 89
トレーサ ………………… 69
トレース …………… 26, 28
トレードシークレット … 216
トレンドチャート ……… 142
トロイの木馬 …………… 99

ナ行

ナ
内部スキーマ …………… 77
内部統制 ………………… 166
内部割込み ……………… 35
流れ図 …………………… 28
ナビゲーション ………… 74
なりすまし ……………… 102

ニ
2 相コミットメント制御…… 86
二棚法 …………………… 208
ニッチャ ………………… 190
2 分木 …………………… 25
2 分探索 ………………… 26
2 分探索木 ……………… 25
入出力インタフェース … 44
入出力管理 ……………… 62
入出力バス ……………… 43
入出力割込み …………… 35
ニューメリックチェック … 74
ニューラルネットワーク … 19
二要素認証 ……………… 104
認証局 …………………… 103
認証プロトコル ………… 108

ネ
ネットオークション …… 203
ネットショップ………… 203
ネットワークアドレス変換機能 … 96
ネットワーク管理ツール … 97
ネットワーク層 ………… 89
ネットワーク部 ………… 94

ノ
ノンプリエンティブ方式 ……… 60

ハ行

ハ
バーチャルサービスデスク … 157
バーチャルサラウンド … 76
バーチャルモール ……… 203
パーティション方式…… 62
バイオメトリクス認証 … 104
排他制御 ………………… 83
排他的論理和 ………… 14, 70
パイプライン処理 ……… 38
配列 ……………………… 24
パイロット移行方式 …… 156
パイロット生産 ………… 198
ハウジングサービス …… 178
バグ曲線 ………………… 150
パケットフィルタリング … 95, 108
バス ……………………… 43
パス ……………………… 65
バスタブ曲線 …………… 58
パスワード ……………… 104
パスワードリスト攻撃 … 100
パターン認識 …………… 181
パターンマッチング …… 107
バックアップ …… 66, 84, 158
バックドア ……………… 99
ハッシュ法 ……………… 64
ハッシュ法探索 ………… 26
ハニーポット …………… 110
ハブ ……………………… 90
バブルソート …………… 27
ハミング符号 …………… 91
バランススコアカード … 196
パリティ ………………… 51
パリティチェック …… 40, 91
バリューチェーン分析 … 191
バリュープライシング … 194
パレート図 ……………… 210
汎化 ……………………… 128
半加算回路 ……………… 71
パンくずリスト ………… 74
判定条件／条件網羅 …… 121
判定条件網羅 …………… 121

ヒ
ヒアリング ……………… 162
非機能要件 ……………… 183
ビジネスプロセスリエンジニアリング… 174
ひずみゲージ …………… 72
非正規形 ………………… 79
ビッグデータ ……… 85, 180
ビットマスク演算 ……… 16
ビットマップフォント … 74
ヒット率 ………………… 42
否定 ……………………… 14
否定論理積 ……………… 14
否定論理和 ……………… 14
ビデオオンデマンド …… 76
否認防止 ………………… 106
ビヘイビア法 …………… 107
秘密鍵暗号方式 ………… 101
ビュー表 ………………… 77
ヒューリスティック評価 … 74
ヒューリスティック法 … 107
表 ………………………… 78
標準型攻撃 ……………… 100
標準タスク法 …………… 145
標本化 …………………… 71
ピラミッド型組織 ……… 207

フ
ファイルシステム ……… 65
ファイル編成 …………… 64
ファシリティマネジメント … 160
ファシリテータ ………… 212
ファジング ……………… 110
ファストトラッキング … 143
ファブレス ……………… 189
ファンクションポイント法 … 144
フィードバック制御 …… 72
フィードフォワード制御 ……… 72

222

フィッシング ……… 100	平均回転待ち時間 …… 46	命令デコーダ ……… 34	利用者認証 ……… 104
フィルタリング ……… 95	平均故障間隔 ……… 55	命令ミックス ……… 37	両方向リスト ……… 23
フィルタリングテーブル … 108	平均修理時間 ……… 55	命令網羅 ……… 121	リレーションシップ ……… 124
フールプルーフ ……… 52	並行移行方式 ……… 156	命令レジスタ ……… 34	リレーションシップマーケティング … 195
フェールセーフ ……… 52	ページイン・ページアウト … 63	メッセージ ……… 127	リロケータブル ……… 31
フェールソフト ……… 52	ページ置き換えアルゴリズム … 64	メッセージダイジェスト … 102	リンカ ……… 68
フォーマットチェック … 74	ベーシック手順 ……… 91	メッセージ認証 ……… 102	
フォールトアボイダンス … 52	ページテーブル ……… 63	メモリ ……… 39	**ル**
フォールトトレランス … 52	ページフォールト ……… 63	メモリリーク ……… 62	累算器 ……… 34
フォロー・ザ・サン … 157	ベースライン ……… 137		類推見積法 ……… 146
フォロワ ……… 190	べき等則 ……… 15	**モ**	ルータ ……… 90
フォワードエンジニアリング … 132	ベストプラクティス分析 … 188	モーションキャプチャ … 76	ルーティング ……… 95
負荷テスト ……… 119	ヘッダ ……… 90	モーフィング ……… 76	ルートキット ……… 99
負荷分散クラスタ構成 … 49	ペネトレーションテスト … 106	目的プログラム ……… 68	ルートディレクトリ … 65
複数条件網羅 ……… 121	ヘルプデスク ……… 157	モジュール ……… 114	
符号化 ……… 71	ベンチマーキング ……… 188	モジュール強度 ……… 115	**レ**
不正アクセス禁止法 … 217	ベンチマークテスト … 53	モジュール結合度 ……… 115	例外処理テスト ……… 119
不正競争防止法 ……… 216		モジュールテスト …… 113, 117	レイトレーシング ……… 75
不正のトライアングル … 98	**ホ**	モジュール分割 ……… 114	レインボー攻撃 ……… 100
プッシュ型コミュニケーション … 150	ポインタ ……… 23	モジュール論理テスト … 117	レコード ……… 47
プッシュ戦略 ……… 195	ポイントツーポイント接続 … 44	モニタリング ……… 53	レコメンデーションシステム … 203
物理層 ……… 89	ポートスキャナ ……… 109		レジスタ ……… 34
浮動小数点形式 ……… 12	ポート番号 ……… 91, 109	**ヤ行**	レスポンスタイム ……… 53
部品化 ……… 132	ポートフォリオ分析 … 171, 191		列 ……… 78
部分関数従属性 ……… 80	ホール素子 ……… 72	**ユ**	レビュー ……… 117
プライバシセパレータ機能 … 110	補助記憶装置 ……… 46	有期性 ……… 134	レプリケーション ……… 86
プライベートIPアドレス … 96	ホスティングサービス … 178	有限オートマトン ……… 19	連関図法 ……… 211
フラグメンテーション … 62	ホスト部 ……… 94	ユーザID ……… 104	連係編集 ……… 68
ブラックボックステスト… 119, 120	ボット ……… 99	ユーザファンクションタイプ … 144	連結リスト ……… 23
フラッシュメモリ ……… 40	ホットアイル ……… 160	ユースケース図 ……… 125	レンダリング ……… 75
フラッシュメモリカード … 47	ホットスタンバイ方式 … 48	優先度順方式 ……… 60	
プリエンティブ方式 … 60	ボトムアップテスト … 118	ユニットテスト … 113, 114, 117	**ロ**
ブリッジ ……… 90	ボトムアップ見積り … 145		労働者派遣契約 ……… 218
フリップフロップ回路 … 39, 71	ポリモーフィズム ……… 128	**ラ行**	ローカルサービスデスク … 157
ブルーオーシャン戦略 … 189	ホワイトボックステスト… 119, 121		ローダ ……… 68
ブルートフォース攻撃 … 100	本人拒否率 ……… 104	**ラ**	ロードモジュール ……… 68
プル型コミュニケーション … 150		ライセンス ……… 69	ロールバック処理 ……… 85
プル戦略 ……… 195	**マ行**	ライトスルー方式 ……… 42	ロールフォワード処理 … 85
フルバックアップ ……… 66		ライトバック方式 ……… 42	ログ ……… 84
フレームワーク ……… 182	**マ**	ラインアンドスタッフ組織 … 207	ロック制御 ……… 83
ブレーンストーミング … 212	マークアップ言語 ……… 32	ライン生産方式 ……… 200	ロック粒度 ……… 84
プレシデンスダイヤグラム法 … 143	マーケティング ……… 193	ライン部門 ……… 207	ロングテール ……… 203
プレゼンテーション層 … 89	マーケティングミックス … 193	ラウンドロビン方式 … 60	論理演算 ……… 14
ブロードキャストアドレス… 96	マーチャンダイジング … 193	ラスタライズ ……… 75	論理回路 ……… 70
プログラムカウンタ … 34	マクシミン戦略 ……… 209	ランサムウェア ……… 99	論理式 ……… 15
プログラム言語 ……… 32	マクロウイルス ……… 99		論理シフト ……… 10
プログラム構造 ……… 31	マッシュアップ ……… 132	**リ**	論理チェック ……… 74
プログラムステップ法 … 146	マトリックス図法 ……… 211	リーダ ……… 190	論理積 ……… 14
プログラムレジスタ … 34	マトリックス組織 ……… 207	リエンジニアリング … 132	論理和 ……… 14
プロジェクトマネジメント … 134	摩耗故障 ……… 58	リエントラント ……… 31	
プロダクトイノベーション … 198	マルウェア ……… 99	リカーシブ ……… 30	**ワ行**
プロダクトライフサイクル … 194	マルウェア対策 ……… 106	利害関係者 ……… 134	
ブロッキング ……… 65	マルチテナント方式 … 178	リグレッションテスト … 119	**ワ**
ブロック ……… 47	丸め誤差 ……… 13	リスク ……… 148	和 ……… 81
プロトコル ……… 92		リスクコントロール … 105	ワークシェアリング … 206
プロトタイピングモデル … 130	**ミ**	リスク対策 ……… 105	ワークパッケージ ……… 137
プロビジョニング ……… 54	ミッションクリティカルシステム … 159	リスクファイナンシング … 105	ワークフローシステム … 175
分解 ……… 128	ミニマックス戦略 ……… 209	リスクマネジメント … 105	ワーム ……… 99
分岐網羅 ……… 121	ミラーリング ……… 51	リスト ……… 23	ワクチンソフト ……… 107
分散データベース ……… 86		リテンション率 ……… 193	割込み ……… 35
分散配置 ……… 86	**ム**	リバースエンジニアリング … 132	ワントゥーワンマーケティング … 195
分配則 ……… 15	無限小数 ……… 11	リピータ ……… 90	
	無停電電源装置 ……… 160	リファクタリング ……… 131	
ヘ		リミットチェック ……… 74	
ペアプログラミング ……… 131	**メ**	リユーザブル ……… 31	
平均位置決め時間 ……… 46	命令解読器 ……… 34	量子化 ……… 71	

実力アップ模試　解答

問1	ア	問6	ウ	問11	ア	問16	ア	問21	エ	問26	エ	問31	イ	問36	ウ
問2	エ	問7	イ	問12	ウ	問17	ウ	問22	エ	問27	ア	問32	イ	問37	エ
問3	エ	問8	エ	問13	ウ	問18	エ	問23	ア	問28	イ	問33	ア	問38	エ
問4	エ	問9	エ	問14	ア	問19	エ	問24	イ	問29	エ	問34	イ	問39	イ
問5	ウ	問10	ウ	問15	エ	問20	イ	問25	ウ	問30	ウ	問35	ウ	問40	エ

著者紹介

イエローテールコンピュータ

情報処理試験対策用の参考書や問題集をはじめ、IT関連書籍などの企画・執筆を幅広く手がける。
著書「基本情報技術者 合格教本（共著）」、「基本情報技術者 試験によくでる問題集【午前】」、「基本情報技術者 試験によくでる問題集【午後】（共著）」、「基本情報技術者 らくらく突破 表計算」（技術評論社）など。

◆表紙デザイン 　　　渡辺ひろし、小島トシノブ
◆本文デザイン
　／イラスト 　　　　　渡辺ひろし
◆本文レイアウト 　　　鈴木ひろみ

令和03-04年
基本情報技術者の
新よくわかる教科書

2019年 11月 13日 初 版 第1刷発行
2020年 11月 10日 第2版 第1刷発行

※本書は、2018年発行「基本情報技術者 出るとこマスター」を改変したものです。

著　者 　イエローテールコンピュータ
発行者 　片岡 巌
発行所 　株式会社 技術評論社
　　　　　東京都新宿区市谷左内町21-13
　　　　　電話 03-3513-6150 販売促進部
　　　　　　　　03-3513-6166 書籍編集部

印刷／製本 昭和情報プロセス株式会社

定価は表紙に表示してあります。

落丁・乱丁がございましたら、弊社販売促進部までお送りください。交換いたします。本書の一部または全部を著作権法の定める範囲を超え、無断で複写、複製、転載、テープ化、ファイルに落とすことを禁じます。

©2020 　イエローテールコンピュータ

ISBN978-4-297-11700-9 C3055
Printed in Japan

　　本書に関するご質問は、FAX・書面でお送りいただくか、弊社Webサイトのお問い合わせ用フォームからお送りください。電話での直接のお問い合わせにはお答えできませんので、あらかじめご了承ください。
　　お送りいただいたご質問には、できる限り迅速に対応するよう努力いたしますが、場合によってはお時間をいただくこともございます。なお、ご質問は、本書に記載されている内容に関するもののみとさせていただきます。
　　ご質問の際にお知らせいただいたお客様の個人情報は、返答以外の目的には使用せず、終了後、破棄させていただきます。

◆お問い合わせ先
〒162-0846 　東京都新宿区市谷左内町21-13
株式会社技術評論社　書籍編集部
「令和03-04年 基本情報技術者の新よくわかる教科書」係
　FAX：03-3513-6183
　Webサイト：https://gihyo.jp/book

基本情報技術者の
新よくわかる教科書
実力アップ模試

午前問題

ひととおりの学習が終わったら、
模擬試験で実力チェックしましょう！

- この模擬問題は、問題数を午前試験40問（本試験では80問）とし、本試験の形式で構成しています。
- 制限時間は、1時間15分（本試験は2時間30分）を目安にしてください。見直し時間も含めて、時間を計り、試験と同様に途中で解答を見ないで最後まで解くようにすると効果的です。
- 出題順は、出題範囲に合わせてあります。解けなかったところは、解答・解説を読んで本書の該当する分野を復習しましょう。
- この模擬問題は本試験での出題を保証するものではありません。
- 問題は、本試験の過去問題を使用しています（一部を改題）。

実力アップ模試の解説・解答

本書のサポートページにアクセスすると、いつでも確認することができます。

■本書のサポートページ

https://gihyo.jp/book/2020/978-4-297-11700-9/support

※解答のみは223ページに掲載しています。

実力アップ模試　午前

試験時間は、**1 時間 15 分**です。
問題は、次の表に従って解答してください。

問題番号	問 1 ～ 問 40
選択方法	全問必須

問 1　16進小数2A.4C と等しいものはどれか。

ア　$2^5 + 2^3 + 2^1 + 2^{-2} + 2^{-5} + 2^{-6}$

イ　$2^5 + 2^3 + 2^1 + 2^{-1} + 2^{-4} + 2^{-5}$

ウ　$2^6 + 2^4 + 2^2 + 2^{-2} + 2^{-5} + 2^{-6}$

エ　$2^6 + 2^4 + 2^2 + 2^{-1} + 2^{-4} + 2^{-5}$

問 2　次の値をもつ変数A、Bに対して、論理式 $(A \cdot \overline{B}) + (\overline{A} \cdot B)$ の結果はどれか。ここで、"・"は論理積（AND）、"＋"は論理和（OR）、$\overline{Z}$はZの否定（NOT）を表すものとする。

　　　変数A　　0011
　　　変数B　　0101

ア　0001　　　　　　イ　0110　　　　　　ウ　1000　　　　　　エ　1001

問 3　次の例に示すように、関数$f(x)$はx以下で最大の整数を表す。

　　$f(1.0) = 1$　　　$f(0.9) = 0$　　　$f(-0.4) = -1$

小数点以下1桁の小数 -0.9，-0.8，…，-0.1，0.0，0.1，…，0.8，0.9からxを等確率で選ぶとき、$f(x + 0.5)$ の期待値（平均値）は幾らか。

ア　$-\dfrac{1}{20}$　　　　　　イ　0　　　　　　ウ　$\dfrac{1}{20}$　　　　　　エ　$\dfrac{1}{19}$

2　基本情報技術者の新よくわかる教科書

問4 図は70円切符の自動販売機に硬貨が投入されたときの状態遷移を表している。状態Q_4から状態Eへ遷移する事象はどれか。ここで、状態Q_0は硬貨が投入されていない状態であり、硬貨が1枚投入されるたびに状態は矢印の方向へ遷移するものとする。なお、状態Eは投入された硬貨の合計が70円以上になった状態であり、自動販売機は切符を発行し、釣銭が必要な場合には釣銭を返す。また、自動販売機は10円硬貨、50円硬貨、100円硬貨だけを受け付けるようになっている。

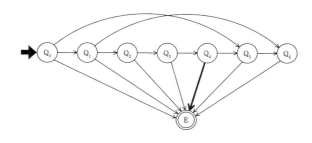

- ア　10円硬貨が投入された。
- イ　10円硬貨または50円硬貨が投入された。
- ウ　10円硬貨または100円硬貨が投入された。
- エ　50円硬貨または100円硬貨が投入された。

問5 次のような構造をもった線形リストに関する記述のうち、正しいものはどれか。

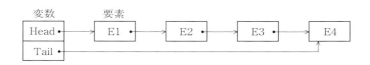

- ア　要素の削除に要する処理量は、先頭と最後尾とでほぼ同じである。
- イ　要素の追加と取出し(読出しの後で削除)を最後尾で行うスタックとして用いるのに適している。
- ウ　要素の追加に要する処理量は、先頭と最後尾とでほぼ同じである。
- エ　要素の追加は先頭で、取出し(読出しの後で削除)は最後尾で行うFIFO(First-In First-Out)のキューとして用いるのに適している。

問 6　昇順に整列されたn個のデータが格納されている配列Aがある。流れ図は、配列Aからデータxを二分探索法を用いて探し出す処理である。a、bに入る操作の正しい組合せはどれか。ここで、除算の結果は小数点以下切捨てとする。

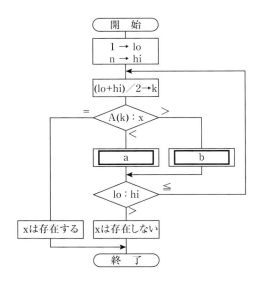

	a	b
ア	k+1→hi	k−1→lo
イ	k−1→hi	k+1→lo
ウ	k+1→lo	k−1→hi
エ	k−1→lo	k+1→hi

問 7　キャッシュメモリの特徴に関する記述のうち、適切なものはどれか。

　ア　キャッシュメモリの容量が大きくなると、ミスヒットの頻度が高くなる。
　イ　メモリをランダムにアクセスするプログラムでは、キャッシュメモリの利用効率は低くなる。
　ウ　実効アクセス時間の最小値は、キャッシュメモリのアクセス時間より短くなる。
　エ　実効アクセス時間はヒット率が高いほど増大する。

問 8　Bluetoothの説明として、適切なものはどれか。

　ア　1台のホストは最大127台のデバイスに接続することができる。
　イ　規格では、1,000m以上離れた場所でも通信可能であると定められている。
　ウ　通信方向に指向性があるので、接続対象の機器同士を向かい合わせて通信を行う。
　エ　免許不要の2.4GHz帯の電波を利用して通信する。

問 9　稼働率Aの装置3台からなるシステムを考える。このシステムでは、3台の装置のうちどれか一つでも稼働していればよいとすると、システム全体の稼働率を表す式はどれか。

　ア　A^3　　　　　イ　$1-A^3$　　　　　ウ　$(1-A)^3$　　　　　エ　$1-(1-A)^3$

問10 あるシステムにスプールを実装する際、次の①〜④の条件が設定されている場合に、スプールの領域に必要な容量は何Mバイトか。

① 1ジョブ当たりのスプール量は、2Mバイト
② スプールは、50%に圧縮が可能
③ ジョブの発生件数は、1時間当たり100ジョブ
④ スプールには、5時間分のスプールの蓄積が可能

ア 100　　　　　　イ 250　　　　　　ウ 500　　　　　　エ 1000

問11 DRAMの説明として、適切なものはどれか。

ア コンデンサに電荷を蓄えた状態か否かによって1ビットを表現する。主記憶としてよく用いられる。
イ 製造時にデータが書き込まれる。マイクロプログラム格納用メモリとして用いられる。
ウ 専用の装置でデータを書き込むことができ、紫外線照射で消去ができる。
エ フリップフロップで構成され、高速であるが製造コストが高い。キャッシュメモリなどに用いられる。

問12 次の論理回路において、S＝1、R＝1、X＝0、Y＝1のとき、Sをいったん0にした後、再び1に戻した。この操作を行った後のX、Yの値はどれか。ここで、￢D￣は論理積(AND)、￢▷○￣は否定(NOT)を表す。

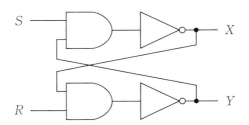

ア X＝0、Y＝0　　イ X＝0、Y＝1　　ウ X＝1、Y＝0　　エ X＝1、Y＝1

問13 アニメーションの作成過程で、センサやビデオカメラなどを用いて人間や動物の自然な動きを取り込む技法はどれか。

ア キーフレーム法　　　　　　イ ピクセルシェーダ
ウ モーションキャプチャ　　　エ モーフィング

問14 関係データベースにおけるカーソルの用途として、適切なものはどれか。

ア　アプリケーションプログラムからのデータベース操作
イ　対話的なデータベース操作
ウ　データベース利用者の認証
エ　ビュー定義

問15 A表とB表に対して次のSQL文が行う関係演算はどれか。

SELECT　得意先名，A.製品番号，製品名，受注数　FROM　A，B
　　　WHERE　A.製品番号 ＝ B.製品番号　ORDER BY　得意先名

A

得意先名	製品番号	受注数
X商店	B001	3,000
Y代理店	A002	2,000
Z販売店	A001	2,500

B

製品番号	製品名
A001	テレビ
A002	ビデオデッキ
B001	ラジオ

ア　結合　　　　　　　イ　射影　　　　　　　ウ　選択　　　　　　　エ　併合

問16 分散データベースシステムにおいて、一連のトランザクション処理を行う複数サイトに更新可能かどうかを問い合わせ、すべてのサイトが更新可能であることを確認後、データベースの更新処理を行う方式はどれか。

ア　2相コミット　　　　　　　　　　イ　排他制御
ウ　ロールバック　　　　　　　　　　エ　ロールフォワード

問17 通信速度64,000ビット／秒の専用線で接続された端末間で、平均1,000バイトのファイルを、2秒ごとに転送するときの回線利用率（％）に最も近い値はどれか。ここで、ファイル転送に伴い、転送量の20％の制御情報が付加されるものとする。

ア　0.9　　　　　　　　イ　6.3　　　　　　　　ウ　7.5　　　　　　　　エ　30.0

問18　次の二つはOSI基本参照モデルのある層の機能を説明したものである。A、Bはそれぞれ何層を説明したものか。

A　符号化、暗号化、データ圧縮などのデータ表現形式の変換
B　コネクションの多重化機能、データの紛失や二重受信などの異常回復、サービス品質の監視

	A	B
ア	セション層	ネットワーク層
イ	トランスポート層	プレゼンテーション層
ウ	ネットワーク層	セション層
エ	プレゼンテーション層	トランスポート層

問19　IPアドレスに関する記述のうち、サブネットマスクの説明はどれか。

ア　外部のネットワークへアクセスする際に、ゲートウェイが1つのIPアドレスを、複数のリンクで共用させるために使用する情報である。
イ　クラスA～Dを識別するために使用する4ビットの情報である。
ウ　ネットワーク内にあるすべてのノードに対して、同一の情報を送信するために使用される情報である。
エ　ホストアドレス部の情報を分割し、複数のより小さいネットワークを形成するために使用する情報である。

問20　手順に示すセキュリティ攻撃はどれか。

〔手順〕
(1) 攻撃者が金融機関の偽のWebサイトを用意する。
(2) 金融機関の社員を装って、偽のWebサイトへ誘導するURLを本文中に含めた電子メールを送信する。
(3) 電子メールの受信者が、その電子メールを信用して本文中のURLをクリックすると、偽のWebサイトに誘導される。
(4) 偽のWebサイトと気付かずに認証情報を入力すると、その情報が攻撃者に渡る。

ア　DDoS攻撃　　　　　　　　　　　　イ　フィッシング
ウ　ボット　　　　　　　　　　　　　エ　メールヘッダインジェクション

基本情報技術者の新よくわかる教科書　**7**

問21　次のようなAからBへの公開鍵暗号方式に基づく通信モデルがある。このモデルに関する記述のうち、適切なものはどれか。

　　Aが送信するメッセージからメッセージ認証符号を生成する。それをAの秘密鍵で暗号化したビット列を生成し、元のメッセージとともに電子メールを利用してBへ送信する。
　　Bは、Aの公開鍵を信頼できる機関から入手し、受信したビット列を復号してメッセージ認証符号を得るとともに、受信したメッセージからメッセージ認証符号を生成し、両者の合致を確認したうえでメッセージを利用する。

　ア　Aは、メッセージがBに届いたことを確認できる。
　イ　Aは、メッセージの内容が盗聴されないことをBに対して保証できる。
　ウ　Bは、Aからのメッセージを確実に受信できる。
　エ　Bは、メッセージの送信者がAであり、内容の改ざんがないことを確認できる。

問22　電子メールの送信時に、送信者を送信側のメールサーバで認証するためのものはどれか。

　ア　APOP　　　　　　イ　POP3S　　　　　　ウ　S/MIME　　　　　　エ　SMTP-AUTH

問23　WAFの説明はどれか。

　ア　Webサイトに対するアクセス内容を監視し、攻撃とみなされるパターンを検知したときに当該アクセスを遮断する。
　イ　Wi-Fiアライアンスが認定した無線LANの暗号化方式の規格であり、AES暗号に対応している。
　ウ　さまざまなシステムの動作ログを一元的に蓄積、管理し、セキュリティ上の脅威となる事象をいち早く検知、分析する。
　エ　ファイアウォール機能を有し、ウイルス対策、侵入検知などを連携させ、複数のセキュリティ機能を統合的に管理する。

問24　UMLのクラス図において、集約の関係にあるクラスはどれか。

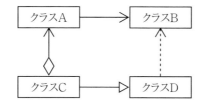

　ア　クラスAとクラスB　　　　　　　　　イ　クラスAとクラスC
　ウ　クラスBとクラスD　　　　　　　　　エ　クラスCとクラスD

問25 トップダウンアプローチによって、プログラムが階層構造になるように構造化設計を行いN個のモジュールに分割した。このプログラムのモジュール間インタフェースの個数を表す式はどれか。ここで、下位のモジュールは上位のモジュールのどれか一つだけインタフェースをもつものとする。

ア N　　　　イ N^2　　　　ウ $N-1$　　　　エ $N(N-1)/2$

問26 マッシュアップを利用してWebコンテンツを表示する例として、最も適切なものはどれか。

ア　Webブラウザにプラグインを組み込み、動画やアニメーションを表示する。
イ　地図上のカーソル移動に伴い、Webページを切り替えずにスクロール表示する。
ウ　鉄道経路の探索結果上に、各鉄道会社のWebページへのリンクを表示する。
エ　店舗案内のWebページ上に、他のサイトが提供する地図検索機能を利用して出力された情報を表示する。

問27 図のアローダイアグラムの説明のうち、適切なものはどれか。

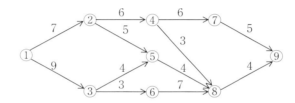

ア　②→④の仕事が1日早く終われば、全体の仕事も1日早く終わる。
イ　②→⑤の仕事が1日早く終われば、全体の仕事も1日早く終わる。
ウ　③→⑤の仕事が1日早く終われば、全体の仕事も1日早く終わる。
エ　⑥→⑧の仕事が1日早く終われば、全体の仕事も1日早く終わる。

問28 ある開発プロジェクトの開発工数の予定と5月末時点の実績は、次のとおりである。

①　全体の開発工数は88標準人月である。1標準人月は、標準的な要員の1か月分の作業量である。
②　プロジェクトの開発期間は1月から8月までで、1月から5月までは各月10名を投入している。
③　現行要員は、作業効率が標準的な要員に比べて20%低かったので、5月末時点で50人月分の工数を投入しているにもかかわらず、40標準人月分の作業しか完了していない。

予定どおりに8月末までにプロジェクトを完了するためには、あと何名の追加要員を必要とするか。ただし、6月以降の現行要員および追加要員の作業効率は、現行要員と同じとする。また、要員の追加による生産性の低下はないものとする。

ア　5　　　　イ　10　　　　ウ　15　　　　エ　20

問29 ITサービスマネジメントの活動のうち、インシデント及びサービス要求管理として行うものはどれか。

ア　サービスデスクに対する顧客満足度が合意したサービス目標を満たしているかどうかを評価し、改善の機会を特定するためにレビューする。
イ　ディスクの空き容量がしきい値に近づいたので、対策を検討する。
ウ　プログラムを変更した場合の影響度を調査する。
エ　利用者からの障害報告を受けて、既知の誤りに該当するかどうかを照合する。

問30 ソフトウェア資産管理に対する監査のチェックポイントとして、最も適切なものはどれか。

ア　ソフトウェアの提供元の開発体制について考慮しているか。
イ　ソフトウェアの導入時に既存システムとの整合性を評価しているか。
ウ　ソフトウェアのライセンス証書などのエビデンスが保管されているか。
エ　データベースの分割などによって障害の局所化が図られているか。

問31 エンタープライズアーキテクチャを構成する四つの体系のうち、データ体系を策定する場合の成果物はどれか。

ア　業務流れ図　　　　　　　　　　　イ　実体関連ダイアグラム
ウ　情報システム関連図　　　　　　　エ　ソフトウェア構成図

問32 インターネット経由でアプリケーション機能を提供するもので、1つのシステムを複数の企業で利用するマルチテナント方式が特徴であるサービスはどれか。

ア　ISP（Internet Service Provider）
イ　SaaS（Software as a Service）
ウ　ハウジングサービス
エ　ホスティングサービス

問33 情報システムの調達の際に作成されるRFIの説明はどれか。

ア　システム化の目的や業務内容などを示し、ベンダに情報の提供を依頼すること
イ　調達対象システムや調達条件などを示し、ベンダに提案書の提出を依頼すること
ウ　発注元から調達先に対して、契約内容で取り決めた内容の変更を依頼すること
エ　発注元と調達先の役割分担などを確認し、契約の締結を依頼すること

問34 企業経営で用いられるベンチマーキングの説明として、適切なものはどれか。

ア　業務のプロセスを再設計し、情報技術を十分に活用して、企業の体質や構造を抜本的に変革することである。

イ　経営目標設定の際のベストプラクティスを求めるために、最強の競合相手または先進企業と比較して、製品、サービス、および実践方法を定性的・定量的に測定することである。

ウ　品質向上のために、あらゆる部門が一体となって品質管理を推進し、自社製品の品質向上度を検討し、他社競合製品の品質と比較することである。

エ　利益をもたらすことのできる、他社より優越した自社独自のスキルや技術を選び出すことである。

問35 ある販売店では、年間の購入実績によって客層を区分し、この客層区分に従って割引率を設定している。1年間の販売実績が売上日の順に次のような形式のレコードで記録されている。そのファイルに基づいて会計年度末に客層区分の見直しを行っている。その際に必要となる帳票の作成方法として、適切なものはどれか。

売上日	顧客ID	客層区分	割引率	商品ID	希望販売価格	販売数量	希望販売価格合計	販売金額

注　希望販売価格合計＝希望販売価格×販売数量
　　販売金額＝希望販売価格合計×（1－割引率）

ア　売上日をグループキーとして販売金額の集計を行い、販売金額を降順に帳票に印字する。

イ　客層区分をグループキーとして希望販売価格合計の集計を行い、希望販売価格合計の集計値を降順に帳票に印字する。

ウ　顧客IDをグループキーとして希望販売価格合計の集計を行い、希望販売価格合計の集計値を降順に帳票に印字する。

エ　販売金額をグループキーとして販売金額の集計を行い、販売金額の集計値を降順に帳票に印字する。

問36 セル生産方式の利点が生かせる対象はどれか。

ア　生産性を上げるために、大量生産が必要なもの

イ　製品の仕様が長期間変わらないもの

ウ　多種類かつフレキシブルな生産が求められるもの

エ　標準化、単純化、専門化による分業が必要なもの

問37　ネットビジネスでのO to Oの説明はどれか

ア　基本的なサービスや製品を無料で提供し、高度な機能や特別な機能については料金を課金するビジネスモデルである。

イ　顧客仕様に応じたカスタマイズを実現するために、顧客からの注文後に最終製品の生産を始める方式である。

ウ　電子商取引で、代金を払ったのに商品が届かない、商品を送ったのに代金が支払われないなどのトラブルが防止できる仕組みである。

エ　モバイル端末などを利用している顧客を、仮想店舗から実店舗に、または実店舗から仮想店舗に誘導しながら、購入につなげる仕組みである。

問38　消費者のクレーム情報から、頻度が高く重点的に対応すべきクレームを識別する手法として、適切なものはどれか。

ア　管理図　　　　　　イ　欠点列挙法　　　ウ　特性要因図　　　エ　パレート図

問39　キャッシュフロー計算書において、営業活動によるキャッシュフローに該当するものはどれか。

ア　株式の発行による収入　　　　　　イ　商品の仕入による支出

ウ　短期借入金の返済による支出　　　エ　有形固定資産の売却による収入

問40　不正アクセス禁止法による不正アクセス行為の処罰に関する記述のうち、適切なものはどれか。

ア　コンピュータが被害を受けた場合に限り、不正アクセス行為として処罰の対象となる。

イ　コンピュータネットワークを介さずに、当該コンピュータのキーボードから他人のパスワードを不正に入力して侵入した場合も、不正アクセス行為として処罰の対象となる。

ウ　他人のパスワードを、その保有者またはアクセス管理者に無断で流出させる行為は、不正アクセス行為として処罰の対象とはならない。

エ　パスワードなどのアクセス制御機能をもたないコンピュータの場合は、管理者の承諾を得ずに侵入しても、不正アクセス行為として処罰の対象とはならない。